# 川西北草地主要牧草和毒害草图鉴

孙 庚 等 著

科学出版社

北京

# 内 容 简 介

本书收录了川西北草地20科96属271种野生牧草、28属52种栽培牧草以及29属50种毒害草。除了植物分类学特征以及生态和生物特性外，本书还对牧草的饲用价值、栽培和加工利用方式以及毒害草的毒理特性进行了描述。每个物种配置了植物生境、全株、局部构件（包括放大镜、解剖镜下的）等多张彩色照片，便于读者识别和鉴定。此外，在描述分布范围的基础上，还绘制了每个物种在四川省内的县域分布图。

本书可供草学、畜牧学、生态学、植物分类学等领域相关人员查阅参考。

审图号：川S（2022）00018号

### 图书在版编目（CIP）数据

川西北草地主要牧草和毒害草图鉴 / 孙庚等著. ––北京：科学出版社，2022.9
ISBN 978-7-03-073233-0

Ⅰ.①川… Ⅱ.①孙… Ⅲ.①草地—牧草—川西地区—图集②草地—毒草—川西地区—图集 Ⅳ.①S54-64②S812.6-64

中国版本图书馆CIP数据核字（2022）第176608号

责任编辑：刘　琳 / 责任校对：彭　映
责任印制：罗　科 / 封面设计：墨创文化

*科 学 出 版 社* 出版
北京东黄城根北街16号
邮政编码：100717
http://www.sciencep.com
*成都锦瑞印刷有限责任公司* 印刷
科学出版社发行　各地新华书店经销

\*

2022年9月第 一 版　　　开本：889×1194 1/16
2022年9月第一次印刷　　印张：25 1/4
字数：5000 000
定价：298.00 元

（如有印装质量问题，我社负责调换）

# 《川西北草地主要牧草和毒害草图鉴》
# 编委会

孙　庚

类延宝　朱大林　黄钟宣　伍丹妮

# 前　言

　　川西北草地面积广阔，草地类型多，草地植物异常丰富，野生牧草种类多且饲用价值高。上世纪 80 年代，四川草地调查曾记录有草地植物 3627 种。其中，禾本科植物 355 种、莎草科 106 种，是高寒草地的主要牧草种类。近几十年来，由于人类活动和气候变化的干扰，川西北草地牧草和毒害草种类发生了很大变化，有必要针对牧草资源和毒害草进行重新调查。同时，由于很多禾本科、莎草科牧草外部形态特征差别小、分化变异大，需要专门的分类学解剖才能鉴定。在已出版的草地植物图鉴中，涉及的牧草和毒害草种类较少，长期缺乏一部以川西北草地牧草和毒害草为主要对象的图鉴类著作。近年来，川西北培育、栽种了大量栽培牧草，面积较大的有燕麦、老芒麦、垂穗披碱草、箭筈豌豆、多年生黑麦草、硬秆仲彬草和小黑麦等。但是，相比于异常丰富的野生牧草资源，栽培牧草资源开发和利用的潜在空间还相当大，这有赖于对牧草资源及其性状的基础性了解。基于以上原因，我们专门针对川西北草地牧草和毒害草出版这部图鉴，为相关人员提供实用型工具书。

　　除了基本的植物分类学和生物特性外，本书还介绍牧草的饲用价值、栽培和加工利用方式以及毒害草的毒理特性。而且，书中用分布图直观展示了物种在四川的县域分布。全书内容上分两章。第一章讲牧草，包括野生牧草和栽培牧草，第二章讲毒害草。在内容排列上，将重要的牧草类群，即禾本科、莎草科和豆科牧草排在前面，其余的原则上遵循 *Flora of China* 的排列，个别的适当调整了属和种的顺序以方便读者查找。

　　本书得到了青藏高原第二次综合科学考察"青藏高原特色草畜产品开发基础考察与生态草牧业发展"川滇子专题等项目的资助。为高质量完成此书的编著，科考团队对川西北草地植物进行深入广泛的野外调查，每个物种都采集了标本用于室内鉴定，以保证准确性；同时利用专业设备拍摄小穗等重要分类特征，用于禾本科物种的鉴定。

　　本书凝聚了很多人的智慧和心血。中国科学院成都生物研究所研究生夏红霞完成了所有小穗解剖照片的拍摄，王飞和盛美群协助完成了部分物种资料的搜集和整理。重庆师范大学的何海老师完成了大部分疑难物种标本的鉴定，中国科学院华南植物园的陈又生老师鉴定了风毛菊属的钻苞风毛菊和尖苞风毛菊。我们还要衷心感谢中科院成都生物研究所胡君老师提供了短腺小米草、高原毛茛、黄花高山豆、金露梅和紫花野决明的部分照片，并给了一些具体建议。感谢植物爱好者罗垚提供了半扭卷马先蒿、高山唐松草、管状长花马先蒿、青稞和小叶金露梅的照片。

本书是一部关于牧草和毒害草的实用型工具书，可供科研人员、管理人员和植物爱好者等学习和使用，对草学、畜牧学、生态学、植物分类学等领域相关人员有参考价值。

由于川西北地区地域辽阔、草地植物异常丰富，短时间内很难收集齐全全部牧草和毒害草，加上编者水平有限，书中难免有不足之处，望读者批评指正。

# 编著说明

　　本书收录了川西北草地 271 种野生牧草、52 种栽培牧草以及 50 种毒害草。书中的物种主要以 *Flora of China* 的植物系统分类体系来鉴定，参考了《中国植物志》和 *Flora of China* 的特征描述。排列顺序时，将禾本科、莎草科和豆科的牧草置于前面，其余各科的排列顺序主要参考 *Flora of China*。

　　牧草的饲用价值主要参考《中国饲用植物志》，部分牧草增加了栽培和加工利用方式，同时增加了有毒草的草毒理特性及有害草的危害方式。

　　物种的分布范围包括四川省内分布区域和国内分布区域。同时，绘制了物种的四川省县域分布图。四川省县域分布图数据来自于《中国植物志》和"中国数字植物标本馆"（https://www.cvh.ac.cn/）。由于草地本底调查不足，该分布图只能反映目前国内标本馆有标本采集记录的县，不一定能完全反映实际的县域分布情况。

　　本书有约 1600 张彩色照片，包括物种的生境、植物全株和构件及其细节照片，力求覆盖物种的重要分类特征。对于部分禾本科植物，提供了小穗的解剖照片。

# 禾本科分类学术语

秆：禾本科植物的茎通常中空有节，故特称为秆。秆由一系列的节与节间组成。

叶：禾本科植物的叶，单生于秆或枝条的每节，互生，排列成两行。主要由叶片和叶鞘组成。

叶片：叶上部与秆分开的部分，通常扁平，有时内卷。

叶鞘：叶下部包裹秆的部分。

叶耳：是叶片基部两侧质薄的耳状附属物。

叶舌：是叶鞘与叶片连接处的内侧，呈膜质或有时呈纤毛状的附属物。

总苞：是着生于花序基的苞片总称，禾本科植物的总苞则来源不一。薏苡的珠状总苞、香茅属的佛焰苞是属于变形叶。狗尾草、狼尾草的刚毛状总苞是由退化小枝形成。此外还有由不孕小穗形成的总苞如菅属等。

穗轴：是穗状花序或穗形总状花序着生小穗的轴。

穗轴节间：指穗轴上相邻两小穗着生处（即节）之间的一段距离。

颖：指不生小花的苞片，通常2枚，生于小穗的最下端，下面一枚称第一颖，上面一枚称第二颖。

小穗：是禾本科花序的基本单位，由紧密排列于小穗轴上的1至多数小花和下端的2颖片组成。

中性小穗：是指小穗中的小花既无雄蕊也无雌蕊或二者均发育不全。

小穗轴：即着生小花及颖片的轴，又称小花轴。

小穗轴节间：即小穗轴上相邻的颖或小花着生处（即节）之间的一段。

小穗轴延伸：指小穗最上面的一朵小花的内稃背后，有一段不生小花的穗轴，其外形纤细。

脱节于颖之上：指小穗脱落时颖仍宿存于花序轴上。

脱节于颖之下：指颖与小穗一起脱落。

小穗两侧压扁：指小穗所有的颖与外稃皆沿其背部的中脊折合成一定角度的 V 字形，使小穗整体由两侧的方向边扁。如水稻的小穗。

小穗背腹压扁：指小穗所有的颖与外稃并不沿其中脊折合，至多可于背部稍有隆起，整个小穗的形状由背腹面的方向压扁，致使背腹部分显著较宽，如小米即粟的小穗。

小花：禾本科植物的花连同包被其外的内外稃合成小花。

外稃：是位于花下方的鳞片状苞片。

内稃：是位于花上方的鳞片状小苞片，通常有 2 脊或 2 脉。

花：禾本科的花通常由 2（–3）枚鳞被（或城浆片），3（–6）枚雄蕊及 2（–3）心皮合生的雌蕊组成。

鳞被：即花被片，形小，膜质透明，通常 2 枚而位于接近外稃的一边，有时 6 枚，稀可较多或较少，偶可缺失。

基盘：是小花或小穗基部加厚变硬的部分。

芒：是颖、外稃或内稃的脉所延伸成的针状物。

膝曲：指秆节或芒作膝关节状弯曲。

直芒：指不作膝关节状弯曲但可作弧形弯曲的芒

芒柱：是芒的膝曲以下部分，常作螺旋状扭转。若芒为两回膝曲时，第一次膝曲以下部分是第一芒柱，第二次膝曲与第一次膝曲之间的是第二芒柱。

芒针：是指芒的膝曲以上部分，较细而不扭转。

# 目 录

## 牧 草

## 毒害草

01

牧草

## 1 细叶芨芨草 *Achnatherum chingii* (Hitchc.) Keng ex P. C. Kuo

俗名：秦氏芨芨草

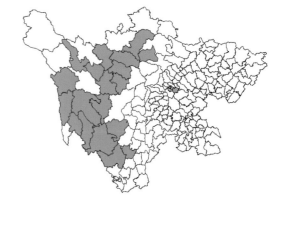

**[识别特征]**

**生活型：**多年生草本。

**根：**须根稀疏，细弱，具直伸根状茎。

**茎：**秆直立，平滑无毛，高40～70cm，径约1.5mm，具2～3节。

**叶：**叶鞘短于节间，平滑无毛；叶舌膜质，披针形；叶片纵卷如针状，质地柔软，稍粗糙，基生叶长达25cm。

**花：**圆锥花序狭窄，分枝细，多孪生，斜向上伸，下部裸露，上部疏生小穗；小穗草绿色或基部紫色；颖膜质，光亮，第一颖长7～8mm，具1脉，第二颖长8～10mm，具3脉；外稃长6～8mm，背上部无毛，下部被短柔毛，具不明显的5脉，边脉不于顶端汇合，顶端2裂，芒自裂齿间伸出，1回膝曲，芒柱扭转且生短毛，芒针无毛，基盘长约1mm，钝圆，具微毛；内稃稍短于外稃，具2脉，脉间被短柔毛；鳞被3枚，披针形。

**果：**颖果长圆柱形，长约4mm。

**物候：**花果期7～8月。

**[分布范围]**

主要分布于川西三州（凉山彝族自治州、甘孜藏族自治州、阿坝藏族羌族自治州）。产我国西北、西南等地区。

**[生态和生物学特性]**

生于山坡林缘、林下、草地，海拔2200～4000m。适应性较强，多为伴生植物，可成为优势种形成单一小群落。

**[饲用价值]**

茎叶柔软，牛、马、羊均采食，属中等牧草。

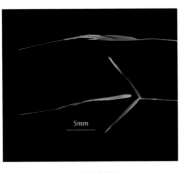

小穗解剖图　　　　　节　　　　　花序

小穗

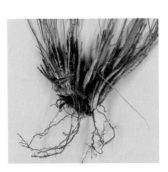

根

生境

禾本科芨芨草属

## 2 藏芨芨草 *Achnatherum duthiei* (Hook. f.) P. C. Kuo

俗名：林阴芨芨草

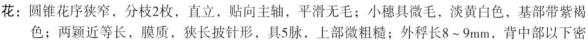

[识别特征]

**生活型：**多年生草本。

**根：**根细弱。

**茎：**秆直立，丛生，平滑无毛，高50～80cm，径2～3mm，具3节，基部宿存短的枯萎叶鞘。

**叶：**叶鞘微粗糙；基生叶舌平截，长约0.5mm，秆生叶舌钝，长圆形，顶端微2齿裂，长约2mm；叶片纵卷，长10～30cm，宽1～1.5mm，平滑无毛。

**花：**圆锥花序狭窄，分枝2枚，直立，贴向主轴，平滑无毛；小穗具微毛，淡黄白色，基部带紫褐色；两颖近等长，膜质，狭长披针形，具5脉，上部微粗糙；外稃长8～9mm，背中部以下密生长柔毛，上部疏生短柔毛，顶端具2齿裂，齿顶端及边缘生短纤毛，具5脉，中脉与两侧脉在顶端汇合，且向上延伸成芒，两边脉直达2裂齿内，芒较粗硬，1回膝曲，芒柱扭转且被细小柔毛，芒针粗糙，基盘尖锐，具柔毛；内稃长6～7mm，具2脉，基部被柔毛，顶端具短毛。

**果：**颖果圆柱形，长约5mm。

**物候：**花果期8～9月。

小穗解剖图　　　　叶舌　　　　花序

[分布范围]

　　川西北到川西南地区均有分布。产我国西南地区。

弯曲的花序

[生态和生物学特性]

　　生于山坡草甸及针叶林下，海拔4300m，属中生植物，较耐践踏，在群落中常以伴生种出现。

[饲用价值]

　　各类家畜均采食，属中等牧草。

根　　　　　　　　生境

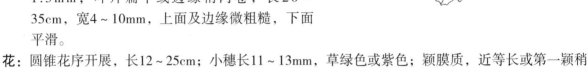

**3  京芒草** *Achnatherum pekinense* (Hance) Ohwi

俗名：京羽茅、远东芨芨草

禾本科芨芨草属

**[识别特征]**

**生活型**：多年生草本。

**根**：根系发达。

**茎**：秆直立，光滑，疏丛，高60～100cm，具3～4节。

**叶**：叶鞘光滑无毛；叶舌质地较硬，具裂齿，长1～1.5mm；叶片扁平或边缘稍内卷，长20～35cm，宽4～10mm，上面及边缘微粗糙，下面平滑。

**花**：圆锥花序开展，长12～25cm；小穗长11～13mm，草绿色或紫色；颖膜质，近等长或第一颖稍长，披针形，具3脉；内稃近等长于外稃。

**果**：颖果纺锤形，长4mm左右。

**物候**：花果期7～10月。

**[分布范围]**

产川西及川西北地区。产我国东北、华北等地区。

**[生态和生物学特性]**

生态幅较广，比较耐践踏，根系发达。

**[饲用价值]**

幼嫩时各种家畜均喜食，随着植株粗老，纤维素含量增加，采食率下降。秋霜后，又为家畜所采食，适宜种植于家畜的冬春放牧地和夏秋打草地，属中等品质牧草。

花序　　　　　　小穗解剖图　　　　　　生境

## 4 羽茅 *Achnatherum sibiricum* (L.) Keng

俗名：光颖芨芨草

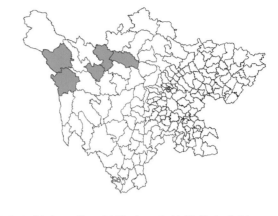

[识别特征]

**生活型：**多年生草本。

**根：**须根较粗。

**茎：**秆直立，平滑，疏丛，高60～150cm，具3～4节，基部具鳞芽。

**叶：**叶鞘松弛，光滑，上部者短于节间；叶舌厚膜质，叶片扁平或边缘内卷，质地较硬，上面与边缘粗糙，下面平滑。

**花：**圆锥花序较紧缩，分枝3枚至数枚簇生，稍弯曲或直立斜向上伸，具微毛，自基部着生小穗；小穗草绿色或紫色；颖膜质，长圆状披针形，顶端尖，近等长或第二颖稍短，背部微粗糙，具3脉，脉具短刺毛；外稃长6～7mm，顶端具2微齿，被较长的柔毛，背部密被短柔毛，具3脉，脉于顶端汇合，基盘尖，具毛，芒长18～25mm，1回或不明显的2回膝曲，芒柱扭转且具细微毛；内稃近等长于外稃，背部圆形，无脊，具2脉，脉间被短柔毛。

**果：**颖果圆柱形，长约4mm。

**物候：**花果期7～9月。

[分布范围]

产川西北地区。主要分布于我国东北、华北、西北等地区。

[生态和生物学特性]

为旱生多年生高大禾草，生于山坡草地、林缘及路旁，海拔650～3420m，多为伴生植物，有时成为优势种形成单一小群落。

[饲用价值]

是优良的饲用禾草，返青早，在牧场为家畜的早春饲草，开花前可刈割制成干草，也可做成青贮饲料或半干的原料，马和牛喜食。

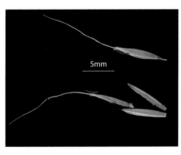
小穗解剖图

叶舌

根

节

弯曲的花序

生境

## 5 光穗冰草 *Agropyron cristatum* var. *pectinatum* (M. Bieberstein) Roshevitz ex B. Fedtschenko

[ 识别特征 ]

**生活型：** 多年生草本。

**根：** 须根状，密生，外具砂套。

**茎：** 秆成疏丛，上部紧接花序部分被短柔毛或无毛，高20～60（75）cm。

**叶：** 叶片长5～15（20）cm，宽2～5mm，质较硬且粗糙，常内卷，上面叶脉强烈隆起成纵沟，脉密被微小短硬毛。

**花：** 穗状花序较粗壮，矩圆形或两端微窄，长2～6cm，宽8～15mm；小穗紧密平行排列成两行，整齐且呈篦齿状，似羽毛，故英文名为"crested wheatgrass"，即羽状小麦草，含（3）5～7朵小花，长6～9（12）mm；颖与外稃全部平滑无毛或疏被长0.1～0.2mm的短刺毛。

**物候：** 花果期6～7月。

[ 分布范围 ]

主要分布于我国东北、西北等地区。

[ 生态和生物学特性 ]

抗寒性、抗旱性强，分蘖能力强，不耐盐碱，不耐涝。虽然在四川没有天然分布，但已有研究人员引种栽培。国际上已培育出许多冰草品种，用于草地改良、牧草栽培和园林绿化等，如'fairway''parkway''ruff'等。国内主要对野生种加以利用。

[ 饲用价值 ]

草质柔软，营养价值较高，幼嫩时马和羊最喜食，牛和骆驼喜食。

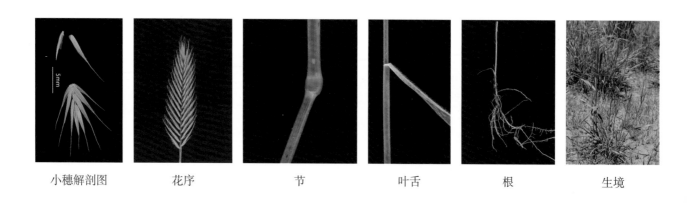

| 小穗解剖图 | 花序 | 节 | 叶舌 | 根 | 生境 |

禾本科冰草属

## 6 阿里山剪股颖 *Agrostis arisan-montana* Ohwi

俗名：大药剪股颖

**[ 识别特征 ]**

**生活型：** 多年生草本。

**根：** 须根发达。

**茎：** 秆高40～70cm，直立而细软平滑，具3～4节。

**叶：** 叶鞘平滑，绿色，长10～20cm；叶舌卵形，
长约3mm，先端钝，微破碎；叶片扁平，长
5～10cm，宽2～3mm，柔软，两面粗糙，叶脉
突出，先端长渐尖。

**花：** 圆锥花序伸出于顶节叶鞘之外，线状椭圆形；分枝半轮生，不等长，粗糙；小穗绿色或具紫
色斑点，果期金黄色；两颖等长，颖片窄卵形，有光泽，脊粗糙，先端急尖或钝；外稃长约
1.5mm，圆卵形，膜质，具5脉，先端钝；内稃长约为外稃的1/2，薄膜质，先端截形。

**物候：** 花期7月。

**[ 分布范围 ]**

主要分布在川西南地区。产我国西南、西北、华南等地区。

**[ 生态和生物学特性 ]**

生于山坡草地。

**[ 饲用价值 ]**

属良等牧草。

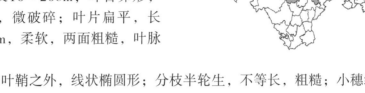

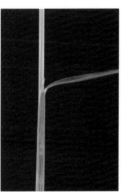

| 小穗解剖图 | 叶舌 | 整株 |

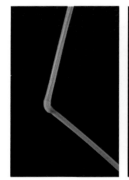

| 节 | 花序 | 根 | 生境 |

禾本科剪股颖属

007

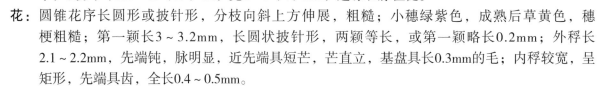

## 7　广序剪股颖 *Agrostis hookeriana* Clarke ex Hook. f.

俗名：湖岸剪股颖、疏花剪股颖

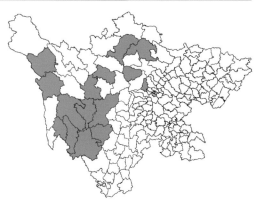

**禾本科剪股颖属**

**008**

**[识别特征]**

**生活型：**多年生草本，高60~70（90）cm。

**根：**须根。

**茎：**秆密集丛生，直径1~1.5mm，具4~5节，基部节稍膝曲，平滑，仅花序下微粗糙。

**叶：**叶鞘一般短于节间；叶舌干膜质，顶节叶舌长3~4.5mm，不完整，深裂成2~3片；叶片扁平，线形，长10~13（15）cm，宽2~3（4）mm，边缘和脉粗糙。

**花：**圆锥花序长圆形或披针形，分枝向斜上方伸展，粗糙；小穗绿紫色，成熟后草黄色，穗梗粗糙；第一颖长3~3.2mm，长圆状披针形，两颖等长，或第一颖略长0.2mm；外稃长2.1~2.2mm，先端钝，脉明显，近先端具短芒，芒直立，基盘具长0.3mm的毛；内稃较宽，呈矩形，先端具齿，全长0.4~0.5mm。

**果：**颖果长圆形，长1.7~1.8mm。

**物候：**花果期7~8月。

小穗解剖图　　　　叶片和叶舌　　　　根

节　　　　花序　　　　整株　　　　生境

**[分布范围]**

　　川西北到川西南地区均有分布。产我国西南、西北等地区。

**[生态和生物学特性]**

　　生于海拔2300~3600m的河边和潮湿处。

**[饲用价值]**

　　茎叶质地柔软、适口性好，各类食草家畜均喜采食，属良等牧草。

## 8 甘青剪股颖 *Agrostis hugoniana* Rendle

俗名：胡氏剪股颖

[识别特征]

**生活型**：多年生草本，高15～33cm。

**根**：具根头。

**茎**：秆稠密丛生，直立或有时基部膝曲，具2节，径1～2mm。

**叶**：叶鞘疏松抱秆，基部叶鞘老后常破碎成纤维状；叶舌膜质，长约2mm，先端截平，背面微粗糙；叶片长2～8cm，宽1.5～3mm，扁平，线形，先端渐尖，两面及边缘粗糙。

**花**：圆锥花序紧缩，呈穗状，每节具3～6枚分枝；小穗柄长0.7～2mm，微粗糙；小穗暗紫色；第一颖较第二颖长约0.2mm，脊和上部边缘具小刺毛而微糙涩；外稃长2～2.5mm，具较明显的5脉，先端钝但有细齿，无芒或仅顶部具极短的芒；内稃长约0.5mm。

**果**：颖果纺锤形，长约1.5mm。

**物候**：花果期8～9月。

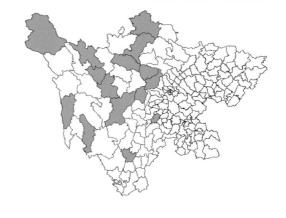

[分布范围]

产川西北、川西、川南等地区。主要产西北地区。

[生态和生物学特性]

为中生植物，分蘖能力和再生能力强，具有一定的抗旱能力、耐盐碱能力和抗病能力，有较强的抗寒能力，耐瘠薄，不耐水淹，喜在砂壤土或轻壤土中生长。

[饲用价值]

茎叶柔软，营养价值较高，无刚毛、刺毛和气味，枯草的茎秆仍不硬、不落叶。青草期，马、牛、羊、驴最喜食；开花后期，各类牲畜均喜食；枯黄后，茎秆不硬，马、牛、羊喜食。夏秋季能使家畜增膘，对于幼畜、繁殖母畜均有良好的饲用价值。

 小穗解剖图  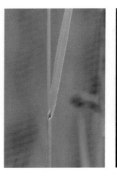 叶片和叶舌   根

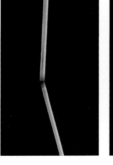 节　整株   花序　生境

009

禾本科剪股颖属

## 9 泸水剪股颖 *Agrostis nervosa* Nees ex Trinius

**俗名：** 侏儒剪股颖、丽江剪股颖、短柄剪股颖

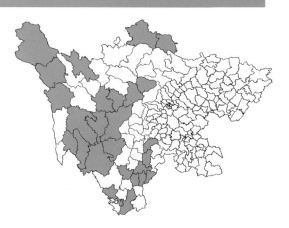

[识别特征]

**生活型：** 多年生紧密丛生草本，高20～40cm。

**根：** 根系较发达。

**茎：** 秆直立而细弱，具3～4节。

**叶：** 叶鞘松弛，无毛；叶舌干膜质，长2～3mm，先端具细齿或开裂；叶片线形，长3～6（8）cm，宽约2mm。

| 小穗解剖图 | 叶片和叶舌 | 叶舌 |
|---|---|---|
| 节 | 根 | 花序 |

**花：** 圆锥花序细瘦，披针形，长（4）7～12cm，宽0.7～1.5cm，每节具2～5枚分枝，分枝直立，斜上升，稍呈波形，微粗糙；小穗暗紫色或黄绿色，穗梗长0.5～2mm，微粗糙；第一颖披针形，两颖近等长，先端渐尖，脊微粗糙；外稃长1.5mm，明显短于颖片，先端钝圆，无芒，基盘无毛；内稃长约0.2mm。

**物候：** 花果期夏秋季。

[分布范围]

从川西北，经川西到川南均有分布。产我国西南地区。

[生态和生物学特性]

生于高山草甸、沼泽化草甸，是常见的伴生种。

[饲用价值]

草质柔软，适口性好，各种家畜均喜食，是高寒山区的优良牧草。

整株和生境

禾本科剪股颖属

## 10 紧序剪股颖 *Agrostis sinocontracta* S. M. Phillips & S. L. Lu

[识别特征]

**生活型：** 多年生草本，高30～50cm。

**根：** 根较细。

**茎：** 秆具3～4节，一般平滑，仅花序下粗糙。

**叶：** 叶鞘抱茎，边缘近膜质；叶舌膜质，长1～2mm，先端平截；叶片扁平，长10～13cm，宽3～5mm，先端急尖，边缘和脉粗糙。

**花：** 花序狭披针形，长10～15cm，宽3cm，绿色带紫色，分枝密集，每节有5～10枚，与穗梗近光滑；小穗多数；颖片披针形，第一颖长2.5～3mm，第二颖稍短于第一颖，脊粗糙；外稃长1.5～1.7mm，先端平截且有细齿，基盘具长约0.2mm的毛；内稃长圆形或倒卵形，近全缘，长约0.3mm。

**物候：** 花果期8～10月。

[分布范围]

在阿坝藏族羌族自治州红原县有分布。产我国西南地区。

[生态和生物学特性]

生于高山草甸。

[饲用价值]

营养价值较高，适口性好，属优良牧草。

生境

花序

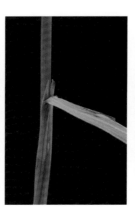

根 叶舌

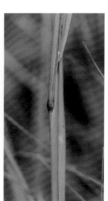

节

## 11 岩生剪股颖 *Agrostis sinorupestris* L. Liu ex S. M. Phillips & S. L. Lu

[识别特征]

**生活型：** 多年生草本。

**根：** 须根发达。

**茎：** 秆稠密丛生，直立而细弱，高12～20cm，具
2～3节。

**叶：** 叶舌干膜质，很短；叶片窄线形，长3～15mm，
宽1～1.5mm，内卷或扁平，微粗糙。

**花：** 圆锥花序稍紧缩，暗紫色，长3～8cm，平滑；
小穗长3.2～3.5mm；第一颖比第二颖长，外稃长于内稃，芒自外稃背面的中部伸出。

**果：** 颖果椭圆形，长约1.2mm。

**物候：** 花果期夏秋季。

[分布范围]

产四川西部及西南部。产我国西南、西北地区。

[生态和生物学特性]

生于海拔3700～4000m的山坡草地。

[饲用价值]

牛、马、羊均采食，为良等牧草。

生境

整株

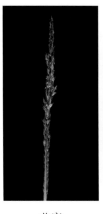

花序

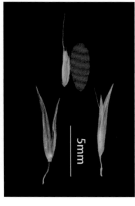

小穗解剖图

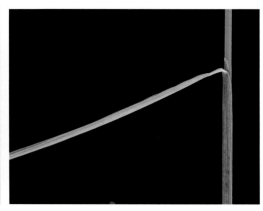

叶片和叶舌

## 12　台湾剪股颖 *Agrostis sozanensis* Hayata

俗名：外玉山剪股颖、川中剪股颖

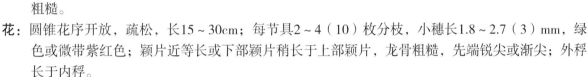

[识别特征]

生活型：多年生草本，松散丛生。

根：具短根状茎。

茎：秆直立或上升，高达90cm，具3～5节。

叶：叶鞘平滑；叶舌长2～6mm，先端钝形或截形；
　　叶片狭线形，长7～20cm，宽2～5mm，两面
　　粗糙。

花：圆锥花序开放，疏松，长15～30cm；每节具2～4（10）枚分枝，小穗长1.8～2.7（3）mm，绿
　　色或微带紫红色；颖片近等长或下部颖片稍长于上部颖片，龙骨粗糙，先端锐尖或渐尖；外稃
　　长于内稃。

物候：花果期夏季到秋季。

[分布范围]

　　主要分布在川西地区。产我国西南、华南等地区。

[生态和生物学特性]

　　能适应亚热带高山寒冷湿润的生境，在山坡草地、路边、水泉旁和潮湿的杜鹃灌丛里也能
生长。

[饲用价值]

　　草质柔嫩，营养价值高，牛、羊、马常年喜食，为优良牧草。

禾本科剪股颖属

013

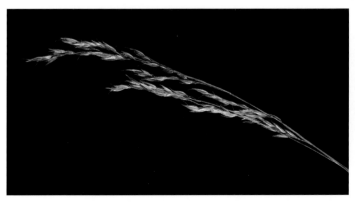

花序（1）

叶舌

禾本科剪股颖属

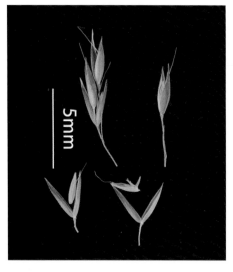

小穗解剖图

节

花序（2）

生境

## 13　西伯利亚剪股颖 *Agrostis stolonifera* Linnaeus

[识别特征]

**生活型:** 多年生草本。

**根:** 具根状茎或短缩的根茎头。

**茎:** 秆丛生,具4~5节,高30~35cm。

**叶:** 叶鞘表面平滑;叶舌膜质,长2~3.5mm;叶片窄披针形,长4~5cm,宽2~3.5mm,两面粗糙,先端急尖。

**花:** 圆锥花序长椭圆形或较狭窄,长约6cm,宽1~3cm;小穗黄绿色,穗梗粗糙;颖片披针形,两颖近等长;外稃与颖近等长,基盘无毛,内稃长为外稃的1/2。

**物候:** 花期8月。

小穗解剖图　　　　　　生境

[分布范围]

产川西、川东北等地区。产我国东北地区。

[生态和生物学特性]

为中生植物,生于林缘、灌丛和山地草甸。和巨序剪股颖关系很近,二者常混生且会发生杂交现象。

[饲用价值]

各类家畜均喜食,为良等牧草。

根　　　　　　整株　　　　　　节和叶舌　　　　　　花序　　　　　　叶舌

禾本科剪股颖属

**015**

**14 小花剪股颖 *Agrostis micrantha* Steud.**

俗名：多花剪股颖

[识别特征]

**生活型**：多年生草本，高30～52cm。

**根**：须根较发达。

**茎**：秆丛生，径0.8～1mm，具3～4节。

**叶**：叶鞘疏松抱秆，有纵条纹；叶舌干膜质，具短柔
  毛；叶片扁平或干时内卷。

**花**：圆锥花序长10～17cm；小穗灰绿色，长2.5～3mm；
  两颖近等长或第一颖较第二颖长0.5mm；外稃长
  1.5mm，无芒；内稃微小。

**果**：颖果窄矩形，长约1mm。

**物候**：花果期8月。

[分布范围]

  主要分布在川西地区。产我国西南、西北等地区。

[生态和生物学特性]

  生于海拔2100～3400m的山坡、山麓、草地、田边、河边、灌丛和林缘。

[饲用价值]

  各类家畜均采食，为中等牧草。

禾本科剪股颖属

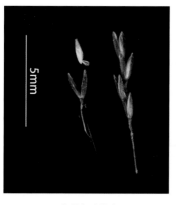

| 小穗解剖图 | 叶舌 | 根、叶和节 | 花序 |

## 15  西藏须芒草 *Andropogon munroi* C. B. Clarke

**俗名：**须芒草、藏香茅

[识别特征]

**生活型：**多年生草本。

**根：**根较粗。

**茎：**秆高60~100cm，纤细，节无毛。

**叶：**叶鞘具条纹，平滑而无毛；叶舌膜质，无毛；叶
片线形，长15~25cm，宽2.5~4mm，近革质，
平滑，无毛。

**花：**总状花序具4~8朵花，无柄小穗狭长圆形，长4.5~6.5mm；第一颖光滑无毛，在2脊间有深纵
沟，脉不明显或仅上部可见1脉；第二颖具3脉，中脉具短纤毛。

**物候：**花果期6~11月。

[分布范围]

产川西及川西南地区。产我国西南地区。

[生态和生物学特性]

生于海拔3000~4500m的山坡草地。

[饲用价值]

牛、马、羊均采食，为中等牧草。

叶舌

整株

小穗解剖图

花序

根

生境

## 16　藏黄花茅 *Anthoxanthum hookeri* (Griseb.) Rendle

俗名：锡金黄花茅、虎克黄花茅

**[ 识别特征 ]**

**生活型：** 多年生草本。

**根：** 具短根茎。

**茎：** 秆高30～50cm，具3～4节。

**叶：** 叶鞘无毛或具微毛；叶舌膜质，长1～3mm；
叶片线状披针形，具柔毛或下面无毛，长
5～25cm，宽2～5mm。

**花：** 圆锥花序狭窄，长6～10cm；小穗长5～8mm，绿色，后变紫褐色；第一颖长3～5mm，第二颖
与小穗等长；不孕花外稃长4～5mm，内稃具2脉，顶端有齿；孕花外稃长2.5～3mm；内稃稍
短于外稃，无脉。

**物候：** 花果期5～12月。

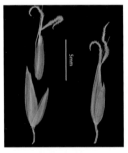

小穗解剖图　　　　　叶舌

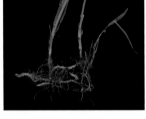

节　　　　　　　根

**[ 分布范围 ]**

产川西地区。产我国西南、西北等地区。

**[ 生态和生物学特性 ]**

生于海拔2100～4000m的山坡草地、高山顶上和栎
林中。

**[ 饲用价值 ]**

营养价值较高，牛、羊喜食，属良等牧草。

花序　　　　　　　　　　　　　　　　　生境

## 17 三刺草 *Aristida triseta* Keng

[识别特征]

**生活型：**多年生草本。

**根：**须根较粗且坚韧。

**茎：**秆直立，丛生，高10~40cm，平滑无毛，具
　　 1~2节。

**叶：**叶鞘短于节间，光滑，松弛；叶舌短小，
　　 具长约0.2mm的纤毛；叶片常卷折弯曲，长
　　 3.5~15cm，宽1~2mm。

**花：**圆锥花序狭窄，线形，长3.5~9cm；小穗柄长1~5mm，小穗长7~10mm，紫色或古铜色；颖
　　 片窄披针形，顶端渐尖或有时延伸成短尖头，外稃长6.5~8mm；内稃长约2.5mm，薄膜质；鳞
　　 被长约2mm。

**果：**颖果长约5mm。

**物候：**花果期7~9月。

[分布范围]

　　主要分布在川西、川西北等
地区。主要分布在我国西南、西
北地区。

[生态和生物学特性]

　　适合生长于温暖干燥、日照
强度高的地方，多生长于干燥草
原、山坡草地及灌丛林下。在
2021年发布的《国家重点保护野
生植物名录》里，三刺草保护等
级为二级。

小穗解剖图　　　　　　小穗　　　　　　花序

[饲用价值]

　　茎纤细，叶量少，适口性
好，营养价值较高。在高寒灌丛
中，牲畜对三刺草的采食率高于
灌木类，而在三刺草为建群种或
主要伴生种的草地上，牲畜对三
刺草的采食率更高，这提高了草
地的利用率。

整株　　　　　　　　　生境

## 18  西南野古草 *Arundinella hookeri* Munro ex Keng

俗名：穗序野古草、喜马拉雅野古草

**[识别特征]**

**生活型：**多年生草本。

**根：**须根系，根系发达。

**茎：**秆直立，质软，高（18）30～60（稀90）cm，节黄褐色。

小穗解剖图

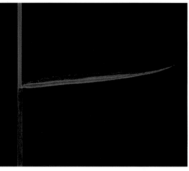

叶片和叶舌

**叶：**叶舌干膜质，具长柔毛；叶鞘密被疣毛；叶片草质，鲜时常披散，长5～20（27）cm，宽0.2～0.8cm，两面密被疣毛。

**花：**圆锥花序穗状或窄金字塔形，长3～12cm，小穗灰绿色至褐紫色，第一颖和第二颖均具5脉；第一小花长3.5～5.5mm；第二小花长2.5～3.3mm；芒宿存。

**果：**颖果长卵形，淡棕色，长约2.2mm，宽约0.8mm。

**物候：**花果期8～10月。

节

根

**[分布范围]**

产四川西部及西南部。产我国西南地区。

**[生态和生物学特性]**

生于海拔3000m以下的山坡草地和疏林中。是部分草地的建群种之一。

花序

生境

**[饲用价值]**

牛、羊、马均喜食，是用于刈割和放牧的良等牧草。

禾本科野古草属

020

## 19 野燕麦 *Avena fatua* L.

**俗名**：燕麦草、乌麦、南燕麦

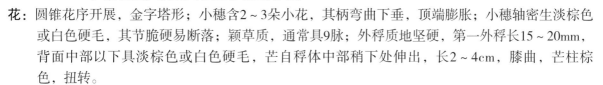

**[识别特征]**

**生活型**：一年生草本，高60～120cm。

**根**：须根较坚韧，根系发达。

**茎**：秆直立，光滑无毛，具2～4节。

**叶**：叶鞘松弛，光滑或基部者被微毛；叶舌透明膜质，长1～5mm；叶片扁平，长10～30cm，宽4～12mm，微粗糙，或上面和边缘疏生柔毛。

**花**：圆锥花序开展，金字塔形；小穗含2～3朵小花，其柄弯曲下垂，顶端膨胀；小穗轴密生淡棕色或白色硬毛，其节脆硬易断落；颖草质，通常具9脉；外稃质地坚硬，第一外稃长15～20mm，背面中部以下具淡棕色或白色硬毛，芒自稃体中部稍下处伸出，长2～4cm，膝曲，芒柱棕色，扭转。

**果**：颖果被淡棕色柔毛，腹面具纵沟，长6～8mm。

**物候**：花果期4～9月。

**[分布范围]**

主要分布在川西北地区。广布于我国南北各省。

**[生态和生物学特性]**

分蘖能力、繁殖能力和再生能力均很强，耐旱性、耐寒性也均较强。

小穗解剖图　　叶舌　　节

**[饲用价值]**

是一种适口性良好的一年生牧草。茎叶茂盛，草质柔嫩，开花前，马、牛、羊均喜采食，可增加乳牛的产奶量。开花后，适口性有所下降，若作打草用，必须在结实以前刈割。野燕麦籽实是马和牛的精饲料，加工后也可饲喂家畜，为良等饲用禾草。

整株　　　　　生境　　　　　小穗

禾本科燕麦属

021

**禾本科燕麦属**

**022**

## 20 燕麦 *Avena sativa* L.

俗名：香麦、铃当麦

**[识别特征]**

**生活型：** 一年生草本。

**根：** 须根较发达。

**茎：** 秆直立，高100cm左右。

**叶：** 叶片扁平，长15～40cm，宽0.6～1.2cm。

**花：** 圆锥花序，小穗含2～3朵小花，小穗轴不易断落，近无毛或疏生短毛；颖片具8～9脉；外稃质地坚硬，第一外稃背部无毛，基盘仅具少数短毛或近无毛，有芒或无芒；第二外稃无毛，通常无芒。

**果：** 颖果纺锤形，具簇毛，有纵沟，果实成熟时不脱落。

**物候：** 花果期6～7月。

节　　　　　　花序　　　　　　小穗　　　　　　叶舌

 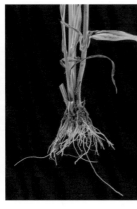 

整株　　　　　　　　根　　　　　　　　生境

**[分布范围]**

四川及国内栽培广泛。

**[生态和生物学特性]**

我国有悠久的栽培历史，国内外已育成很多品种。最适宜生长在气候凉爽、雨水充足的地区，不耐高温，耐碱能力较差，抗旱性弱，需水量较多。是川西高原栽培牧草中应用得最多的牧草，和箭筈豌豆混种效果更好。

**[饲用价值]**

是一种营养价值很高的草粮兼用作物，籽粒蛋白质和粗纤维含量高，是饲喂马、牛的较好的精饲料。青刈燕麦的茎叶营养丰富，柔嫩多汁，无论是作为青饲料、青贮饲料还是调制成干草都比较适宜。

## 21  菵草 *Beckmannia syzigachne* (Steud.) Fern.

俗名：罔草

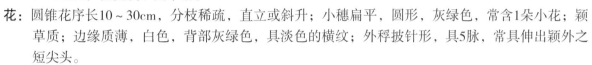

[识别特征]

生活型：一年生草本。

根：须根。

茎：秆直立，高15~90cm，具2~4节。

叶：叶鞘无毛，多长于节间；叶舌透明膜质，长3~8mm；叶片扁平，长5~20cm，宽3~10mm，粗糙或下面平滑。

花：圆锥花序长10~30cm，分枝稀疏，直立或斜升；小穗扁平，圆形，灰绿色，常含1朵小花；颖草质；边缘质薄，白色，背部灰绿色，具淡色的横纹；外稃披针形，具5脉，常具伸出颖外之短尖头。

果：颖果黄褐色，长圆形，长约1.5mm，先端具丛生短毛。

物候：花朵期4~10月。

[分布范围]

属广布种，川西、川西北均有分布。在全国各地均有分布。

[生态和生物学特性]

进行种子繁殖，但分蘖能力差，只能形成疏丛。喜生于湿润地、河岸湖旁、浅水中、沼泽地、草甸及水田中。有时形成小片纯群落，也是其他水湿群落中常见的伴生种，具耐盐性。

小穗解剖图

叶舌

根

[饲用价值]

春、夏两季生长迅速，枝叶繁茂，宜早期收割，贮制成干草。草质柔软，营养价值较高，开花后期或结实后调制成干草，营养价值会显著降低。青草在开花前，马、牛、羊均喜食，开花结实后，适口性下降。

花序

生境

禾本科菵草属

023

## 22 白羊草 *Bothriochloa ischaemum* (Linnaeus) Keng

俗名：白草、茎草、盘棋

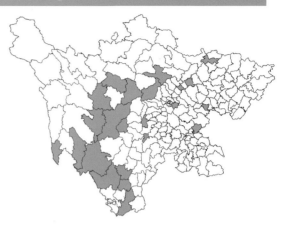

[识别特征]

**生活型：**多年生草本。

**根：**具短根状茎，须根特别发达。

**茎：**秆丛生，直立或基部倾斜，高25～70cm，具3节至多节。

**叶：**叶鞘无毛；叶舌膜质，长约1mm，具纤毛；叶片线形，长5～16cm，宽2～3mm，两面疏生疣基柔毛或下面无毛。

小穗解剖图　　　　叶舌　　　　根

**花：**总状花序长3～7cm，纤细，灰绿色或带紫褐色；无柄小穗长圆状披针形，基盘具髯毛；第一颖背部无毛，具9脉；第二颖具5脉，背部扁平，两侧内折，边缘具纤毛。

**物候：**花果期秋季。

[分布范围]

四川分布广泛。几乎遍布全国。

[生态和生物学特性]

分蘖能力强，再生能力较强，喜温暖和湿度中等的沙壤土环境，为典型的中旱生植物。

[饲用价值]

营养丰富，各类家畜均喜食，适口性较好，为丘陵山地主要放牧草种。

节　　　　花序　　　　生境

禾本科孔颖草属

024

## 23 短柄草 *Brachypodium sylvaticum* (Huds.) Beauv.

**俗名：** 基隆短柄草、细株短柄草、小颖短柄草

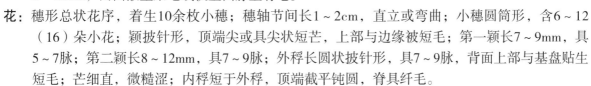

### [识别特征]

**生活型：** 多年生草本，高50～90cm。

**根：** 须根较多。

**茎：** 秆丛生，直立或膝曲上升，具6～7节，节密生
　　　细毛。

**叶：** 叶鞘大多短于节间，被倒向柔毛；叶舌厚
　　　膜质，长1～2mm；叶片长10～30cm，宽
　　　6～12mm，两面散生柔毛或仅上面脉上有毛。

**花：** 穗形总状花序，着生10余枚小穗；穗轴节间长1～2cm，直立或弯曲；小穗圆筒形，含6～12
　　　（16）朵小花；颖披针形，顶端尖或具尖状短芒，上部与边缘被短毛；第一颖长7～9mm，具
　　　5～7脉；第二颖长8～12mm，具7～9脉；外稃长圆状披针形，具7～9脉，背面上部与基盘贴生
　　　短毛；芒细直，微糙涩；内稃短于外稃，顶端截平钝圆，脊具纤毛。

**物候：** 花果期7～9月。

### [分布范围]

主要分布在川西三州。产我国西南、西
北和华中地区。

生境

### [生态和生物学特性]

是高原地区阳坡上广泛分布的一种禾
本科牧草，主要生于海拔1500～3600m的林
下、林缘、灌丛、山地草甸、田野与路旁。
在改良阳坡草地的草群结构方面，有一定
作用。

### [饲用价值]

草质较柔软，牦牛、马、绵羊等牲畜均
喜采食。

禾本科短柄草属

025

小穗解剖图

根

节

花序

叶片和叶舌

## 24　毛雀麦 *Bromus hordeaceus* L.

**俗名：大麦状雀麦**

[ 识别特征 ]

**生活型：**一年生草本，高40～80cm。
**根：**须根。
**茎：**秆直立，紧接花序的部分生微毛，节生细毛。
**叶：**叶鞘闭合，被柔毛；叶舌长约1mm；叶片线形，
　　扁平，宽3～5mm，质地柔软，两面生短柔毛。
**花：**圆锥花序具多数小穗，密聚直立；分枝及小穗柄
　　短，被柔毛；小穗长圆形，含6～12（16）朵小花；小穗轴节间短，具小刺毛；颖边缘膜质，
　　先端钝，被短柔毛；外稃椭圆形，边缘膜质，具7～9脉，被短柔毛，先端钝，2裂；内稃狭
　　窄，长6～7mm。
**果：**颖果与其内稃等长并贴生。
**物候：**花果期5～7月。

[ 分布范围 ]

　　主要产川西地区。主要分布于西北地区。

[ 生态和生物学特性 ]

　　生于海拔500～1500m的路旁草地。

[ 饲用价值 ]

　　属良等牧草。

   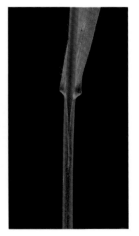

| 小穗解剖图 | 叶鞘和叶舌 | 小穗 | 叶鞘 |

整株

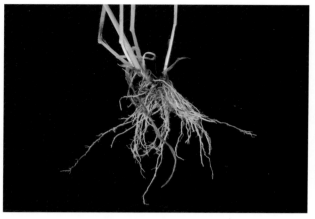

根

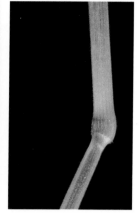

节

花序

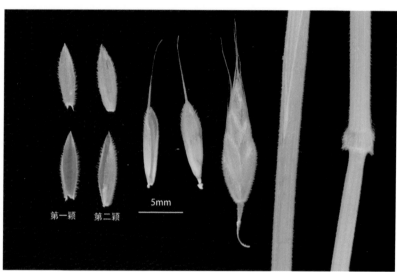

第一颖　第二颖　　5mm

小穗和节

## 25 无芒雀麦 *Bromus inermis* Leyss.

俗名：无芒麦、光雀麦

**[识别特征]**

**生活型：** 多年生草本，高50～120cm。

**根：** 具横走根状茎。

**茎：** 秆直立，疏丛生，无毛或节下具倒毛。

**叶：** 叶鞘闭合，无毛或有短毛；叶舌长1～2mm；叶片扁平，长20～30cm，宽4～8mm，先端渐尖，两面与边缘粗糙，无毛或边缘疏生纤毛。

**花：** 圆锥花序，花后开展；分枝长达10cm，着生2～6枚小穗，3～5枚轮生于主轴各节；小穗含6～12朵花，长15～25mm；颖披针形，具膜质边缘，第一颖长4～7mm，具1脉，第二颖长6～10mm，具3脉；外稃长圆状披针形，长8～12mm，具5～7脉，无毛，顶端无芒；内稃膜质，短于外稃，脊具纤毛。

**果：** 颖果长圆形，褐色，长7～9mm。

**物候：** 花果期7～9月。

小穗解剖图　　　　叶鞘　　　　节

**[分布范围]**

主要在川西三州。产我国东北、西北、西南、华北等地区。

根　　　　生境　　　　花序

**[生态和生物学特性]**

生于海拔1000～3500m的林缘、草甸、山坡、谷地、河边、路旁，为山地草甸草场优势种。是著名优良牧草，也是建立人工草场和环保固沙的重要草种。可与豆科牧草混播，形成良好的刈割地或放牧地。

**[饲用价值]**

营养价值高，产量大，适口性好，各种家畜均喜食。利用季节长，耐寒、耐旱、耐放牧，适应性强。

整株

禾本科雀麦属

028

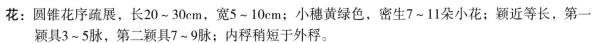
## 26 雀麦 *Bromus japonicus* Thunb. ex Murr.

**俗名：** 野雀麦、山大麦、山稷子

**[识别特征]**

**生活型：** 一年生草本。

**根：** 须根细而密。

**茎：** 秆直立，高40~90cm。

**叶：** 叶鞘闭合，被柔毛；叶舌先端近圆形，长
1~2.5mm；叶片长12~30cm，宽4~8mm，两面
生柔毛。

**花：** 圆锥花序疏展，长20~30cm，宽5~10cm；小穗黄绿色，密生7~11朵小花；颖近等长，第一
颖具3~5脉，第二颖具7~9脉；内稃稍短于外稃。

**果：** 颖果长7~8mm。

**物候：** 花果期5~7月。

**[分布范围]**

产川西、川西北等地区。产我国西
南、华北、华中等地区。

**[生态和生物学特性]**

喜温暖湿润的土壤，耐寒性、抗旱
性较强，对土壤要求不高，种子自繁能
力强。

**[饲用价值]**

茎叶较细，多密生，属细茎牧草，
适口性较好，营养价值较高。

禾本科雀麦属

029

生境

禾本科雀麦属

叶舌　　　　　　　　　　　小穗　　　　　　　　　　　花序

根　　　　　　　　　　　节　　　　　　　　　小穗解剖图

## 27 大雀麦 *Bromus magnus* Keng

俗名：大穗雀麦

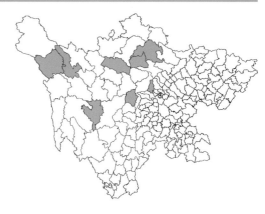

[ 识别特征 ]

**生活型**：多年生疏丛型草本。

**根**：须根。

**茎**：秆高1~1.2m，具6~8节。

**叶**：叶鞘具柔毛；叶舌长3~4mm，顶端撕裂；叶片长20~30cm，宽6~8mm，上面具柔毛，微粗糙。

**花**：圆锥花序开展，稍弯垂；分枝长达15cm，孪生于各节；小穗含5~7朵小花，成熟后叉开，各部分质地较薄；小穗轴节间长3~4mm，被微毛，明显外露；颖狭窄，边缘膜质，第一颖长7~8mm，具1脉，第二颖长9~11mm，具3脉；外稃狭窄，长约12mm，一侧宽约1mm，具5脉，间脉不明显，下部疏生糙毛，顶端伸出长4~7mm的细弱直芒。

**物候**：花果期7~8月。

[ 分布范围 ]

主要分布在川西地区。产我国西南、西北等地区。

[ 生态和生物学特性 ]

生于肥沃湿润的土壤，常形成小群落，分布于海拔2300~3800m的高山云杉林缘、灌丛砾石、河岸、草甸。

生境

[ 饲用价值 ]

草质柔软，果期粗蛋白质含量占干物质总量的11.04%，适口性好，马、牛、羊均喜食。可驯化栽培。

禾本科雀麦属

032

小穗解剖图

叶舌

小穗

枕

节

花序

## 28 梅氏雀麦 *Bromus mairei* Hack.

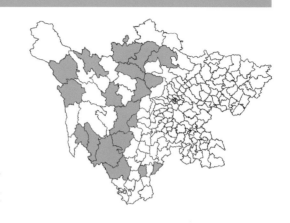

[识别特征]

**生活型：** 多年生疏丛型草本，高50~100cm。

**根：** 须根细长。

**茎：** 秆具7~8节。

**叶：** 叶鞘疏生柔毛；叶舌长约1mm，具细裂齿。

**花：** 圆锥花序开展，每节具3~5枚分枝，下垂；分枝长5~7cm，具细小糙刺，上部着生1~3枚小穗；小穗含6~8朵小花；小穗轴长约3mm，生细毛；颖先端渐尖成长1~3mm的短芒，第一颖长8~10mm，具1脉，第二颖长10~13mm，具3脉，边缘膜质；外稃长9~12mm，一侧宽约2mm，具7脉，芒顶生，向外反曲；内稃长约8mm，脊具纤毛。

**物候：** 花期8月。

[分布范围]

产川西地区。产我国西南地区。

[生态和生物学特性]

多年生疏丛型中生喜寒湿禾草，生于山地林缘草地与高山草甸，局部可形成小群落。

[饲用价值]

营养价值较高，适口性强，牛、马、羊均喜食，属优等牧草。

生境

禾本科雀麦属

**033**

小穗解剖图　　　　　　　　　　小穗　　　　　　　　　　花序

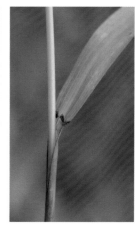

节　　　　　　　叶鞘　　　　　　　根　　　　　　　叶舌

## 29　疏花雀麦 *Bromus remotiflorus* (Steud.) Ohwi

俗名：狐茅

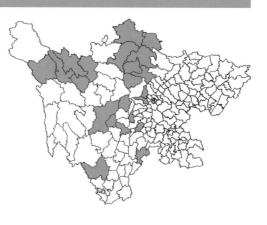

[识别特征]

生活型：多年生草本，高60~120cm。

根：须根细弱而稀疏。

茎：秆具6~7节，节生柔毛。

叶：叶鞘闭合，密被倒生柔毛；叶舌长1~2mm；叶
片长20~40cm，宽4~8mm，上面生柔毛。

花：圆锥花序疏松开展，每节具2~4枚分枝；分枝
细长孪生，着生少数小穗，成熟时下垂；小穗疏生5~10朵小花；颖窄披针形，顶端渐尖至具
小尖头，第一颖长5~7mm，具1脉，第二颖长8~12mm，具3脉；外稃窄披针形，边缘膜质，
具7脉，顶端渐尖，伸出长5~10mm的直芒；内稃狭，短于外稃，脊具细纤毛；小穗轴节间长
3~4mm，着花疏松而外露。

果：颖果长8~10mm，贴生于稃内。

物候：花果期6~7月。

禾本科雀麦属

035

[分布范围]

　　主要分布在
川西、川西北和
川南等地区。
产我国西南、
华北、华中等
地区。

小穗解剖图

叶耳和节

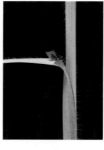

叶舌

[生态和生物学
特性]

　　喜温暖湿润，
也较耐寒、抗旱，
有一定的耐阴能
力，有较强的自繁
能力。

小穗

根

花序

生境

[饲用价值]

　　植株高大，叶量较多，但营养价值一般，适宜放牧利用。

禾本科雀麦属

**30 华雀麦** *Bromus sinensis* Keng

[识别特征]

**生活型：** 多年生疏丛型草本，高50~70cm。

**根：** 须根细长。

**茎：** 秆径约2mm，具3~4节，无毛或生有倒毛。

**叶：** 叶鞘生柔毛，具叶耳，顶生叶鞘短于其叶片，长约10cm；叶舌长1~3mm，背面与边缘具毛，先端裂齿状；叶片直立或卷折，长15~25cm，宽3~5mm，多少生柔毛，中脉在下面隆起。

**花：** 圆锥花序开展，垂头，各节具2~4枚分枝；分枝微粗糙，具1~3枚小穗，或基部主枝含小枝，有4~5枚小穗；小穗柄顶端变粗；小穗含5~8朵小花，花期张开呈扇形，各部分被毛；小穗轴节间长2~3mm，背面被短毛，倾斜脱节；颖先端渐尖或呈芒状，被短毛，第一颖长约8mm，具1脉，第二颖长10~15mm，具3脉；外稃披针形，具5脉，背面生短柔毛，先端延伸成向外反曲之芒；内稃长8~10mm，先端具2微齿，脊生小纤毛。

**物候：** 花期7月。

[分布范围]

产四川西北部。产我国西南、西北地区。

[生态和生物学特性]

生于海拔3500~4240m的阳坡草地和裸露石隙。

[饲用价值]

茎叶较柔弱，幼嫩时牲畜喜食，老时稍粗糙，适口性下降。

小穗解剖图

节和叶鞘

叶舌

花序

成熟的花序

生境

## 31 贫育雀麦 *Bromus sterilis* L.

[识别特征]

**生活型：** 一年生草本，高50～100cm。

**根：** 须根细弱。

**茎：** 无毛，直立或膝曲上升。

**叶：** 叶鞘生柔毛；叶片长5～20cm，宽4～10mm，柔软，具柔毛。

**花：** 圆锥花序松散，开展，下垂；小穗长圆形，成熟时呈楔形；第一颖锥形，具1脉，第二颖长圆状披针形，具3脉；外稃披针形，具7脉，边缘白膜质，顶端2裂齿长1～2mm，基盘短圆形，芒长15～30mm，细直；内稃近等长于外稃，脊疏具纤毛。

**物候：** 花期5～6月。

[分布范围]

产川西地区。江苏有引种。

[生态和生物学特性]

生于荒野，海拔600～3200m。

[饲用价值]

属良等牧草。

禾本科雀麦属

037

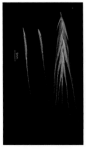

小穗解剖图　　　　节　　　　　叶舌　　　　　　　　　生境

**禾本科雀麦属**

## 32 旱雀麦 *Bromus tectorum* L.

[识别特征]

**生活型：** 一年生草本。

**根：** 须根细弱。

**茎：** 秆直立，高20～60cm，具3～4节。

**叶：** 叶鞘生柔毛；叶舌长约2mm；叶片长5～15cm，宽2～4mm，被柔毛。

**花：** 圆锥花序开展，下部节具3～5枚分枝；分枝粗糙，有柔毛，细弱，多弯曲，着生4～8枚小穗，小穗密集，偏生于一侧，稍弯垂，含4～8朵小花；小穗轴节间长2～3mm；颖狭披针形，边缘膜质，第一颖长5～8mm，具1脉，第二颖长7～10mm，具3脉；外稃长9～12mm，一侧宽1～1.5mm，具7脉，粗糙或生柔毛，先端渐尖，边缘薄膜质，有光泽，芒细直，自2裂片间伸出；内稃短于外稃，脊具纤毛。

**果：** 颖果长7～10mm，贴生于内稃。

**物候：** 花果期6～9月。

[分布范围]

主要分布在川西、川西北地区。产我国西南、西北等地区。

[生态和生物学特性]

生于海拔3000～4000m的天然草地，适应性强，耐寒、抗霜冻、结实能力良好，适宜种植于中等湿润条件的地区（中性沙壤土最好），对氮肥很敏感，充足的肥料可大幅度提高产量。

[饲用价值]

茎叶柔软，各种食草家畜均喜采食，可刈割干草，叶可作为青贮饲料。

生境

小穗解剖图　　叶舌　　整株　　根　　花序

## 33　拂子茅 *Calamagrostis epigeios* (L.) Roth

俗名：林中拂子茅、密花拂子茅

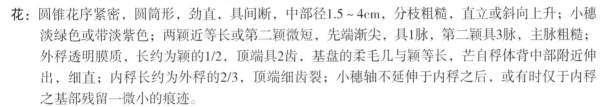

### [识别特征]

**生活型：**多年生草本。

**根：**具根状茎。

**茎：**秆直立，平滑无毛或花序下稍粗糙，高45～100cm，径2～3mm。

**叶：**叶鞘平滑或稍粗糙，短于或基部者长于节间；叶舌膜质，长圆形，先端易破裂；叶片长15～27cm，宽4～8（13）mm，扁平或边缘内卷，上面及边缘粗糙，下面较平滑。

**花：**圆锥花序紧密，圆筒形，劲直，具间断，中部径1.5～4cm，分枝粗糙，直立或斜向上升；小穗淡绿色或带淡紫色；两颖近等长或第二颖微短，先端渐尖，具1脉，第二颖具3脉，主脉粗糙；外稃透明膜质，长约为颖的1/2，顶端具2齿，基盘的柔毛几与颖等长，芒自稃体背中部附近伸出，细直；内稃长约为外稃的2/3，顶端细齿裂；小穗轴不延伸于内稃之后，或有时仅于内稃之基部残留一微小的痕迹。

**物候：**花果期5～9月。

### [分布范围]

　　川北、川西和川南均有分布。全国各地均有分布。

### [生态和生物学特性]

　　耐盐碱，为轻盐碱化土壤的重要植物，喜生于低洼地，在低洼地可构成单优种草甸群落。根茎发达，无性繁殖迅速，再生性强，返青早。

### [饲用价值]

　　在早春、初夏放牧时为各种家畜所采食，开花前同调制成干草，营养较丰富，各种家畜均喜食。

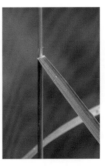

小穗解剖图　　　　　叶舌　　　　　节　　　　花序（1）

花序（2）　　　　　　根　　　　　　生境

## 34　小花拂子茅 *Calamagrostis epigeios* var. *parviflora* Keng ex T. F. Wang

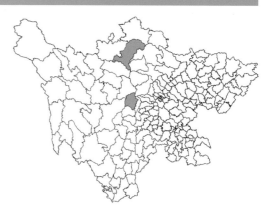

**禾本科拂子茅属**

**040**

[识别特征]

**生活型：**多年生草本。

**根：**具根状茎。

**茎：**秆直立，平滑无毛或花序下稍粗糙，高45~100cm，径2~3mm。

**叶：**叶鞘平滑或稍粗糙，短于或基部者长于节间；叶舌膜质，长5~9mm，长圆形，先端易破裂；叶片长15~27cm，宽4~8（13）mm，扁平或边缘内卷，上面及边缘粗糙，下面较平滑。

**花：**圆锥花序小而紧密，长6~9cm，小穗长4~4.5mm，外稃长约2.5mm，芒较短，仅长1.5mm；两颖近等长或第二颖微短，先端渐尖，第一颖具1脉，第二颖具3脉，主脉粗糙；外稃透明膜质，长约为颖的1/2，顶端具2齿，基盘的柔毛几与颖等长，芒自稃体背中部附近伸出，细直；内稃长约为外稃的2/3，顶端细齿裂；小穗轴不延伸于内稃之后，或有时仅于内稃之基部残留一微小的痕迹。

**物候：**花果期5~9月。

[分布范围]

产四川宝兴县和红原县。产我国东北地区。

[生态和生物学特性]

喜湿，在沟附近和沿着河边的潮湿地生长。

[饲用价值]

幼嫩期至抽穗期，草质较为柔软，营养价值较高，为马、牛、羊所采食，属中等牧草。

生境

根　　　　　　　　　节　　　　　　　　　花序

小穂解剖图　　　　　　　　　叶舌

5mm

弯曲的花序

禾本科拂子茅属

041

## 35　短芒拂子茅 *Calamagrostis hedinii* Pilger

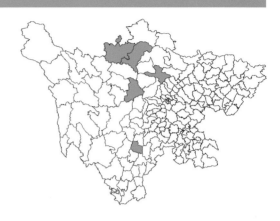

禾本科剪股颖属

**[识别特征]**

**生活型:** 多年生草本。

**根:** 具根状茎。

**茎:** 秆直立,径1~3mm,平滑无毛,高约60cm。

**叶:** 叶鞘平滑,短于节间,或下部者长于节间;叶舌膜质,长3~5mm,顶端撕裂;叶片常纵卷,上面及边缘稍粗糙,秆生叶长5~10cm,基生叶长达20cm。

**花:** 圆锥花序疏松开展,分枝粗糙,斜向上升;小穗灰褐色或基部带紫色,成熟时变草黄色;颖片披针形,顶端尖,不等长,第一颖长4~5mm,具1脉,第二颖长2~4mm,具3脉,中脉粗糙;外稃透明膜质,顶端具细齿,芒自裂齿间伸出且细弱,长0.5~1(2)mm,基盘两侧之柔毛长于稃体;内稃长约1.5mm;小穗轴不延伸于内稃之后。

**物候:** 花期8~9月。

**[分布范围]**

　　产川西、川西南地区。产我国西南、西北等地区。

042

**[生态和生物学特性]**

　　生于海拔700~2800m的水沟边潮湿处。

**[饲用价值]**

　　牛、羊采食,属良等牧草。

根

生境

小穗解剖图

叶舌

小穗

节

5mm

## 36 细柄草 *Capillipedium parviflorum* (R. Br.) Stapf

**俗名：**吊丝草

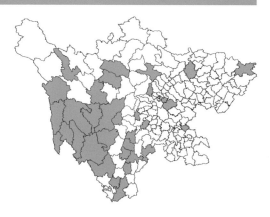

### [识别特征]

**生活型：**多年生草本。

**根：**具短根茎。

**茎：**秆直立或基部稍倾斜，高50~100cm。

**叶：**叶鞘无毛或有毛；叶舌干膜质，长0.5~1mm，
　　边缘具短纤毛；叶片线形，长15~30cm，宽
　　3~8mm，两面无毛或被糙毛。

**花：**圆锥花序长圆形，长7~10cm，近基部宽
　　2~5cm，分枝簇生，纤细，光滑无毛，
　　枝腋间具细柔毛。无柄小穗长3~4mm，
　　基部具髯毛；第一颖背腹扁，先端钝，
　　背面稍下凹，被短糙毛，具4脉，边缘狭
　　窄，内折成脊，脊上部具糙毛；第二颖
　　舟形，与第一颖等长，先端尖，具3脉，
　　脊稍粗糙，上部边缘具纤毛。有柄小穗
　　中性或雄性，等长或短于无柄小穗，无
　　芒，两颖均背腹扁，第一颖具7脉，背部
　　稍粗糙；第二颖具3脉，较光滑。

**物候：**花果期8~12月。

小穗解剖图

鞘口、节和叶

### [分布范围]

　　四川大部分地区均有分布。产我国华东、
华中和西南地区。

花序

根

### [生态和生物学特性]

　　喜生于中等湿润环境，较耐阴、耐旱，生
态适应性较强。

### [饲用价值]

　　黄牛、水牛等家畜很喜食，山羊乐食，为
良好的野生牧草。

生境

## 37 虎尾草 *Chloris virgata* Sw.

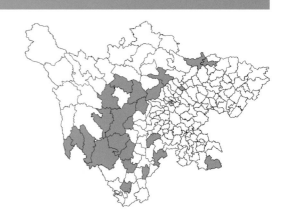

**[识别特征]**

**生活型**：一年生草本。

**根**：须根。

**茎**：秆直立或基部膝曲，高12～75cm，径1～4mm，光滑无毛。

**叶**：叶鞘背部具脊，包卷松弛，无毛；叶舌长约1mm，无毛或具纤毛；叶片线形，长3～25cm，宽3～6mm，两面无毛或边缘及上面粗糙。

**花**：穗状花序5枚至10余枚，指状，着生于秆顶，常直立并拢成毛刷状，有时包藏于顶叶之膨胀叶鞘中，成熟时常带紫色；小穗无柄，长约3mm；颖膜质，具1脉，第一颖长约1.8mm，第二颖等长或略短于小穗，中脉延伸成长0.5～1mm的小尖头；第一小花两性，外稃纸质，两侧压扁，呈倒卵状披针形，具3脉，脉及边缘被疏柔毛或无毛，两侧边缘上部1/3处有长2～3mm的白色柔毛，顶端尖或有时具2微齿，芒自背部顶端稍下方伸出；内稃膜质，略短于外稃，具2脊，脊被微毛；基盘具长约0.5mm的毛；第二小花不孕，长楔形，仅存外稃，顶端截平或略凹，芒长4～8mm，自背部边缘稍下方伸出。

**果**：颖果纺锤形，淡黄色，光滑无毛，半透明，胚长约为颖果的2/3。

**物候**：花果期6～10月。

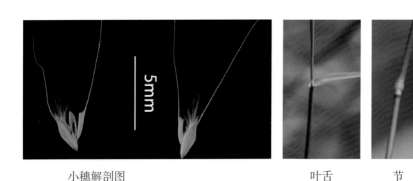

小穗解剖图

叶舌　　　节

花序（1）

花序（2）

生境

**[分布范围]**

川北、川西和川南均有分布。全国各地均有分布。

**[生态和生物学特性]**

广泛分布在路旁、田间、撂荒地、草原多石的山坡以及丛林边缘，耐碱性强，在夏季多雨期的盐碱化土壤中生长迅速，可形成单优势群落，是草场过度放牧和土壤碱化指示群落，可作为改良碱化草场的先锋植物。

**[饲用价值]**

草质柔软，适口性好，营养丰富，属良等牧草。

禾本科虎尾草属

## 38 鸭茅 *Dactylis glomerata* L.

俗名：果园草、鸡脚草

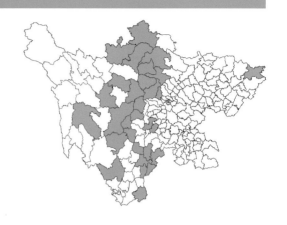

[识别特征]

**生活型：** 多年生草本，高40~120cm。

**根：** 须根系，密布在厚0~30cm的土层中。

**茎：** 秆直立或基部膝曲，单生或少数丛生。

**叶：** 叶鞘无毛，通常闭合至中部以上；叶舌薄膜质，长4~8mm，顶端撕裂；叶片扁平，边缘和背部中脉均粗糙。

**花：** 圆锥花序长5~15cm，分枝单生或基部者稀孪生；小穗多聚集于分枝上部，绿色或稍带紫色；颖片披针形，先端渐尖，边缘膜质，中脉稍凸出成脊，脊粗糙或具纤毛；外稃背部粗糙或被微毛，顶端具长约1mm的芒，第一外稃近等长于小穗；内稃狭窄，近等长于外稃。

**果：** 颖果长卵形，黄褐色。

**物候：** 花果期5~8月。

[分布范围]

　　主要分布在川西三州。主要产我国西南、西北等地区。

[生态和生物学特性]

　　适宜湿润温凉的气候，较抗旱，对土壤的适应性强。由于小穗聚集在分枝的上端，好像鸭脚一样，因此得名鸭茅。野生种多分布在林缘和灌丛中，形成了较耐阴的特性，一些国家在果园中栽培，所以又称果园草。

[饲用价值]

　　草质柔嫩，叶量多，牛、马、羊、兔等均喜食，幼嫩时可喂猪。可用于放牧或制作干草，也可收割青饲料或用于制作青贮饲料。

叶舌　　　　　根　　　　　整株

生境

花序　　　　　　　小穗解剖图

## 39 扁芒草 *Danthonia cumminsii* J. D. Hooker

俗名：邓氏草

**[识别特征]**

**生活型：**多年生草本。

**根：**须根较粗但柔韧，具木质化的根茎。

**茎：**秆直立，高15~60cm，具2~4节，紧密丛生，
基部宿存枯萎的叶鞘。

**叶：**叶鞘常短于节间；叶舌有一圈长0.5~3mm的柔
毛；叶片质较硬，卷折如丝状，稀扁平，无毛
或下面疏生白柔毛，长5~25cm，宽1~2mm，基部分蘖叶片长达35cm。

**花：**圆锥花序紧缩，长3~10cm，宽1.5~2.5cm；小穗（雌雄异株）含4~6朵小花，灰绿色或乳黄
色、紫色；颖膜质，披针形，长10~20mm，具3~7脉，脉间有小横脉；外稃质地较厚，具
7~9脉，基盘两侧的毛长达4mm，第一外稃长6~8mm，在两侧芒基部之间伸出一膝曲的芒，
芒长1.5~2.5cm，芒柱扁平扭转，棕色，长2~4mm，芒针扁平，直立或稀疏扭转；内稃透明
膜质，脊微粗糙。

**物候：**花果期5~10月。

花序

小穗

整株

**[分布范围]**

主要产川西、川西南地区。产我国西南地区。

**[生态和生物学特性]**

生于海拔2920~4500m的高山草原草甸及林下灌丛和河沟边多石处。

**[饲用价值]**

四川省木里藏族自治县的藏民将扁芒草称为"野山"。是牦牛很好的饲料，属良等牧草。

根

生境

禾本科扁芒草属

## 40 发草 *Deschampsia cespitosa* ( L. ) P. Beauvois

俗名：深山米芒

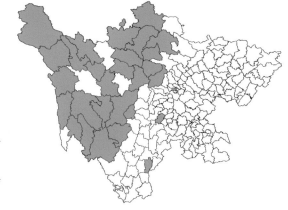

[ 识别特征 ]

**生活型**：多年生草本，浓密丛生。

**根**：须根柔韧。

**茎**：秆直立或基部稍膝曲，丛生，高30～150cm，具2～3节。

**叶**：叶鞘上部者常短于节间，无毛；叶舌膜质，先端渐尖或2裂，长5～7mm；叶片质韧，常纵卷或扁平，长3～7mm，宽1～3mm，分蘖者长达20cm。

**花**：圆锥花序疏松开展，常下垂，分枝细弱，平滑或微粗糙，中部以下裸露，上部疏生少数小穗；小穗草绿色或褐紫色，含2朵小花；小穗轴节间长约1mm，被柔毛；颖不等长，第一颖具1脉，第二颖具3脉，等长或稍长于第一颖；第一外稃长3～3.5mm，顶端啮蚀状（这是发草属的重要特征），基盘两侧毛长达稃体的1/3，芒自稃体基部1/5～1/4处伸出，劲直，稍短或略长于稃体；内稃等长或略短于外稃；花药长约2mm。

**物候**：花果期7～9月。

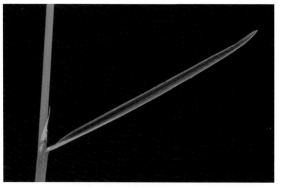

叶舌

[ 分布范围 ]

主要分布在川西地区。产我国西南、西北、东北等地区。

小穗解剖图      节

[ 生态和生物学特性 ]

喜温凉气候，春季返青较早，耐低温，抗霜冻，利用丛生枯草茬保护地面芽度过寒冷季节。多生于沼泽草甸、河岸两旁及草甸草地，在川西分布较广，可生长在海拔3000～4000m的沼泽草地及低湿草地。

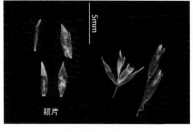

根      花序

[ 饲用价值 ]

开花前期草质柔嫩，为牦牛、犏牛、绵羊及马所喜食，抽穗前的丛生营养枝特别为绵羊所喜食；抽穗后适口性降低，故以发草为优势种的草地宜在春季和初夏放牧利用。

## 41 黄花野青茅 *Deyeuxia flavens* Keng

俗名：美丽野青茅、长花野青茅

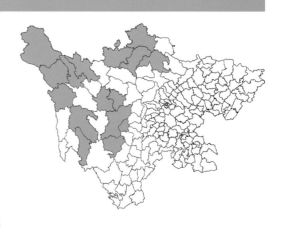

[识别特征]

生活型：多年生草本。

根：须根细弱。

茎：秆直立，平滑无毛，高40~60cm，径1~1.5mm，具2节。

叶：叶鞘平滑，上部者短于节间；叶舌膜质，长2.5~4mm，顶端具齿裂；叶片扁平，长3~12cm，宽3~5mm，两面粗糙。

花：圆锥花序疏松开展，分枝细弱，平展或斜向上升，常孪生，稀3或4枚簇生，1/2以下裸露，稍粗糙；小穗黄褐色或紫色；颖片卵状披针形，先端尖，第一颖约长于第二颖1mm，具1脉，脉纹粗糙；外稃顶端具2个长约1mm的短芒尖，基盘两侧的柔毛长为稃体的1/3或1/4，芒自稃体近基部伸出，近中部膝曲，芒柱扭转；内稃约短于外稃1/3，膜质，顶端具微齿裂，具2脉；花药长1~1.5mm，黄色或淡紫色。

果：颖果黄褐色，椭圆形，长约2mm。

物候：花果期8~9月。

生境

[分布范围]

主要分布在川西、川西北地区。产我国西南、西北等地区。

[生态和生物学特性]

生于海拔3000~4500m的高山草甸、林间草地、河谷草丛、灌丛。在青藏高原常为云杉林、冷杉林被破坏后的先锋植物，常形成以野青茅为建群种的禾草、杂类草甸草。

[饲用价值]

抽穗前适口性好，各类食草家畜均喜食，产量较高，花期刈割成干草后可作为羊、牛冬贮饲料。

| 小穗解剖图 | 叶舌 | 节 | 根 | 花序 |

禾本科野青茅属

## 42 瘦野青茅 *Deyeuxia macilenta* (Griseb.) Keng

**[识别特征]**

**生活型**：多年生草本，高50~60cm。

**根**：具细长而向下的根状茎。

**茎**：秆直立，平滑无毛，径约1.5mm，常具3节。

**叶**：叶鞘平滑无毛，基部叶鞘因互相跨覆而有时带紫
红色；叶舌膜质，长1.5~3mm，顶端平截，常
不整齐齿裂，或为三角形；叶片扁平或内卷，
质地较硬，长5~15cm，宽2~4（7）mm，上面
及边缘极粗糙，下面微粗糙。

**花**：圆锥花序紧密成穗形，簇生；小穗草黄色或带紫色；
颖片披针形，光端尖，具1脉，第二颖具3脉；外稃长
3~4mm，顶端钝且具齿裂，基盘两侧的柔毛长约为稃体
的1/2，芒自稃体背中部或其下1/3处伸出，长2.5~3mm，
不伸出小穗之外；内稃稍短于外稃，具2脊，脊微粗糙。

**物候**：花期夏季。

**[分布范围]**

产川西北地区。主要产我国西北地区。

**[生态和生物学特性]**

生于海拔1100~4500m的草地。

生境

**[饲用价值]**

适口性好，营养价值较高，马、牛、羊喜食。可用于放牧，也可刈割，属良等牧草。

根

节

花序　　　　小穗解剖图

5mm

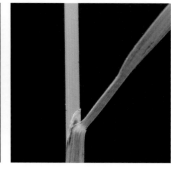

叶舌

## 43 小花野青茅 *Deyeuxia neglecta* (Ehrh.) Kunth

俗名：忽略野青茅

禾本科野青茅属

050

[识别特征]

生活型：多年生草本，高50~80cm。

根：具短根状茎。

茎：秆直立，平滑无毛，径2~3mm，常具2节。

叶：叶鞘平滑无毛，常短于节间；叶舌干膜质，长
1.5~2mm，顶端平截或钝圆，具细齿裂；叶片
窄线形，内卷，长10~30cm，宽1~3mm，上面
粗糙，下面较平滑。

花：圆锥花序紧缩成穗状，但有间隔，主轴平滑无毛或稍糙涩，分枝短缩，簇生，粗糙；小穗
长3~3.5mm，紫褐色；颖片宽披针形，先端尖，两颖近等长，第一颖具1脉，第二颖具3
脉，中脉粗糙；外稃长2~3mm，顶端钝但具细齿，芒自稃体基部1/4~1/3处伸出，细直，长
1~2mm，不伸出小穗之外；内稃较外稃短1/3，顶端钝但具细齿；延伸小穗轴长约0.8mm，与
其所被柔毛共长达2.5mm。

物候：花果期8~9月。

小穗解剖图

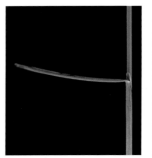

叶片和叶舌

节

花序

生境

[分布范围]

产川西北地区。产我
国西北、东北等地区。

[生态和生物学特性]

多年生具短根状茎型
湿中生禾草，生于沼泽草
甸、草甸、沟边路旁湿
地、林缘和林间草地。

[饲用价值]

春季返青早，马、
牛、羊喜食。花期后迅速
粗老，家畜一般不喜采
食，属良等牧草。

## 44 微药野青茅 *Deyeuxia nivicola* Hook. f.

俗名：光柄野青茅

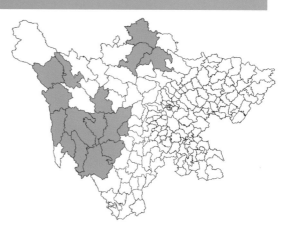

[ 识别特征 ]

**生活型：**多年生草本，植株低矮。

**根：**须根。

**茎：**秆丛生，直立，平滑无毛，高10～18cm，径约1mm，具1～2节。

**叶：**叶鞘平滑；叶舌长1～2mm，钝圆或平截；叶片扁平或稍纵卷，长2～6cm，秆生叶常短缩至长1.5cm，宽1.5～3mm。

**花：**圆锥花序紧密呈穗状，分枝长1～2cm，自基部即生小穗，与小穗柄微粗糙；小穗常呈紫色；两颖不等长，第一颖约长于第二颖1mm，具1脉，脉粗糙，披针形，先端渐尖；外稃顶端具明显的4个短小尖头，基盘两侧的柔毛长为稃体的1/4，芒自基部1/5～1/4处伸出，长5～7mm，近中部膝曲，芒柱扭转；内稃近等长于外稃，薄膜质，顶端具细齿；延伸小穗与其所被柔毛近等长于内稃；花药仅长0.5mm，卵圆形。

**物候：**花期8～9月。

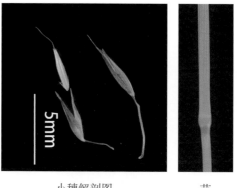

小穗解剖图　　　　节

[ 分布范围 ]

川西三州均有分布。产我国西南、西北等地区。

整株　　　　根　　　　叶舌

[ 生态和生物学特性 ]

生于海拔3500～4300m的高山草甸，适应性强，再生能力较强，耐践踏，常为草地伴生种，可形成优势种小群落。

[ 饲用价值 ]

植株较为矮小，耐践踏、耐牧，抽穗强，适口性好，后期草质较差，是放牧草地的重要牧草，为中等牧草。

花序　　　　生境

**45 小丽茅 *Deyeuxia pulchella* (Griseb.) Hook. f.**

俗名：大花野青茅、川藏野青茅

[识别特征]

**生活型：**多年生草本。

**根：**具长而横走且生有膜质鳞片的根茎。

**茎：**秆直立，疏丛生，平滑，仅花序下粗糙，高30～40cm，径1～1.5mm，具2～3节。

**叶：**叶鞘短于节间，粗糙；叶舌薄膜质，长2～4mm，顶端易破碎；叶片扁平，干后内卷，两面稍粗糙，长2～13cm，宽1～4mm。

小穗解剖图

整株

叶舌

花序

生境

**花：**圆锥花序紧密呈穗状，长圆形或卵状长圆形，分枝粗糙，直立或贴生；小穗长3～5（6）mm，深紫色或幼嫩时绿色；颖披针形，近等长或第一颖稍短，先端尖，粗糙，第一颖具1脉，第二颖具3脉；外稃顶端与边缘常透明膜质，基盘两侧的柔毛长约1mm，芒自外稃顶端下1/6～1/4处伸出，细直；内稃约短于外稃1/3；延伸小穗轴长约1.5mm，密被长3～3.5mm的柔毛，二者共长4～5mm。

**物候：**花期7～8月。

[分布范围]

产川西、川西南地区。产我国西南地区。

[生态和生物学特性]

生于高山草地、山地灌丛草甸。

[饲用价值]

适口性好，早春萌发早，耐践踏，牛、马、羊喜食，为春季优良牧草。

禾本科野青茅属

## 46  糙野青茅 *Deyeuxia scabrescens* (Griseb.) Munro ex Duthie

**俗名：** 西康野青茅、小糙野青茅

[ 识别特征 ]

**生活型：** 多年生草本。
**根：** 植株基部具根头。
**茎：** 秆直立，高60～100cm，节无毛。
**叶：** 叶鞘无毛，叶舌厚膜质，披针形，叶片直立，
　　　长15～25cm，宽3～5mm，质硬，内卷，两面
　　　粗糙。
**花：** 圆锥花序紧密，长15～20cm，宽约3cm；小穗长4.5～6mm，草黄色或紫色；第一颖具1脉，第
　　　二颖具3脉；内稃约短于外稃1/3。
**物候：** 花果期7～10月。

[ 分布范围 ]

川北经川西到川南地区均有分布。产我国西南、西北等地区。

[ 生态和生物学特性 ]

适应性强，耐干旱，生长能力与再生能力比较强，多生于山坡草地、砾质坡地。

[ 饲用价值 ]

植株较高大，叶量多，产量较高，为中等牧草。开花以前为各类牲畜所喜食，花期刈割制成的干草是羊、牛的冬贮饲料；生长后期，草质变粗糙，适口性变差。

生境

叶舌

节

根

花序

小穗解剖图

禾本科野青茅属

053

禾本科野青茅属

## 47 会理野青茅 *Deyeuxia stenophylla* (Hand.-Mazz.) P. C. Kuo et S. L. Lu

俗名：感野青茅、川野青茅

[识别特征]

**生活型：** 多年生草本。

**根：** 须根。

**茎：** 秆疏丛生，直立，平滑无毛，高约40cm，径约1mm，具3～5节。

**叶：** 叶鞘无毛，通常短于节间；叶舌干膜质，基生者长约1mm，秆生者可长达3mm，顶端平截或呈撕裂状；叶片纵卷如细线，长10～20cm，宽约0.5mm，两面均平滑，边缘稍糙涩。

**花：** 圆锥花序直立，稍疏松，分枝细弱，平滑，下部1/2或1/3裸露；小穗淡绿色或带紫色；颖片披针形，先端渐尖，边缘宽膜质，两颖近等长或第一颖稍长，具1脉，背部平滑；外稃近等长于颖，顶端尖且膜质，基盘两侧的柔毛长约1.5mm，芒自稃体背基部伸出，长8～10mm，近中部膝曲，芒柱扭转；内稃透明膜质，约短于外稃1/4或1/3，顶端尖，具2脉；延伸小穗轴长约1.5mm，与其所被柔毛共长达3.5mm。

**物候：** 花期7～8月。

 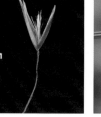 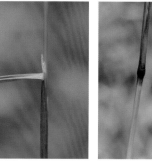 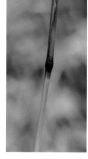

小穗解剖图　　叶舌　　节

根　　生境　　花序

[分布范围]

川西三州均有分布。产我国西南、西北等地区。

[生态和生物学特性]

生于海拔3100m的山顶草地。

[饲用价值]

牛、马喜食，属中等牧草。

054

## 48 毛蕊草 *Duthiea brachypodium* (P. Candargy) Keng

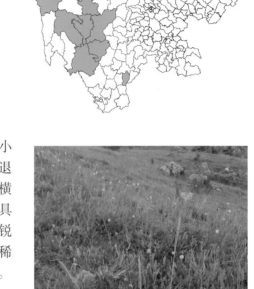

[识别特征]

**生活型**：多年生草本。

**根**：偶具长根茎，须根细而坚韧。

**茎**：高25～100cm，秆直立，较坚硬但粗糙，基部宿存枯萎的叶鞘，具1～3节。

**叶**：叶鞘松弛，微粗糙，短于节间；叶舌膜质，顶端具齿裂；叶片质硬，多纵卷，背面粗糙。

**花**：总状花序紧缩，具8～18个小穗；小穗灰绿色，含1朵小花，并具短柄，小穗柄硬直，被微毛；延伸小穗轴细长，无毛，长约2mm，顶端具长约0.8mm的退化小花；颖草质，长圆状披针形，具5～9脉，疏生横脉；外稃等长于小穗，革质，具10～11脉，1/2以下具柔毛，以基盘的毛为最密，顶端具2裂片，渐尖或锐尖，基部亦具柔毛，芒自2裂片中间伸出，微粗糙，稀疏扭转；内稃长11～15mm（连同裂齿），脊具纤毛。

**物候**：花果期6～10月。

[分布范围]

川西和川西北地区均有分布。产我国西南、西北地区。

[生态和生物学特性]

生于海拔3000～5300m的高山疏林、灌丛和阳坡草地。

生境

[饲用价值]

牛、羊喜食，为良等牧草。

| 叶舌 | 节 | 花序 | 小穗解剖图 |

禾本科毛蕊草属

055

## 49　假花鳞草 *Elymus anthosachnoides* (Keng) A. Love ex B. Rong Lu

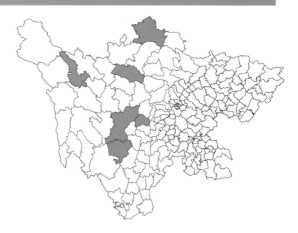

[识别特征]

**生活型：** 多年生草本。

**根：** 须根。

**茎：** 秆单生或成疏丛，高60～75cm，基部径1.5～2.5mm。

**叶：** 叶鞘无毛；叶片扁平，长11～25cm，宽3.5～7mm，两面被长柔毛或上面疏被柔毛，稀光滑无毛。

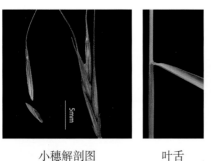

小穗解剖图　　叶舌　　节

小穗　　　　　根

**花：** 穗状花序下垂，具6～8枚小穗，基部3～4节常无小穗；小穗含5～7朵小花，淡黄绿色或带紫色，小穗轴节间长约3mm，被长柔毛；颖披针形，具3～5条强壮的脉及1～2条细弱且较短的脉，脉粗糙，第一颖长5～7.5mm，第二颖长7～9mm；外稃披针形，遍生粗而长的毛，尤以接近边缘及上部的毛最为显著，上部显著具5脉，中脉粗壮，侧脉较细弱，第一外稃长13～14mm，先端芒强壮，粗糙而反曲；内稃与外稃近等长或稍短，脊间上部散生小纤毛。

**物候：** 花果期7～8月。

[分布范围]

产川西、川西北地区。产我国西南、西北地区。

[生态和生物学特性]

生于海拔3700～4000m的高山草地。

[饲用价值]

属中等牧草。

花序

## 50 短颖披碱草 *Elymus burchan-buddae* (Nevski) Tzvelev

俗名：垂穗鹅观草、短颖鹅观草

[识别特征]

**生活型：** 多年生丛生草本。

**根：** 根系紧密，须根发达。

**茎：** 秆直立，某部稍倾斜上升，高45~60cm。

**叶：** 叶鞘无毛；叶片扁平或边缘内卷，长5~9cm
（蘖生叶可长达16cm），宽1.5~3mm。

**花：** 穗状花序细弱，下垂，基部的小穗有时不发
育；小穗含2~3小花及1不孕外稃；颖卵状披针形，先端锐尖，光滑无毛，第一颖具3脉，长
3~4mm，第二颖具4~5脉，长约5mm；外稃上部具明显的5脉，疏被短硬毛，第一外稃长约
10mm，先端芒长20~25mm；内稃与外稃等长，先端钝头，脊上具极小纤毛；花药黑色。

**物候：** 花果期7~8月。

[分布范围]

产川西地区。主要产我
国西北地区。

[生态和生物学特性]

耐寒性较强，喜生于土
壤湿润的湖边、河边及土层
较深厚的亚高山草甸土中。
川西高原分布较广，在部分
草地植被中成为建群种。

[饲用价值]

开花前牛、羊、马均喜
食，粗蛋白质含量中等，结
实后茎叶质地较硬，属良等
牧草。

| 根 | 花序 | 生境 |

| 小穗 | 叶片和叶舌 | 整株 |

禾本科披碱草属

057

## 51　小颖披碱草 *Elymus antiquus* (Nevski) Tzvelev

俗名：小颖鹅观草

[识别特征]

生活型：多年生草本。

根：根较粗。

茎：秆直立，高约70cm，下部的节有时膝曲。

叶：叶鞘无毛或基部者具柔毛，叶片长6~15cm，宽2.5~8mm，两面沿脉及边缘均具纤毛。

花：穗状花序稍弯曲成弧形，长10~15cm，着生6~10枚小穗；小穗长1.6~3cm（芒除外），两侧疏松排列，含5~9朵小花；颖长圆形，具小尖头，第一颖长2~3mm，第二颖长4~5mm，显著具3脉或第二颖具5脉；内稃与外稃等长。

小穗解剖图

叶舌

小穗

[分布范围]

　　产川西及川西南地区。产我国西南地区。

[生态和生物学特性]

　　生于海拔3000~4500m的亚高山草甸、灌丛草地、路边。

[饲用价值]

　　属良等牧草。

花序

生境

根

节

## 52　短芒披碱草 *Elymus breviaristatus* (Keng) Keng f.

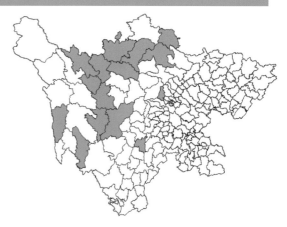

[识别特征]

生活型：多年生草本。

根：具短而下伸的根茎。

茎：秆疏丛生，直立或基部膝曲，高约70cm。

叶：叶鞘光滑；叶片扁平，粗糙或下面平滑，长
　　4～12cm，宽3～5mm。

花：穗状花序疏松，柔弱而下垂，
　　长10～15cm；小穗灰绿色稍带
　　紫色，长13～15mm，含4～6朵
　　小花；颖长圆状披针形或卵状
　　披针形，全部被短小微毛，具
　　1～3脉，脉粗糙；第一外稃长
　　8～9mm，顶端具粗糙的短芒，
　　芒长（1）2～5mm；内稃与外稃
　　等长。

物候：花果期6～9月。

[分布范围]

　　产川西及川西南地区。主要产我
国西北地区。

[生态和生物学特性]

　　喜阳光，适宜中性或微碱性且含
腐殖质的沙壤土，抗逆性中等。

[饲用价值]

　　质地柔软，营养价值较高，牛、
羊等牲畜喜食，属中上等禾草。

生境

禾本科披碱草属

060

根　　　　　　　小穗

节　　　　　整株　　　　　　　　　　　　花序

小穗解剖图　　　　　　　　　　　叶舌

## 53  短柄披碱草 *Elymus brevipes* (Keng) S. L. Chen

俗名：短柄鹅观草

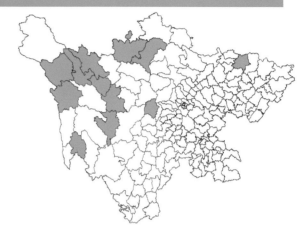

### [识别特征]

**生活型：** 多年生草本。

**根：** 须根。

**茎：** 秆直立，单生或基部具有少数鞘内分蘖而丛生，高30～60cm。

**叶：** 叶舌仅长约0.2mm或几乎缺少；叶片长10～18cm，宽1～3mm，质地较硬，干后内卷，上面微粗糙，下面光滑。

**花：** 穗状花序长7～11cm（除芒外），弯曲或稍下垂，基部有时具短分枝，穗轴纤细；小穗有时偏向穗轴的一侧，长1.4～2.2cm，含4～7朵疏松排列的小花，绿而微带紫色，具有长0.5～2mm的短柄；颖披针形，先端尖至渐尖，具明显的3脉，或第二颖具4脉，微粗糙；外稃披针形，上部具明显的5脉，微粗糙或近平滑，第一外稃长9～10mm，顶端芒长2.5～3cm，粗糙，反曲；内稃长8～9mm，背部被微毛，平头，脊上部1/3疏生纤毛。

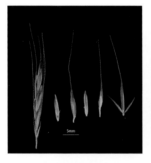

小穗解剖图　　　　小穗　　　　节

生境

### [分布范围]

产川西地区。产我国西南、西北地区。

### [生态和生物学特性]

分蘖能力和再生性均很强，适应性和抗逆性较强，抗寒能力强，耐土壤瘠薄。2021年发布的《国家重点保护野生植物名录》将其列为二级保护植物。

### [饲用价值]

茎秆柔软，适口性好，营养价值较高，羊、马喜食，可作为青饲料，也可调制成干草或青贮饲料。

花序　　　　　　　　　根

## 54 纤毛披碱草 *Elymus ciliaris* (Trinius ex Bunge) Tzvelev

**俗名：** 纤毛鹅观草

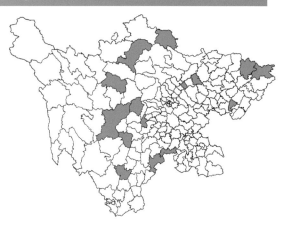

**[ 识别特征 ]**

**生活型：** 多年生草本，高40~80cm。

**根：** 须根细长。

**茎：** 秆单生或成疏丛，直立，基部节常膝曲，平滑无毛，常被白粉。

**叶：** 叶鞘无毛，稀基部叶鞘接近边缘处有柔毛；叶片扁平，长10~20cm，宽3~10mm，两面均无毛，边缘粗糙。

**花：** 穗状花序，长10~20cm；小穗通常绿色；颖椭圆状披针形，先端常具短尖头，具5~7脉，边缘与边脉具纤毛；外稃长圆状披针形，背部被粗毛，边缘具长而硬的纤毛，上部具明显的5脉，第一外稃长8~9mm，顶端延伸成粗糙反曲的芒，长10~30mm；内稃长为外稃的2/3，先端钝头，脊的上部具少许短小纤毛。

**[ 分布范围 ]**

四川及国内其他地区分布广泛。

**[ 生态和生物学特性 ]**

喜生于温暖湿润的山坡草地、疏林和路边的田埂及草丛中。

**[ 饲用价值 ]**

秆叶柔软，幼嫩时家畜喜食，穗成熟时，秆叶粗韧，且有硬芒，不宜食用，为中等牧草。

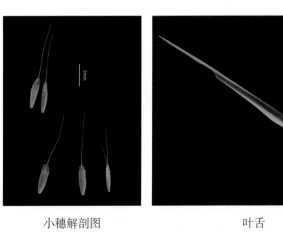

小穗解剖图　　　　叶舌

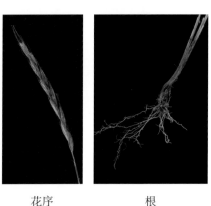

节和叶片　　　花序　　　根

## 55 披碱草 *Elymus dahuricus* **Turcz.**

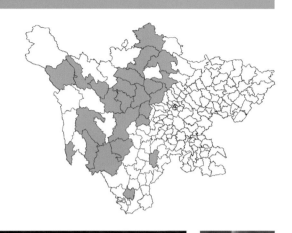

**[识别特征]**

**生活型：**多年生疏丛型草本，高70～140cm。

**根：**须根，根深可达100cm。

**茎：**秆直立，基部膝曲。

**叶：**叶鞘光滑无毛；叶片扁平，稀内卷，上面粗糙，下面光滑，长15～25cm，宽5～9（12）mm。

**花：**穗状花序直立，较紧密，长14～18cm，宽5～10mm；穗轴边缘具小纤毛，中部各节具2枚小穗，接近顶端和基部的各节只具1枚小穗；小穗绿色，成熟后变为草黄色，长10～15mm，含3～5朵小花；颖披针形或线状披针形，长8～10mm，先端芒长达5mm，有3～5条明显而粗糙的脉；内稃与外稃等长，先端截平，脊具纤毛，至基部渐不明显，脊间被稀少短毛。

**物候：**花果期7～9月。

**[分布范围]**

四川及国内其他地区分布广泛。

**[生态和生物学特性]**

能适应土壤的类型较广泛，多生于山坡草地和路边。耐旱、耐寒、耐碱、耐风沙。

**[饲用价值]**

是优质高产的饲草，适口性较好，家畜喜食。

小穗解剖图

节

生境

植株上部分

根

叶舌

## 56　圆柱披碱草 *Elymus dahuricus* var. *cylindricus* Franchet

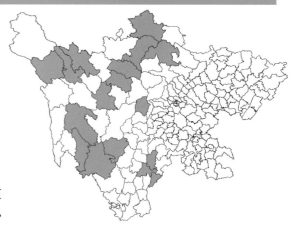

[识别特征]

**生活型：**多年生草本。

**根：**须根。

**茎：**秆细弱，高40~80cm。

**叶：**叶鞘无毛；叶片扁平，干后内卷，长5~12cm，宽约5mm，上面粗糙，下面平滑。

**花：**穗状花序直立，狭瘦，除接近先端各节仅具1枚小穗外，其余各节均具2枚小穗；穗轴边缘具小纤毛；小穗绿色或带紫色，通常含2~3朵小花，但仅1~2朵小花发育；颖披针形至线状披针形，具3~5脉，脉明显而粗糙，先端渐尖或具长达4mm的短芒；外稃披针形，全部被微小短毛，第一外稃长7~8mm，具5脉，顶端芒粗糙，直立或稍展开；内稃与外稃等长，先端钝圆，脊上有纤毛，脊间被微小短毛。

**物候：**花果期8~9月。

生境

[分布范围]

　　川西三州均有分布。产我国西南、西北、华北等地区。

[生态和生物学特性]

　　为旱中生草甸型禾草，多生于山坡草原化草甸、河谷草甸，田野也有分布。喜轻度酸性土壤，喜湿、喜肥沃，也能忍耐一定的盐碱、干旱和风沙，越冬能力较强，在年降水量为250~300mm的高寒地区也能良好生长。

[饲用价值]

　　属良等饲用禾草，开花前质地较柔嫩，适口性良好。返青至开花前，马、牛、羊均喜食，开花后，迅速变老，家畜主要采食叶和茎秆上部较柔嫩的部分。

禾本科披碱草属

小穗　　　　　　　节　　　　　　花序（1）　　　　　　花序（2）

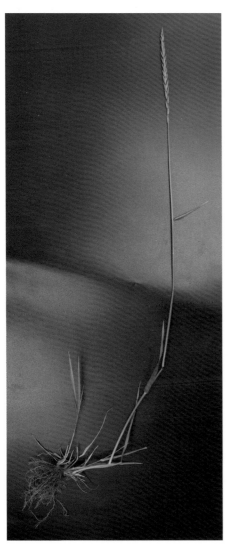

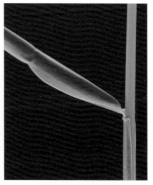

根　　　　　　　叶舌

整株　　　　　　　　　　　小穗解剖图

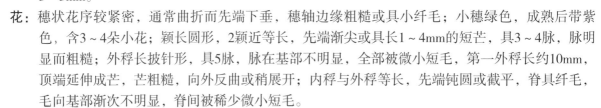

**57　垂穗披碱草** *Elymus nutans* Griseb.

**俗名**：钩头草、弯穗草

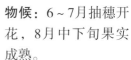

**[ 识别特征 ]**

**生活型**：多年生草本，高50～70cm。

**根**：根茎疏丛状，须根发达。

**茎**：秆直立，基部稍呈膝曲状。

**叶**：基部和根处的叶鞘具柔毛；叶片扁平，上面有
时疏生柔毛，下面粗糙或平滑，长6～8cm，宽
3～5mm。

**花**：穗状花序较紧密，通常曲折而先端下垂，穗轴边缘粗糙或具小纤毛；小穗绿色，成熟后带紫
色，含3～4朵小花；颖长圆形，2颖近等长，先端渐尖或具长1～4mm的短芒，具3～4脉，脉明
显而粗糙；外稃长披针形，具5脉，脉在基部不明显，全部被微小短毛，第一外稃长约10mm，
顶端延伸成芒，芒粗糙，向外反曲或稍展开；内稃与外稃等长，先端钝圆或截平，脊具纤毛，
毛向基部渐次不明显，脊间被稀少微小短毛。

**物候**：6～7月抽穗开
花，8月中下旬果实
成熟。

**[ 分布范围 ]**

产川西地区，
栽培广泛。产我国
西南、西北、华北等
地区。

**[ 生态和生物学特性 ]**

中生至中旱生植
物。对土壤要求不
严，在各种类型的土
壤中均能生长。抗寒
能力强，在高寒牧区
结实、繁殖良好，是
高寒地区建立人工打

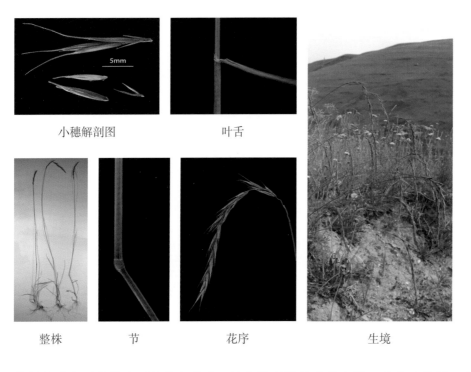

小穗解剖图　　　　　叶舌

整株　　　节　　　花序　　　　　　生境

草场和改良天然草地时的优良草种。综合抗逆性较老芒麦强，多生于草原、山坡道路旁和林缘。国
内已选育出甘南垂穗披碱草和康巴垂穗披碱草等品种。

**[ 饲用价值 ]**

质地柔软，易调制成干草，成熟后茎秆变硬，饲用价值降低。返青至开花前，马、牛、羊最喜
食（尤其是马），属优等牧草。

## 58 老芒麦 *Elymus sibiricus* L.

**俗名：**西伯利亚披碱草

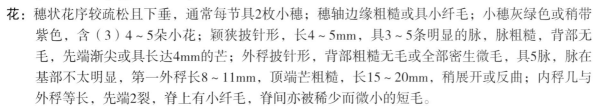

### [ 识别特征 ]

**生活型：**多年生丛生草本，高60~90cm。

**根：**须根密集而发育。

**茎：**秆单生或成疏丛，直立或基部稍倾斜，粉红色，下部的节稍呈膝曲状。

**叶：**叶鞘光滑无毛；叶片扁平，有时上面生短柔毛，长10~20cm，宽5~10mm。

**花：**穗状花序较疏松且下垂，通常每节具2枚小穗；穗轴边缘粗糙或具小纤毛；小穗灰绿色或稍带紫色，含（3）4~5朵小花；颖狭披针形，长4~5mm，具3~5条明显的脉，脉粗糙，背部无毛，先端渐尖或具长达4mm的芒；外稃披针形，背部粗糙无毛或全部密生微毛，具5脉，脉在基部不太明显，第一外稃长8~11mm，顶端芒粗糙，长15~20mm，稍展开或反曲；内稃几与外稃等长，先端2裂，脊上有小纤毛，脊间亦被稀少而微小的短毛。

**果：**颖果长椭圆形，易脱落。

**物候：**返青早，通常4月中旬返青，6月底抽穗，7月开花，8月底种子成熟。

### [ 分布范围 ]

产川西、川西北地区。产我国西北、华北等地区。

| 生境 | 叶舌 | 整株 |

| 根 | 小穗解剖图 | 节 |

### [ 生态和生物学特性 ]

为中生植物，抗旱性较强，一般在年降水量为400~600mm的地区栽培，在干旱地区种植则要有灌溉条件。耐寒性很强，在野外多生于路旁和山坡上。在川西高寒地区广泛用于改良天然草地和作为栽培牧草。国内已选育出多个品种，其中适宜在川西北地区种植的品种有'川草1号'老芒麦和'川草2号'老芒麦。

### [ 饲用价值 ]

叶量多，草质柔软，富含蛋白质，适口性好，为优良饲用植物，牲畜喜食，特别是马和牦牛。

## 59 中华披碱草 *Elymus sinicus* (Keng) S. L. Chen

**俗名**：中华鹅观草、狭叶鹅观草

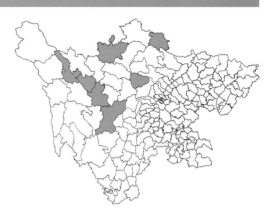

**[识别特征]**

**生活型**：多年生草本。
**根**：根稀疏且较粗。
**茎**：秆疏丛生，基部膝曲，高60~90cm。
**叶**：叶鞘无毛；叶片质硬，直立，内卷，长6~12cm，宽3~4mm，上面疏生柔毛，下面无毛。
**花**：穗状花序直立，长8~10cm；小穗含4~5朵小花，长13~14mm；颖长圆状披针形，具3~5脉，第一颖长7~8mm，第二颖长8~10mm；内稃与外稃等长。
**物候**：花果期为7~8月。

**[分布范围]**

产川西北地区主要产我国西北地区。

**[生态和生物学特性]**

抗逆性强，生于海拔2000~2700m的山坡草地、路边。

**[饲用价值]**

属良等牧草。

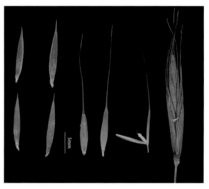

小穗解剖图　　　　　　叶舌

禾本科披碱草属

068

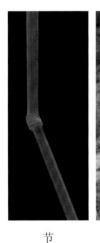
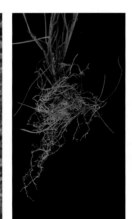

节　　　花序　　　根　　　　　　生境

## 60 无芒披碱草 *Elymus sinosubmuticus* S. L. Chen

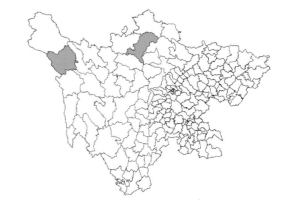

[识别特征]

**生活型**：多年生草本。

**根**：根须状。

**茎**：秆丛生，直立或基部稍膝曲，较细弱，高25～45cm，具2节，顶生之节位于植株下部约1/4处，裸露部分光滑。

**叶**：叶鞘短于节间，光滑；叶舌极短而近于无；分蘖的叶片内卷，茎生叶叶片扁平或内卷，下面光滑，上面粗糙。

**花**：穗状花序较稀疏，通常弯曲，带有紫色，基部的1～3节通常不具发育的小穗；穗轴边缘粗糙，每节通常具2枚小穗，接近顶端各节仅具1枚小穗，顶生小穗发育或不发育；小穗近无柄或具长约1mm的短柄，含（1）2～3（4）朵小花；小穗轴节间长1～2mm，密生微毛；颖长圆形，近等长，长2～3mm，具3脉，侧脉不甚明显，主脉粗糙，先端锐尖或渐尖，但不具小尖头；外稃披针形，具5脉，脉至中部以下不甚明显，中脉延伸成一短芒，脉的前端和背部两侧以及基盘均具少许微小短毛，第一外稃长7～8mm；内稃与外稃等长，脊具小纤毛，先端钝圆；花药长约1.7mm，子房先端具毛茸。

**物候**：花期8月。

[分布范围]

产川西北地区。主要产我国西北地区。

[生态和生物学特性]

为旱中生植物，根系发达，耐寒、耐牧、耐瘠薄，生于海拔3000～3500m的亚高山草甸、亚高山灌丛草地。适宜在山地寒温带和高山亚寒带地区生长。可作为伴生种与多年生禾草、莎草及杂类草组成群落，形成高寒草甸草地或高寒灌丛草甸草地。在《国家重点保护野生植物名录》里，其保护等级为二级。

[饲用价值]

为多年生疏丛型优良牧草，抽穗前茎叶鲜嫩柔软，适口性强，营养价值较高，牛、马、羊均喜采食，抽穗后草质变粗，适口性较差。

叶舌　　　　花序（1）　　　　节

花序（2）　　　　生境

## 61 肃草 *Elymus strictus* (Keng) S. L. Chen

俗名：多变鹅观草、大肃草

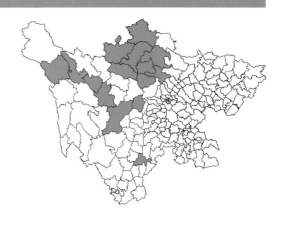

**[识别特征]**

**生活型：**多年生草本，高50~60cm。

**根：**须根多数。

**茎：**秆直立，疏丛生，质较坚硬，基部的节微呈膝曲状。

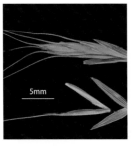

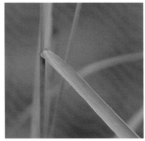

小穗解剖图 　　　　　　叶舌

小穗 　　　　节 　　　　花序

**叶：**叶片较坚硬，内卷，长8~16cm，宽4~6mm，灰绿色或粉质，上面被毛，下面无毛。

**花：**穗状花序劲直；小穗灰绿色，疏松排列于穗轴的两侧，含5~8朵小花；颖先端渐尖或具小尖头，长7~10mm，第一颖较第二颖短1~2mm，具5~7条明显而粗壮的脉，脉粗糙；外稃背部平滑或仅上部微粗糙，下部两侧接近边缘处具微毛，上部明显具5脉，脉粗糙，第一外稃长9~10mm，先端长14~22mm，芒粗糙，微反曲；内稃与外稃等长，顶端截平或微凹，脊间上部被微毛。

**物候：**花果期7~9月。

**[分布范围]**

产川西、川西北等地区。产我国西北、华北等地区。

**[生态和生物学特性]**

生于海拔1400~3200m（在西藏海拔可达4300m）的山坡、林缘、山沟冲积地、干燥沙砾地。

**[饲用价值]**

为旱中生上繁草，叶量多，质地粗糙。抽穗前，牛、马、羊喜食。刈制的干草，各种家畜均喜食，属良等牧草。

根 　　　　　　生境

禾本科披碱草属

070

牧草

## 62　麦薲草 *Elymus tangutorum* (Nevski) Hand.-Mazz.

禾本科披碱草属

071

[识别特征]

**生活型：**多年生丛生草本，植株较高大粗壮。

**根：**根系发育良好，主要分布在深0～30cm的土层中。

**茎：**秆可高达120cm，基部呈膝曲状。

**叶：**叶鞘光滑；叶片扁平，长10～20cm，宽6～14mm，两面粗糙，或上面疏生柔毛，下面平滑。

**花：**穗状花序直立，较紧密；小穗稍偏向一侧，穗轴边缘具小纤毛，通常每节具2枚；小穗绿色且稍带紫色，长9～15mm，含3～4朵小花；颖披针形至线状披针形，长7～10mm，具5脉，先端渐尖，具长1～3mm的短芒；外稃披针形，无毛或仅上半部有微小短毛，具5脉；内稃与外稃等长，先端钝头，脊具纤毛。

**物候：**花果期为7～9月。

[分布范围]

产川西地区。主要产我国西北地区。

[生态和生物学特性]

是一种早熟性禾草，再生性中等，适应性较强，对土壤要求不严，不耐夏季高温。

[饲用价值]

草质柔软，叶量中等，无异味，各种牲畜喜食。

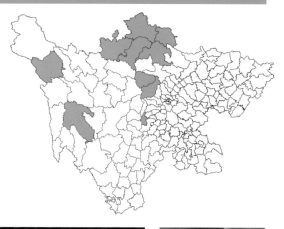

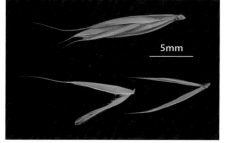

小穗解剖图

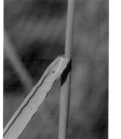

叶舌

节

花序

小穗

根

生境

## 63 知风草 *Eragrostis ferruginea* (Thunb.) P. Beauv.

俗名：梅氏画眉草

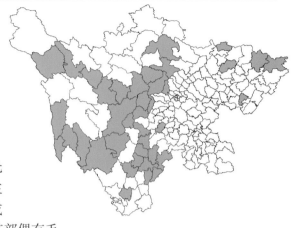

**[ 识别特征 ]**

**生活型：** 多年生草本，高30～110cm。

**根：** 根系极为发达，须根粗壮。

**茎：** 秆丛生或单生，直立或基部膝曲，粗壮。

**叶：** 叶鞘两侧极压扁，基部相互跨覆，较节间长，光滑无毛，鞘口与两侧密生柔毛，通常叶鞘的主脉上有腺点；叶舌退化为1圈短毛；叶片平展或折叠，上部叶超出花序，常光滑无毛或上面近基部偶有毛。

小穗解剖图　　　　叶耳　　　　　小穗

根　　　　　　　　节

**花：** 圆锥花序大而开展，分枝节密，每节生枝1～3个，枝腋间无毛；小穗柄长5～15mm，中部或中部偏上有一腺体，腺体多为长圆形，稍凸起；小穗长圆形，有7～12朵小花，多带黑紫色，有时也出现黄绿色；颖开展，具1脉，第一颖披针形，先端渐尖；第二颖长披针形，先端渐尖；外稃卵状披针形，先端稍钝，第一外稃长约3mm；内稃短于外稃，脊上有小纤毛，宿存。

**果：** 颖果棕红色，长约1.5mm。

**物候：** 花果期8～12月。

**[ 分布范围 ]**

四川广泛分布。产我国南北各地。

**[ 生态和生物学特性 ]**

为中旱生草本，具有很强的抗旱性和抗寒性，不耐盐碱，不耐涝，适宜在干燥寒冷的地区生长。

**[ 饲用价值 ]**

植株柔软，鲜草适口性好，营养价值较高。春夏时节，牛、马、羊等家畜均喜食。秋冬时节，植株干枯，基叶脱落，草质下降，只有牛少量采食。

花序　　　　　　　生境

禾本科画眉草属

072

## 64 四脉金茅 *Eulalia quadrinervis* (Hack.) Kuntze

[识别特征]

**生活型**：多年生草本。

**根**：须根稠密，细长。

**茎**：秆高60～120cm，基部常具鳞片状叶。

**叶**：叶鞘无毛至具毛；叶舌截平，长1～1.5mm；叶
片长10～20cm，无毛或下面有毛或两面有毛，
通常下面粉绿色。

**花**：总状花序3～4枚，常被灰白而带紫色的柔毛；总
状花序轴节间长2.5～3mm，被白色纤毛；无柄小穗长圆状披针形，长5～6mm；第一颖先端尖
而呈膜质；第二颖舟形；外稃长圆状披针形；内稃长圆状披针形，长约1.5mm。

**物候**：花果期9～11月。

[分布范围]

产川西、川西南、川南等地区。产我国华东、华南、
西南等地区。

[生态和生物学特性]

生于丘陵山坡草地、路旁草地。

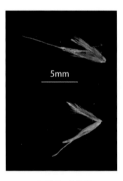

小穗解剖图　　　　叶片和叶舌

[饲用价值]

幼嫩时适口性好，但营养价值一般，牛、马、羊喜食，属中等牧草。

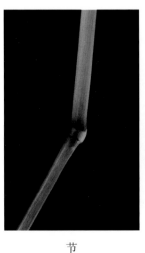

节　　　　　　　花序　　　　　　　根　　　　　　　生境

## 65　苇状羊茅 *Festuca arundinacea* Schreb.

俗名：苇状狐茅、高羊茅

[ 识别特征 ]

**生活型：**多年生草本。
**根：**根系发达，致密。
**茎：**秆成疏丛，高0.8～1m，径约3mm，基部达5mm。
**叶：**叶鞘通常无毛；叶舌长0.5～1mm，平截，纸质；叶片呈条形，长30～50cm。
**花：**圆锥花序疏散，长20～30cm，小穗轴微粗糙；小穗长1～1.3cm，具4～5朵小花；颖片披针形，先端尖或渐尖；外稃背上部及边缘粗糙，先端无芒或具短尖；内稃稍短于外稃。
**果：**颖果长约3.5mm。
**物候：**花期7～9月。

[ 分布范围 ]

常用草坪草和牧草，全国多地有栽培。

[ 生态和生物学特性 ]

适应性强，抗寒又耐热，耐干旱又耐潮湿，生长迅速，再生性强，最适宜在温暖湿润的地区生长。

[ 饲用价值 ]

叶量多，草质较好，生长迅速，生境适宜时可发挥高产潜力。中等肥力条件下，一年可刈割4次。适宜用于刈割青饲料或晒制成干草，为了确保适口性和营养价值，刈割应在抽穗期进行。

生境

小穗解剖图

叶舌

小穗

节

花序

## 66 微药羊茅 *Festuca nitidula* Stapf

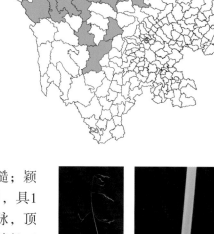

**[识别特征]**

**生活型：**多年生草本，高10~50cm。

**根：**具短根茎。

**茎：**秆疏丛生，直立，平滑无毛，具1~2节。

**叶：**叶鞘下部闭合，平滑无毛；叶舌长约1mm，具纤
毛；叶片纵卷或褶叠，平滑，长3~15cm。

**花：**圆锥花序疏松开展；分枝孪生或单一，开展，
中部以下裸露，上部着生小枝与小穗；小穗紫
红色，含2~5朵小花；小穗轴节间长约1mm，甚粗糙；颖
片背部平滑，边缘膜质，顶端较钝，第一颖披针形，具1
脉，第二颖宽披针形，具3脉；外稃背部粗糙，具5脉，顶
端具芒，芒长1~2mm，第一外稃长约4mm；内稃近等长于
外稃，顶端膜质且具2微裂，两脊粗糙；花药椭圆形，长
0.5~0.6mm，子房顶端被稀疏的微毛。

**物候：**花果期7~9月。

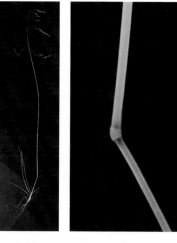

**[分布范围]**

产川西、川西北地区。主要产我国西北地区。

整株　　　　节

**禾本科羊茅属**

**075**

**[生态和生物学特性]**

生于海拔2500~5300m的高山
草甸、山坡草地、河滩湿草地、
林间草丛、沼泽草甸。

**[饲用价值]**

草质好，营养价值较高，
牛、羊喜食，属良等牧草。

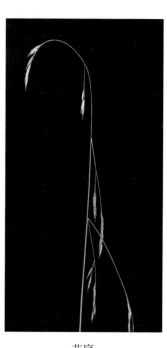

生境　　　　　　花序

## 67 羊茅 *Festuca ovina* L.

俗名：酥油草、狐茅

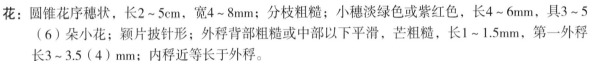

**[识别特征]**

**生活型：**多年生草本。

**根：**根须状。

**茎：**瘦细，直立，高15～35cm，仅近基部具1～2节。

**叶：**叶鞘开口几达基部；叶舌平截，具纤毛，长约0.2mm；叶片内卷成针状，较软，稍粗糙，长（2）4～10（20）cm，宽0.3～0.6mm。

**花：**圆锥花序穗状，长2～5cm，宽4～8mm；分枝粗糙；小穗淡绿色或紫红色，长4～6mm，具3～5（6）朵小花；颖片披针形；外稃背部粗糙或中部以下平滑，芒粗糙，长1～1.5mm，第一外稃长3～3.5（4）mm；内稃近等长于外稃。

**物候：**花果期6～9月。

**[分布范围]**

主要分布在川西、川西北地区。产我国东北、华北、华东、西南、西北等地区。

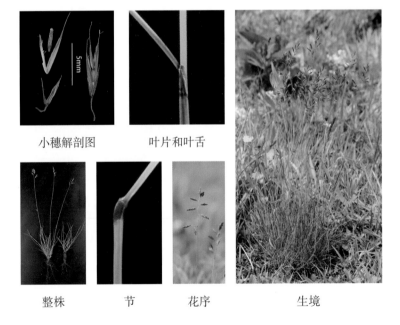

小穗解剖图　　　叶片和叶舌

整株　　节　　花序　　生境

**[生态和生物学特性]**

适应性强，耐寒，耐干旱。对土壤要求不高，是高山及亚高山草甸和高山草原常见的草种之一。

**[饲用价值]**

叶量多，茎秆细软，适口性好，营养价值高，抽穗前各种家畜均喜食，羊、马最喜食。耐牧性强，耐践踏和耐牲畜啃食，是牧区的上瞟草。

禾本科羊茅属

076

## 68 紫羊茅 *Festuca rubra* L.

俗名：红狐茅

[识别特征]

**生活型：**多年生草本。

**根：**具短根茎或根头。

**茎：**秆直立，丛生，平滑无毛，高30～60（70）cm，具2节。

**叶：**叶鞘粗糙；叶舌平截，具纤毛，长约0.5mm，叶片对折或边缘内卷，稀扁平，两面平滑或上面被短毛，长5～20cm，宽1～2mm。

**花：**圆锥花序狭窄，疏松，花期开展，长7～13cm；小穗淡绿色或深紫色，长7～10mm；第一颖窄披针形，具1脉，第二颖宽披针形，具3脉；内稃近等长于外稃。

**果：**颖果长菱形，不易脱落，常在果柄上发芽。

**物候：**花果期6～9月。

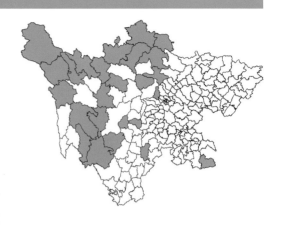

| 小穗解剖图 | 节 | 花序分枝 |

[分布范围]

　　川西北经川西到川南地区均有分布。产我国东北、华北、西北、西南及华中大部分地区。

[生态和生物学特性]

　　为中生禾草，不耐炎热，但耐寒性、抗病虫害能力较强，植株性状不稳定。主要用于放牧，也可调制成干草。常用作草坪草种，现已成为北方寒冷地区主要的草坪草种，也是水土保持方面的优良草种。

[饲用价值]

　　适口性良好，牛、羊、兔、鹅等家畜都喜食，具良好的青饲料。

花序　　　　　　　　生境

## 69 毛秆羊茅 *Festuca rubra* subsp. *arctica* (Hackel) Govoruchin

**俗名：**多花羊茅、毛秆紫羊茅

**[ 识别特征 ]**

**生活型：**多年生草本。

**根：**具细弱根茎。

**茎：**秆较硬直，或基部稍膝曲，平滑无毛，高20～60（70）cm，具2～3节。

**叶：**叶鞘平滑无毛，下部者短于节间而上部者长于节间；叶舌长约1mm，平截，具纤毛；叶片常对折，平滑无毛或上面稀有微毛，长（8）10～20（35）cm，秆生叶较短，长2～5cm，宽约2mm；叶横切面具维管束5～9，厚壁组织束5～7。

**花：**圆锥花序紧缩，或花期稍开展；分枝每节1～2枚，粗糙；小穗褐紫色，长8～10mm，含4～6朵小花；小穗轴节间长约0.8mm，背具刺毛；颖片背上部和中脉粗糙或具短毛，顶端尖或渐尖，边缘窄膜质或具纤毛，第一颖长3～4mm，具1脉，第二颖长4～5mm，具3脉；外稃背部遍被毛，具不明显的5脉，顶端具芒，芒长2～3mm，第一外稃长约5.5mm；内稃顶端具2齿，两脊具纤毛或粗糙，脊间具微毛；花药长2～3mm；子房顶端无毛。

**物候：**花果期6～9月。

**[ 分布范围 ]**

产川西、川西北地区。主要产我国西北地区。

**[ 生态和生物学特性 ]**

为寒旱生中生短根茎疏丛型半下繁草，高寒草甸和高寒草原的伴生种。能适应寒冷湿润的高山气候，生于高山带局部较平缓且相对干旱的阳坡和半阳坡，通常5月中旬返青，6月底抽穗，7月中旬开花，9月枯黄。

**[ 饲用价值 ]**

叶量多，茎秆细而柔软，适口性好，营养价值高，各类食草家畜喜食。再生能力强，较耐践踏，是天然草场上一种优良的放牧型牧草。

颖片　　5mm

小穗解剖图　　　　　小穗　　　　　　叶舌和叶片

节　　　　　根

花序　　　　整株　　　　　　　　生境

禾本科羊茅属

080

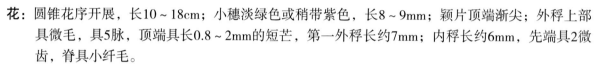

**70 中华羊茅** *Festuca sinensis* Keng ex E. B. Alexeev

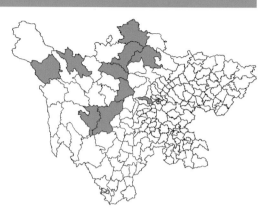

[识别特征]

**生活型**：多年生草本。

**根**：具须根。

**茎**：秆直立或基部倾斜，高50～80cm，径
1～2mm，具4节。

**叶**：叶鞘松弛，具条纹，无毛，顶生者长
16～22cm；叶舌长0.3～1.5mm，革质或膜
质；叶片长6～16cm，宽1.5～3.5mm。

**花**：圆锥花序开展，长10～18cm；小穗淡绿色或稍带紫色，长8～9mm；颖片顶端渐尖；外稃上部
具微毛，具5脉，顶端具长0.8～2mm的短芒，第一外稃长约7mm；内稃长约6mm，先端具2微
齿，脊具小纤毛。

**果**：颖果成熟时紫褐色，长约5mm。

**物候**：花果期7～9月。

[分布范围]

产川西、川西北地区。我国西北、西南地区均有分布。

[生态和生物学特性]

根系发达，抗旱、抗寒、高产、耐牧，适应性强，是一种优良的伴生草种。可驯化栽培，用于
建立混播型人工草地，也可用于草地补播改良。常生于高山草甸、山坡草地、灌丛、林下等，草地
上常与垂穗披碱草伴生。

[饲用价值]

营养丰富，具有很高的营养价值。茎秆柔软，地上部分营养枝多，各生育期都含有较多的粗蛋
白质，其中抽穗期和开花期最多。青草期，马、牛、羊等最喜食。调制的干草为各类家畜所喜食，
是夏、秋、春三季各类家畜的主要牧草，易增膘；也是冬春补饲饲草，可保膘。

小穗解剖图 叶舌 小穗

整株 花序 根 节

枕 生境

## 71 沟叶羊茅 *Festuca valesiaca* subsp. *sulcata* (Hackel) Schinz & R. Keller

俗名：沟羊茅、棱狐茅

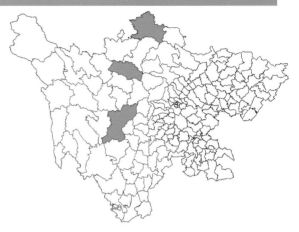

[ 识别特征 ]

**生活型**：多年生草本。

**根**：须根深褐色。

**茎**：秆直立，上部粗糙，高20～50cm。

**叶**：叶鞘平滑或稍粗糙；叶舌长约1mm，顶端具纤毛；叶片细弱，常对折，长10～20cm，宽0.6～0.8mm；叶横切面具维管束5，厚壁组织束3（稀5），较粗。

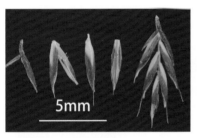

5mm

小穗解剖图　　　　　节

**花**：圆锥花序较狭窄，但疏松不紧密，分枝直立，粗糙；小穗淡绿色或带绿色，或黄褐色，含3～5朵小花；颖片背部平滑，边缘窄膜质，顶端尖，第一颖披针形，具1脉，第二颖卵状披针形，边缘具纤毛，具3脉；外稃背部平滑或上部微粗糙，顶端具芒，芒长2～3mm，第一外稃长4～5mm；内稃两脊粗糙。

**物候**：花果期6～9月。

[ 分布范围 ]

产川西、川西北地区。产我国西北、华北等地区。

[ 生态和生物学特性 ]

为广旱生植物，生态幅广，常为群落建群种或优势种。对水分敏感，雨水充足时，营养枝生长迅速。春季萌发较早，抽穗也较早，秋季产生的分蘖芽可形成大量的短营养枝，具有明显的春、秋两个发育季节。

[ 饲用价值 ]

茎叶较纤细，光滑，无毛，全株可食用，抽穗后质地较粗糙。有较高的营养价值，春季和秋季营养枝生长旺盛，粗蛋白质和粗脂肪含量都较高，同时富含矿物质。

整株

叶

花序

生境

禾本科羊茅属

## 72 藏滇羊茅 *Festuca vierhapperi* Hand.-Mazz.

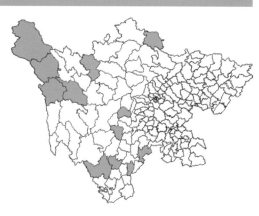

[识别特征]

**生活型**：多年生草本，高60～90cm。

**根**：根须状。

**茎**：秆疏丛生或单生，直立，平滑，径2～3mm，具3～4节。

**叶**：叶鞘平滑无毛，短于节间；叶舌长约0.5mm，截平；叶片扁平，质较坚韧，边缘内卷，下面平滑，上面被微毛。

**花**：圆锥花序广开展，直立或顶端下垂；分枝单生，边缘粗糙，基部主枝长8～12cm，上部着生2～4（6）枚小穗；小穗轴粗糙；小穗灰绿色，含3～7朵小花；颖片狭披针形，顶端渐尖成芒状，中脉微粗糙，边缘膜质，第一颖具1脉，第二颖具3脉；外稃背部平滑无毛或上部微粗糙，具5脉，顶端具一细直的芒，芒长4～8（10）mm，第一外稃长7～8mm；内稃近等长于外稃，顶端2裂，具2脊，脊具短纤毛。

**物候**：花果期6～9月。

小穗解剖图　　　　根

[分布范围]

产川西、川西南地区。产我国西南地区。

[生态和生物学特性]

生于海拔2900～4100m的山坡草地、林缘、林下。

[饲用价值]

草质好，马、牛、羊喜食，属良等牧草。

节　　　　花序

叶舌　　　小穗　　　　　生境

禾本科羊茅属

083

## 73 卵花甜茅 *Glyceria tonglensis* C. B. Clarke

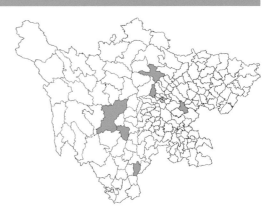

**[识别特征]**

**生活型：**多年生草本。

**根：**具匍匐根茎。

**茎：**秆高10～50（75）cm，具3～6节。

**叶：**叶鞘闭合近鞘口，无毛；叶舌膜质，长
1～3mm；叶片长6～10cm，宽2～3.5（5）mm。

小穗解剖图

整株

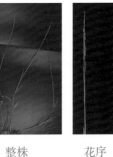
花序

**花：**圆锥花序长10～20cm；小穗灰绿色，
顶端稍带紫褐色，具（4）5～8朵小花，
长4.2～9mm；颖膜质，卵形或卵状长圆
形；外稃卵状长圆形，具窄膜质边缘，长
2.8～3.2mm；内稃等长或稍短于外稃。

**果：**颖果长约1.3mm，具腹沟。

**物候：**花期5～6月，果期7～9月。

小穗

叶舌

茎

**[分布范围]**

主产川西地区。产我国西北、西南等
地区。

**[生态和生物学特性]**

生于海拔1500～3600m的疏林、潮湿处、
山坡、灌丛、草地、溪边及沼泽，或池塘
边、路旁、水沟中。

**[饲用价值]**

产量较高，草质柔软细嫩，叶量多，适
口性很强，牲畜喜食，属优良牧草。

生境

## 74　高异燕麦 *Helictotrichon altius* (Hitchc.) Ohwi

俗名：北异燕麦

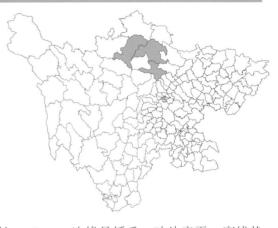

### [ 识别特征 ]

**生活型：**多年生草本。

**根：**须根稀少，且较粗硬，具短的下伸根茎。

**茎：**秆较粗壮，直立，常单生或少数丛生，光滑无毛，高100～120cm，具3～4节，节处被细短毛。

**叶：**叶鞘松弛，基部密生微毛或无毛，上部无毛，多数短于节间；秆生叶舌膜质，截平或呈啮蚀状，长1～2mm，边缘具纤毛；叶片扁平，宽线状披针形，长达15cm，宽4～8mm，被短柔毛或无毛。

**花：**圆锥花序疏松开展，基部各节具4～6枚分枝，分枝粗糙，纤细且常屈曲，长达7cm，下部多裸露，上部具1～4个小穗；小穗草绿色或带紫色，含3～4（5）朵小花，顶花甚小且退化；小穗轴节间长约2mm，背部具长达2.5mm的毛；颖不等长，膜质，薄而柔软，第一颖长4～7mm，具1脉，第二颖长8～11mm，具3脉；外稃质厚，第一外稃等长于第二颖，具5～7脉，基盘具长达1.5mm的柔毛，芒自稃体中部以上伸出，在下部约1/3处膝曲，芒柱扭转；内稃稍短于外稃，2脊具微纤毛。

**物候：**花果期7～8月。

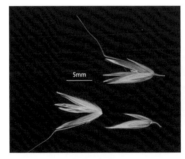

小穗解剖图　　　　叶舌

### [ 分布范围 ]

产川西北地区。产我国西南、西北等地区。

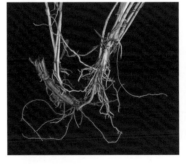

根　　　　　　小穗

### [ 生态和生物学特性 ]

生于海拔2100～3900m的湿润草坡、灌丛及云杉林下。草质柔软，生物量大，已有研究人员在引种驯化。异燕麦属植物多数种类可用作饲料。

### [ 饲用价值 ]

牛、马、羊喜食，属良等牧草。

节　　　　　花序　　　　　叶

## 75 异燕麦 *Helictotrichon hookeri* (Scribner) Henrard

**俗名：野燕麦**

[ 识别特征 ]

**生活型**：多年生草本，高25～70cm。

**根**：须根细弱，根茎明显或不甚明显。

**茎**：秆直立，丛生，光滑无毛，通常具2节。

**叶**：叶鞘松弛，背部具脊，较粗糙；叶舌透明膜质，披针形，长3～6mm；叶片扁平，两面均粗糙，长5～10cm，宽2.5～4mm，基部分蘖者长达25cm。

**花**：圆锥花序紧缩，淡褐色，有光泽，分枝常孪生，具1～4枚小穗；小穗含3～6朵小花（顶花退化），小穗轴节间长1.5～2mm，背面具柔毛；颖披针形，上部膜质，下部具3脉，第一颖长9～12mm，第二颖长10～13mm；外稃上部透明膜质，成熟后下部变硬且为褐色，具9脉，第一外稃长10～13mm，基盘具长1～1.5mm的柔毛，芒白稃体中部稍上处伸出，粗糙，下部约1/3处膝曲，芒柱稍扁，扭转；内稃甚短于外稃，第一内稃长7～8mm，脊上部具细纤毛。

**物候**：花果期6～9月。

小穗解剖图　　　　　花序

节

叶舌　　　　　生境

[ 分布范围 ]

产川西、川西北地区。产我国西北、华北、东北等地区。

[ 生态和生物学特性 ]

为多年生具根茎疏丛型中旱生上繁禾草。生于山地草甸草原、草原、林缘草地、灌丛，有时在局部地段可成为优势种形成小群落。

[ 饲用价值 ]

叶量多，草质柔软，适口性好，马、牛、羊等家畜均喜食，营养价值高，属刈牧兼用优良牧草。

## 76  变绿异燕麦 *Helictotrichon junghuhnii* (Buse) Henrard

**俗名：**罗氏异燕麦、西南异燕麦

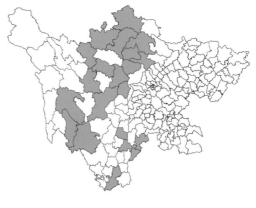

**[识别特征]**

**生活型：**多年生草本。

**根：**须根系，根系发达。

**茎：**秆直立，光滑无毛，高60～120cm，具3～5节。

**叶：**叶鞘无毛，但基部者密生微毛；叶舌膜质；叶片
扁平或边缘稍内卷，长10～25cm，宽3～5mm，
粗糙或上面疏生短毛。

**花：**圆锥花序疏松开展，长达20cm；小穗淡绿色或稍带紫
色，含2～5朵小花，顶花常退化，长10～14mm；第一
颖具1～3脉，第二颖具3～5脉，长于第一颖；内稃短于
外稃。

**物候：**花果期6～8月。

**[分布范围]**

  川北经川西到川南地区均有分布。主要产我国西南
地区。

生境

**[生态和生物学特性]**

  生于海拔2000～3900m的山坡草地及林下、潮湿处。

**[饲用价值]**

  叶量多，叶质柔软，适口性好，牛、马、羊喜食，属良等牧草。

节和叶鞘

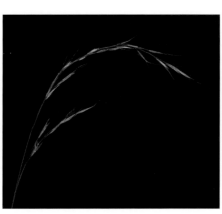

花序

小穗解剖图

叶舌

禾本科异燕麦属

087

## 77　光花异燕麦 *Helictotrichon leianthum* (Keng) Henr.

[识别特征]

**生活型**：多年生草本。

**根**：须根细弱。

**茎**：秆密丛生，高达70cm，具2~3节。

**叶**：叶鞘长于节间；叶舌平截，长约1mm；叶片平展或内卷，长10~20cm，宽3~6mm，分蘖的叶长达30cm，上面被柔毛。

**花**：圆锥花序开展，长15~18cm；小穗具3~4朵小

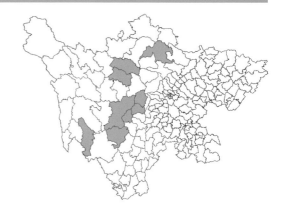

花，长1~1.3cm；颖不等长，第一颖长约5mm，第二颖长约7mm，均无毛；外稃无毛，先端钝，长0.9~1cm；内稃窄，稍短于外稃，2脊具纤毛。

**物候**：花果期5~8月。

[分布范围]

产川西地区。产我国华北、西北等地区。

[生态和生物学特性]

生于山地草原、林缘。

[饲用价值]

牛、马、羊喜食，属良等牧草。

小穗解剖图

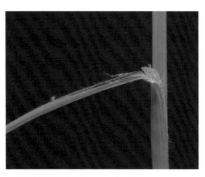

叶舌

小穗

根

生境

节

花序

## 78 藏异燕麦 *Helictotrichon tibeticum* (Roshev.) Holub

俗名：藏野燕麦

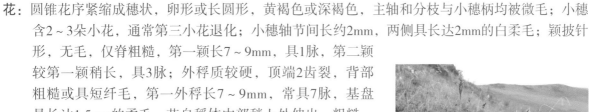

[识别特征]

**生活型**：多年生草本。

**根**：须根较细韧。

**茎**：秆直立，丛生，高15～70cm，具2～3节，花序以下茎被微毛。

**叶**：叶鞘紧密裹茎，常短于节间，被稠密短毛或光滑无毛；叶舌短小，长约0.5mm，顶端具纤毛；叶片质硬，常内卷成针状，粗糙或上面被短毛，长1～5cm，宽1～2mm，基部分蘖者长达30cm。

**花**：圆锥花序紧缩成穗状，卵形或长圆形，黄褐色或深褐色，主轴和分枝与小穗柄均被微毛；小穗含2～3朵小花，通常第三小花退化；小穗轴节间长约2mm，两侧具长达2mm的白柔毛；颖披针形，无毛，仅脊粗糙，第一颖长7～9mm，具1脉，第二颖较第一颖稍长，具3脉；外稃质较硬，顶端2齿裂，背部粗糙或具短纤毛，第一外稃长7～9mm，常具7脉，基盘具长达1.5mm的柔毛，芒自稃体中部稍上处伸出，粗糙，膝曲，芒柱稍扭转；内稃略短于外稃，具2脊，脊具微纤毛；花药长约4mm。

**果**：颖果长圆形，长约4mm，顶端具茸毛。

**物候**：花果期7～8月。

[分布范围]

产川西、川西北地区。主要产我国西北地区。

[生态和生物学特性]

生于海拔2600～4600m的高山草原、林下和湿润草地。一般5月中旬返青，6～7月抽穗开花，8～9月种子成熟。再生能力、适应性和抗寒能力均很强。

生境

[饲用价值]

植株柔软，茎秆、叶片无刚毛、刺毛和特殊气味，青草和干草均为各类家畜所喜食，含有较丰富的蛋白质，属优质牧草。

小穗解剖图　　　　叶鞘　　　　节　　　　花序

## 79 栽培二棱大麦 *Hordeum distichon* L.

[识别特征]

**生活型：** 一年生草本。

**根：** 须根较细弱。

**茎：** 秆高60~80cm，具5~6节，无毛。

**叶：** 叶鞘短于节间；叶耳弯月形，环包茎；叶舌膜质，长约
1.5mm；叶长15~20cm。

**花：** 穗状花序长达20cm（连同芒），径7~8mm；中间小穗可
育，两侧小穗不育，颖长约5mm，具长约5mm的细芒；外
稃长约1cm，芒长达15cm。

**果：** 颖果扁平，长约1cm。

**物候：** 花期7~8月，果期8~9月。

生境

[分布范围]

川西地区有分布。我国华东、华中、西北地区均有分布。

[生态和生物学特性]

栽培物种。

[饲用价值]

茎叶繁茂，柔嫩多汁，适口性好，营养丰富，是极好的精
饲料。

小穗解剖图

叶舌

叶耳

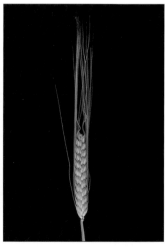

花序

禾本科大麦属

## 80  紫大麦草 *Hordeum roshevitzii* Bowden

[识别特征]

**生活型**：多年生草本，高30～70cm。

**根**：具短根茎。

**茎**：秆直立，丛生，光滑无毛，质较软，具3～4节。

**叶**：叶鞘基部者长于而上部者短于节间；叶舌膜质，长约0.5mm；叶片长3～14cm，宽3～4mm，常扁平。

**花**：穗状花序长4～7cm，宽5～6mm，绿色或带紫色；小穗轴节间长约2mm，边缘具纤毛；中间小穗无柄；颖刺芒状，长6～8mm；外稃刺芒状披针形，长5～6mm，背部光滑，先端具长3～5mm的芒，内稃与外稃等长。

**物候**：花果期6～8月。

[分布范围]

产川西北地区。主要产我国西北地区。

[生态和生物学特性]

生于河边、草地沙质土壤。穗状花序形态优美，具有观赏价值。

[饲用价值]

草质柔软，适口性好，为优等饲用禾草。

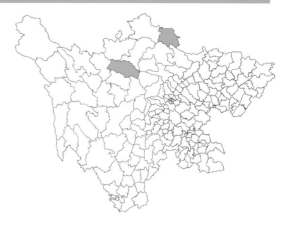

小穗解剖图　　　　　节

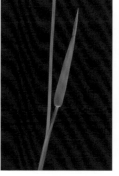

叶片和叶舌　　　　　生境

禾本科大麦属

091

根　　　　　　　　　花序

## 81 青稞 *Hordeum vulgare* var. *coeleste* Linnaeus

俗名：裸麦

禾本科大麦属

092

[ 识别特征 ]

生活型：一年生草本。
茎：茎直立，光滑，高约100cm。
叶：叶鞘光滑，两侧具两叶耳，互相抱茎；叶舌膜质，叶片长9~20cm，宽8~15mm，微粗糙。
花：穗状花序成熟后黄褐色或为紫褐色，长4~8cm（芒除外）；小穗长约1cm；颖线状披针形，先端渐尖成芒状，长达1cm；外稃先端延伸为长10~15cm的芒，两侧具细刺毛。
果：颖果成熟时易脱出稃体。
物候：花果期7~9月。

植株

花序

[ 分布范围 ]

　　我国西北、西南地区常栽培。

[ 生态和生物学特性 ]

　　适宜高原清凉气候，是高原上主要的粮食作物。另外，青稞是大麦的变种，其与大麦的区别主要是：成熟时大麦的颖果黏着于稃体，不易脱出；而青稞的颖果不黏着于稃体，易脱出，所以也称裸麦。

[ 饲用价值 ]

　　茎叶繁茂，柔嫩多汁，适口性好，营养丰富，籽粒是很好的精饲料。冬季缺草时，牧民会饲喂牦牛少量青稞粉。

青稞田

## 82 糙毛以礼草 *Kengyilia hirsuta* (Keng) J. L. Yang et al.

俗名：糙毛鹅观草

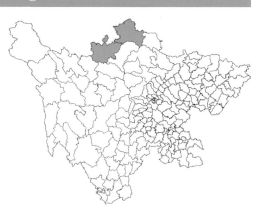

**[ 识别特征 ]**

**生活型：** 多年生草本。

**根：** 具根头，嫩枝基部常倾斜，横卧。

**茎：** 秆丛生，坚硬直立，高50～70cm，径1.5～2.5mm，具2～3节。

**叶：** 叶鞘无毛，叶舌截平，长0.5～1mm；叶片质较厚，扁平或边缘内卷，长6～9cm。

**花：** 穗状花序直立，长（3）6～8cm，宽7～10mm，淡绿色或淡紫色；小穗密集，呈覆瓦状排列，或下部者较疏松，含3～7朵小花；颖卵状长圆形，淡绿色，先端渐尖或具短尖头，第一颖长4.5～6mm，第二颖长5～7mm（包括长约1.5mm的小尖头），具3～4脉，无毛或主脉上半部分粗糙；外稃具长硬毛，黄棕色，具5脉；内稃与外稃等长或稍短，先端微凹，脊具刺状纤毛；花药铅绿色。

**果：** 颖果纺锤形，红棕色，长约5mm。

**物候：** 花期8月。

**[ 分布范围 ]**

主要分布在川西北地区。主要产我国西北地区。

**[ 生态和生物学特性 ]**

抗旱性强，耐寒，也能耐一定低温。适应性强，对土壤要求不高。常生长在山坡草地、河滩。

**[ 饲用价值 ]**

适口性好，营养物质含量高。茎叶柔软，表面无刚毛，营养枝多。叶量多，产量和籽实量在第2～4年稳定，可在高寒地区作为人工割草地的优良品种加以推广应用。

小穗解剖图　　　　　　　　　叶片和叶舌　　　　　　　　　根

小穗　　　　　　　节　　　　　　　　　　花序

生境

## 83　疏花以礼草 *Kengyilia laxiflora* (Keng) J. L. Yang et al.

俗名：疏花鹅观草

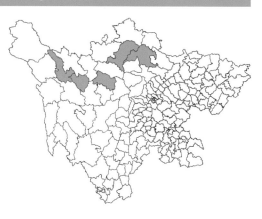

### [识别特征]

**生活型**：多年生草本。

**根**：根稀疏且较粗。

**茎**：秆密丛生，直立或基部膝曲，高50～70cm。

**叶**：叶片长约10cm，宽约3mm，通常内卷。

**花**：穗状花序较柔弱且弯曲，基部节间长可超过2cm；小穗两侧排列且疏松，通常含6～9朵小花；颖短小，无毛，草质，柔韧，具膜质边缘，第一颖长约4mm，通常具3脉，第二颖长6～7mm，通常具5脉；外稃披针形，具5脉，顶端急尖或渐尖，有时具长1～2mm的芒，全部贴生短小刺毛，第一外稃长可达11mm（连同短芒）；内稃略长于外稃，脊具微小纤毛。

**物候**：花果期7～9月。

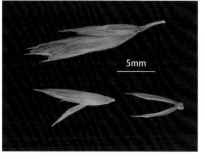
小穗解剖图

叶舌

节

小穗

根

### [分布范围]

产川西地区。主要产我国西北地区。

### [生态和生物学特性]

生于海拔2700～3200m的亚高山草甸、灌丛草地。

### [饲用价值]

属良等牧草。

花序

生境

## 84 黑药以礼草 *Kengyilia melanthera* (Keng) J. L. Yang et al.

俗名：黑药仲彬草、黑药鹅观草

**禾本科以礼草属**

096

**[识别特征]**

**生活型**：多年生草本。

**根**：具倾斜下伸根茎。

**茎**：秆疏丛生，直立，有光泽，高15~25cm，具2~3节。

**叶**：叶片长2.5~8cm（蘖生叶片可长达12cm），宽2~4mm。

**花**：穗状花序直立或稍弯曲，稍伸出鞘外或基部为鞘口所包裹，长4~7cm，宽1~1.5cm；小穗紧密排列且偏向一侧，长1~1.4cm，含3~5朵小花；颖长圆状披针形，无毛或被短柔毛；外稃背面密生柔毛；内稃与外稃近等长或稍短，顶端截平或微凹，脊具纤毛，脊间被微毛；花药黑色。

**物候**：花果期夏末。

**[分布范围]**

主要分布在川西北地区。主要产我国西北地区。

**[生态和生物学特性]**

生于沙质草坡。以礼草属（又称仲彬草属）在1990年由颜济和杨俊良确立，主要以内稃短于或等长于外稃、花序密集、小穗呈覆瓦状排列、内稃顶端钝圆至微凹而不同于披碱草属，并以颖对称、中肋隆起或稍具脊而不同于颖不对称且明显具脊的冰草属和颖背部为圆形的鹅观草属。主要分布于青藏高原，多数种类为高原所特有，在农牧业方面具有重要经济价值。该属植物大都比较耐旱，是川西沙化之地的优势物种，对于沙化土地治理有巨大价值。

**[饲用价值]**

属良等牧草。

小穗解剖图　　　　　　　　叶耳　　　　　　　　　　叶舌

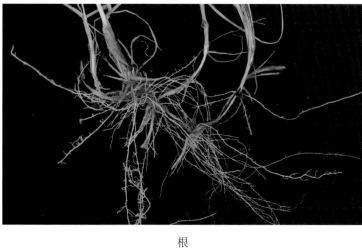

根　　　　　　　　　　　　花序

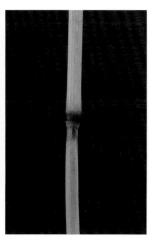

整株　　　　　节　　　　　　　　　　生境

## 85 无芒以礼草 *Kengyilia mutica* (Keng) J. L. Yang et al.

俗名：无芒鹅观草

### [识别特征]

**生活型**：多年生草本。

**根**：具根状茎。

**茎**：秆高约60~70cm，花序之下有柔毛，具3节，下部的节呈膝曲状。

**叶**：叶鞘光滑无毛；叶片坚硬，无毛，宽4~6mm，分蘖的叶狭窄，长达19cm。

小穗解剖图

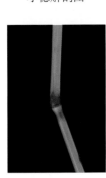

节

生境

花序（1）

花序（2）

**花**：穗状花序直立；小穗淡绿色，含4~5朵小花，顶生者发育不全；颖长圆状卵圆形，无毛或具微毛，先端锐尖，常具3脉，中脉隆起；外稃密生长柔毛，先端急尖或具极微小短尖头，具5脉，第一外稃长约9.5mm；内稃等长或稍长于外稃，先端钝或微凹，脊的上部具纤毛。

**物候**：花期7月。

### [分布范围]

主要分布在川西北地区。主要产我国西北地区。

### [生态和生物学特性]

生于海拔3200~4000m的山坡草地、灌丛和高山及亚高山草甸草地。适宜在寒冷湿润的气候条件下生长发育，生活力较强，除有性繁殖外，也能以根茎繁殖。

### [饲用价值]

为青藏高原地区的优良野生牧草，牛、马、羊均喜食。除用于草地放牧外，还可在秋季用于刈割青贮或晒制青干草。

## 86　硬秆以礼草 *Kengyilia rigidula* (Keng) J. L. Yang et al.

俗名：硬秆仲彬草、硬秆鹅观草

**[识别特征]**

**生活型：**多年生草本。

**根：**具根头。

**茎：**秆高40～90cm，具3～4节。

**叶：**叶鞘短于节间，无毛；叶舌平截，长约0.5mm；
　　　叶内卷，长3～16cm，宽2～4mm，两面具柔
　　　毛，边缘具纤毛。

**花：**穗状花序疏散，长6～13cm；小穗常带紫色，具
　　　3～6朵小花，长0.9～1.5cm；颖卵状披针形，无毛；外稃背面疏被柔毛，长7～8mm；内稃与
　　　外稃等长或稍长，脊具刺毛。

**物候：**花果期7～9月。

**[分布范围]**

　　产川西、川西北地区。产我国西南、
西北地区。

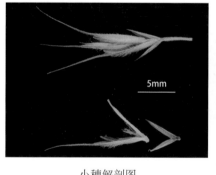 

小穗解剖图　　　　　　　　叶舌

**[生态和生物学特性]**

　　生于海拔3300～3800m的山地草甸、
河滩沙地。已用于治理川西高原的沙化
草地。

**[饲用价值]**

　　属良等牧草。

节　　　　　　　　花序　　　　　　　　　根　　　　　　　　生境

**87　梭罗以礼草** *Kengyilia thoroldiana* (Oliv.) J. L. Yang et al.

俗名：梭罗草

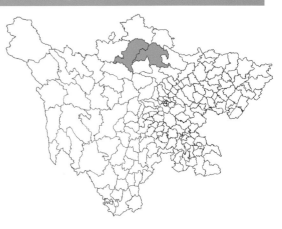

**[识别特征]**

**生活型：** 多年生草本。

**根：** 须根稠密，细长。

**茎：** 秆密丛生，高12~15cm，无毛，具1~2节。

**叶：** 叶鞘稍短于节间，无毛，叶舌长约0.5mm；叶内卷似针，长2~5cm，分蘖叶片长达8cm，宽2~3.5mm，上面及边缘粗糙，近基部疏生柔毛，下面无毛。

**花：** 穗状花序卵圆形或长圆状卵圆形，长3~4cm，宽1~1.5cm；小穗紧密排列且偏向穗轴一侧，具4~6朵小花，长1~1.3cm；颖长圆状披针形，顶端尖，被柔毛，上部毛密；外稃密被长柔毛；内稃稍短于外稃，先端下凹或具2裂，脊上部被纤毛。

**物候：** 花果期7~9月。

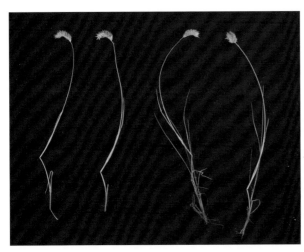

整株

**[分布范围]**

产川西北地区。主要产我国西北地区。

**[生态和生物学特性]**

耐寒、耐旱、耐瘠薄，生于海拔4600~5100m的山坡、砾石地、河岸沙滩、沟谷沙地。

节　　　　　　花序

**[饲用价值]**

叶量多，草质柔软，各种牲畜均喜食，牛、马最喜食，属优等牧草。

## 88 芒 [ ⁺⁺/洽 ] 草 *Koeleria litvinowii* Dom.

俗名：矮洽草

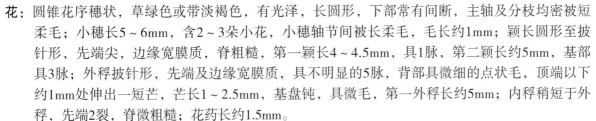

**[ 识别特征 ]**

**生活型**：多年生密丛型草本。

**根**：须根。

**茎**：秆高25～50cm，花序下被绒毛。

**叶**：叶鞘大多长于节间或稍短于节间，遍被柔毛，上部叶鞘膨大；叶舌膜质，边缘须状；叶片扁平，边缘具较长的纤毛，两面被短柔毛。

**花**：圆锥花序穗状，草绿色或带淡褐色，有光泽，长圆形，下部常有间断，主轴及分枝均密被短柔毛；小穗长5～6mm，含2～3朵小花，小穗轴节间被长柔毛，毛长约1mm；颖长圆形至披针形，先端尖，边缘宽膜质，脊粗糙，第一颖长4～4.5mm，具1脉，第二颖长约5mm，基部具3脉；外稃披针形，先端及边缘宽膜质，具不明显的5脉，背部具微细的点状毛，顶端以下约1mm处伸出一短芒，芒长1～2.5mm，基盘钝，具微毛，第一外稃长约5mm；内稃稍短于外稃，先端2裂，脊微粗糙；花药长约1.5mm。

**物候**：花果期6～9月。

**[ 分布范围 ]**

产川西、川西北地区。产我国西南、西北等地区。

**[ 生态和生物学特性 ]**

根系发达，耐旱性稍差。具有较强的抗寒能力，幼苗能耐低温和霜冻，对土壤要求不高，耐瘠薄。喜生于青藏高原海拔3200～3800m的阴坡、平滩及低湿地，散生在各类草甸中。

**[ 饲用价值 ]**

枝叶柔软，地上部分粗蛋白质含量较高，有一定饲用价值。开花前期，马、牛、羊喜食，绵羊、山羊最喜食。枯黄后全株茎秆仍柔软，调制而成的干草各类家畜均喜食。为牛、羊的抓膘和保膘草。

生境

禾本科洽草属

101

小穗解剖图　　　　叶片、叶舌和叶鞘　　　整株　　　　节　　　花序

## 89 [ ⁺⁺/洽 ] 草 *Koeleria macrantha* (Ledebour) Schultes

俗名：六月禾

禾本科洽草属

[识别特征]

**生活型**：多年生草本。

**根**：须根发达而密集。

**茎**：秆高20～45cm，花序下密生柔毛。

**叶**：叶片扁平或内卷，宽1～2mm；叶鞘枯萎后多碎裂成纤维状残存于秆基。

**花**：圆锥花序紧密成穗状，长4～12cm，宽5～14mm；小穗无毛，长4～5mm，含2～3朵小花；颖长2.5～4.5mm，边缘宽膜质；外稃边缘膜质，无芒；内稃透明膜质，稍短于外稃。

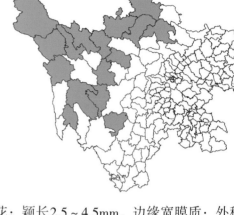

**物候**：花果期5～9月。

小穗解剖图 　　　　叶片和叶舌

根 　　　　　　　叶鞘

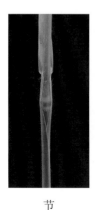

节　　　　　花序　　　　　生境

[分布范围]

产川西、川西北地区。产我国东北、西北、华北等地区。

[生态和生物学特性]

须根发达，基生营养，分蘖较多，耐践踏、耐牧、耐寒冻、耐旱，在寒冷的北方典型草原、草甸草原及高山草甸草原等环境中生长良好。能适应栗钙土、淡栗钙土及山地棕壤，甚至亚高山草原土。春季返青早，生长迅速，夏季即形成丰茂的下繁草丛。秋初，生殖枝很快成熟枯黄，但不影响基生叶的生长与利用。

[饲用价值]

草质柔软，养分丰富，适口性优良，蛋白质含量较高，秋枯期也能保持一定的营养含量。容易消化，是有助于成年家畜夏季抓膘以及幼畜生长发育的良等牧草。

102

## 90 赖草 *Leymus secalinus* (Georgi) Tzvelev

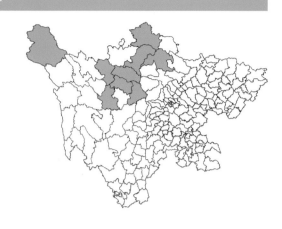

[识别特征]

**生活型**：多年生草本。

**根**：具下伸和横走的根茎。

**茎**：秆单生或丛生，直立，高40～100cm，具3～5节，光滑无毛或花序下密被柔毛。

**叶**：叶鞘光滑无毛，或幼嫩时边缘具纤毛；叶舌膜质，截平；叶片长8～30cm，宽4～7mm，扁平或内卷，上面及边缘粗糙或具短柔毛，下面平滑或微粗糙。

**花**：穗状花序直立，灰绿色；小穗贴生短柔毛，节与边缘被长柔毛；小穗通常2或3（稀1或4）枚生于每节，含4～7（10）朵小花；颖短于小穗，线状披针形，先端狭窄如芒，不覆盖第一外稃的基部，具不明显的3脉，上半部分粗糙，边缘具纤毛，第一颖短于第二颖；外稃披针形，边缘膜质，先端渐尖或具长1～3mm的芒，背具5脉，被短柔毛或上半部分无毛，基盘具长约1mm的柔毛，第一外稃长8～10（14）mm；内稃与外稃等长，先端常具2微裂，脊的上半部分具纤毛；花药长3.5～4mm。

**物候**：花果期6～10月。

[分布范围]

产川西、川西北地区。产我国西北、华北、东北等地区。

[生态和生物学特性]

是适应性较广的禾草，耐旱、耐寒，也能耐受轻度盐碱化的土壤。春季萌发早，一般3月底至4月初返青，5月下旬抽穗，6～7月开花，7～8月种子成熟。在一些短期荒地上，能迅速繁殖生长，并形成茂盛的单优种群落。在川西沙化草地是优势物种。

[饲用价值]

幼嫩时为山羊、绵羊所喜食，夏季适口性降低，秋季又提高，可作为牲畜的抓膘牧草，属中等牧草。

小穗解剖图

节

叶舌

花序

根

生境

## 91 多花黑麦草 *Lolium multiflorum* Lam.

**俗名：**意大利黑麦草、一年生黑麦草

[识别特征]

**生活型：**一年生草本，越年生或短期多年生，高50～130cm。
**根：**须根密集。
**茎：**秆直立或基部偃卧节上生根，具4～5节，较细弱至粗壮。
**叶：**叶鞘疏松；叶舌长达4mm，有时具叶耳；叶片扁平，长10～20cm，宽3～8mm，无毛，上面微粗糙。

5mm

小穗解剖图

**花：**穗形总状花序直立或弯曲；小穗轴柔软，节间长10～15mm，无毛，上面微粗糙；小穗含10～15朵小花；小穗轴节间长约1mm，平滑无毛；颖披针形，质地较硬，具5～7脉，边缘狭膜质，顶端钝，通常与第一小花等长；外稃长圆状披针形，具5脉，基盘小，顶端透明膜质；内稃与外稃近等长，脊具纤毛。
**果：**颖果长圆形，长为宽的3倍。
**物候：**花果期7～8月。

[分布范围]

四川及国内其他地区广泛栽培。

[生态和生物学特性]

喜温热湿润气候，喜壤土，也适宜黏壤土。不耐寒，不耐炎热，也不耐干旱，忌积水，但分蘖能力和再生性强。不耐低刈，留茬高度以5cm为宜。

[饲用价值]

茎叶柔嫩，适口性好，各种畜禽和鱼、鹿、兔均喜食。可调制成干草，也可青刈，是我国南方鱼类的好饵料。品质优良，富含蛋白质，营养全面，是世界上栽培牧草中的优等牧草之一。

小穗　　　　　　根　　　　　　生境

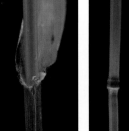 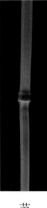 

叶耳　　　　　　节　　　　　　花序

## 92　黑麦草 *Lolium perenne* L.

俗名：多年生黑麦草

[识别特征]

**生活型：**多年生草本。

**根：**具细弱根状茎。

**茎：**秆丛生，高30～90cm，具3～4节，质软，基部节上生根。

**叶：**叶片线形，长5～20cm，宽3～6mm，柔软，具微毛，有时具叶耳。

**花：**穗状花序直立或稍弯曲；小穗轴节间长约1mm，平滑无毛；颖披针形，长为小穗的1/3，具5脉，边缘狭膜质；外稃长圆形，草质，具5脉，平滑，基盘明显，顶端无芒，或上部小穗具短芒，第一外稃长约7mm；内稃与外稃等长，两脊生短纤毛。

**果：**颖果长约为宽的3倍。

**物候：**花果期5～7月。

[分布范围]

　　川内及全国各地均普遍栽培。

[生态和生物学特性]

　　喜温暖湿润的气候，适宜在夏季凉爽、冬季不太冷的区域生长，不耐炎热，抗寒性差，但生长迅速，成熟早，再生能力强。不仅可以作为牧草，也可以作为草坪草，常与苇状羊茅和草地早熟禾混播。

叶舌　　　　　　　下部分支

花序　　　　　　　根　　　　　　　生境

[饲用价值]

　　适口性好，各种食草家畜喜采食。早期收获的饲草叶多茎少，质地柔嫩，适宜调制成优质干草，也适宜放牧利用。

禾本科黑麦草属

105

## 93 粟草 *Milium effusum* L.

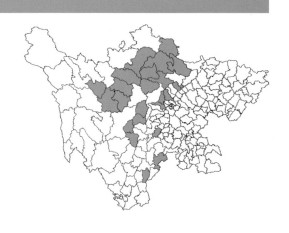

禾本科粟草属

[识别特征]

**生活型**：多年生疏丛型草本。

**根**：须根细长，稀疏。

**茎**：秆质地较软，光滑无毛。

**叶**：叶鞘松弛，无毛，基部者长于节间，上部者短于节间；叶舌透明膜质，披针形，先端尖或截平，长2~10mm；叶片条状披针形，质软而薄，平滑，边缘微粗糙，上面鲜绿色，下面灰绿色。

**花**：圆锥花序疏松开展，每节多数簇生，下部裸露，上部着生小穗；小穗椭圆形，灰绿色或带紫红色；颖纸质，具3脉；外稃软骨质，乳白色，光亮；内稃与外稃同质等长，内外稃成熟时深褐色，被微毛；鳞被2枚，透明膜质，卵状披针形；花药长约2mm。

**物候**：花果期5~7月。

106

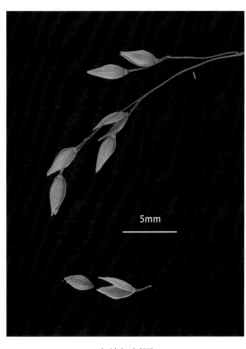

5mm

小穗解剖图

[分布范围]

　　川西、川西北、川西南地区均有分布。产我国西北、华北、东北等地区。

[生态和生物学特性]

　　根芽较多，再生能力较强，对土壤要求不严，耐酸性强，喜阴湿环境，生于林下、林缘和灌木丛中，有时也生于林区的路旁、潮湿的溪畔、沟坡等地。

[饲用价值]

　　茎叶质地柔软，植株高大，叶量多，营养价值中等，马、牛、羊等均喜食，是良好的精饲料。开花结实后适口性降低，家畜仅采食果穗和柔嫩茎叶。可用于放牧、作为青饲料、晒制干草，也可制成草粉。

生境

根　　　　　　　　　叶　　　　　　　　　　　　　　部分花序

叶舌　　　　　　　　　节　　　　　　　　　　花序

## 94　白草 *Pennisetum flaccidum* Griseb.

俗名：兰坪狼尾草

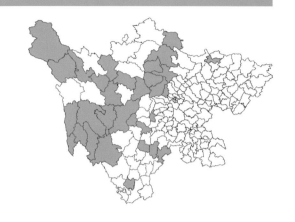

**［识别特征］**

**生活型**：多年生草本。

**根**：具横走根茎。

**茎**：秆直立，单生或丛生，高20～90cm。

**叶**：叶鞘疏松包茎，近无毛，基部者密集近跨生，上部者短于节间；叶舌短，具长1～2mm的纤毛；叶片狭线形，长10～25cm，宽（1）5～8mm，两面无毛。

**花**：圆锥花序紧密，直立或稍弯曲，长5～15cm，宽约10mm；刚毛柔软、细弱、微粗糙，长8～15mm，灰绿色或紫色；小穗通常单生，卵状披针形，长3～8mm；第一颖微小，先端钝圆、锐尖或齿裂，脉不明显；第二颖长为小穗的1/3～3/4，先端芒尖，具1～3脉；第一小花雄性，稀中性，第一外稃与小穗等长，厚膜质，先端芒尖，具3～5（7）脉，第一内稃透明，膜质或退化；第二小花两性，第二外稃具5脉，先端芒尖，与内稃同为纸质。

**果**：颖果长圆形，长约2.5mm。

**物候**：花果期7～10月。

**［分布范围］**

产川西北、川西、川西南地区。产我国西南地区。

**［生态和生物学特性］**

多生于海拔800～4600m的山坡和较干燥之处。

**［饲用价值］**

幼嫩时家畜喜食，为良等牧草。

小穗解剖图

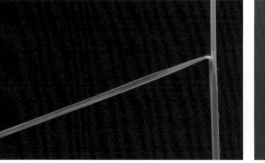
叶片和叶舌

节

弯曲的花序　　　　　　　整株　　　　　　　　　根　　　　　　　　花序

生境

**95 虉草** *Phalaris arundinacea* L.

俗名：草芦、园草芦

[ 识别特征 ]

**生活型：** 多年生草本，高0.6～1.5m。

**根：** 具根状茎。

**茎：** 秆单生或少数丛生，具6～8节。

**叶：** 叶鞘无毛，叶舌薄膜质，长2～3mm，白色；叶片长10～35cm，宽10～18mm。

**花：** 圆锥花序密生狭窄，长8～15cm，紫色至淡绿色；小穗长4～5mm，无毛或具微毛，每枚小穗具3朵小花，其中2朵退化不孕，有2个不孕外稃，呈线形；颖脊粗糙，具狭翼；外稃宽披针形，长3～4mm，内稃舟形，均有柔毛。

**果：** 种子淡灰色至黑色，长约3mm。

**物候：** 花果期6～8月。

[ 分布范围 ]

产川北、川西北地区。产我国西南、西北、东北等地区。

[ 生态和生物学特性 ]

抗逆性强，耐重牧，具较强的抗寒性和抗旱性，对土壤要求不严，能在大多数类型的土壤中生长，是我国南北方进行天然草地补播和在恶劣环境条件下建立人工草地的优良牧草之一。四川红原县瓦切镇已建立种植基地，种植面积较大。虉草可用种子直接播种，也可通过育苗移栽或切割根状茎进行无性繁殖。有花叶变种丝带草，常用于园林观赏。

[ 饲用价值 ]

草质鲜嫩，叶量多，营养价值高，适口性好，产量高，是刈割舍饲的优良牧草，牛、羊、马等家畜喜食。

生境

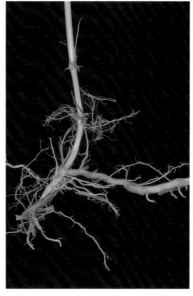

叶舌　　　　　　　　　　　　　　　　　　　　　节

5mm

小穗解剖图　　　　　　　花序

丝带草（1）　　　　　　丝带草（2）　　　　　　　　　整株

## 96  高山梯牧草 *Phleum alpinum* L.

俗名：高山猫尾草

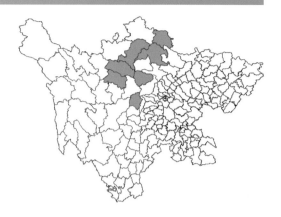

[识别特征]

**生活型**：多年生草本，高14~60cm。

**根**：具短根茎。

**茎**：秆直立，基部倾斜，具纤维状的枯萎叶鞘，具
3~4节。

**叶**：叶鞘松弛，无毛；叶舌膜质，长2~3mm；叶片
直立，长2~13cm，宽2~9mm，常呈暗紫色。

解剖图

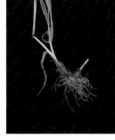
根

**花**：圆锥花序长圆状圆柱形或卵形，
暗紫色；小穗扁压，长圆形；颖长
3~4mm，具3脉，脊具硬纤毛，顶端近
平截，具长1.5~3mm的短芒；外稃薄
膜质，长约2mm，顶端钝圆，具5脉，
脉具微毛；内稃略短于外稃，2脊具
微毛。

**果**：颖果长圆形，短于稃。

**物候**：花果期6~10月。

[分布范围]

产川西北地区。产我国东北地区，
及陕西、甘肃、台湾、云南、西藏
等地。

生境

节

[生态和生物学特性]

寒中生疏丛型上繁禾草，喜寒冷湿
润的高山气候，生于潮湿的高山草甸和
亚高山草甸。

[饲用价值]

草质柔软，适口性好，营养价值中
等，各类家畜喜食。但植株矮小，产
量较低，再生性较差，是夏季的良等
牧草。

叶和叶鞘　　　　花序

禾本科梯牧草属

112

## 97 梯牧草 *Phleum pratense* L.

俗名：猫尾草

### [识别特征]

**生活型**：多年生疏丛型草本，高40~120cm。

**根**：须根稠密，有短根茎。

**茎**：秆直立，基部常球状膨大并宿存枯萎叶鞘，具5~6节。

**叶**：叶鞘松弛，短于或下部者长于节间，光滑无毛；叶舌膜质，长2~5mm；叶片扁平，两面及边缘粗糙，长10~30cm，宽3~8mm。

**花**：圆锥花序圆柱状，灰绿色；小穗长圆形；颖膜质，具3脉，脊具硬纤毛，顶端平截，具长0.5~1mm的尖头；外稃薄膜质，长约2mm，具7脉，脉具微毛，顶端钝圆；内稃略短于外稃。

**果**：种子细小，颖果长圆形，长约1mm。

**物候**：花果期6~8月。

### [分布范围]

产川西北地区。原产欧洲，国内一些省区有引种栽培。

### [生态和生物学特性]

喜湿润，较耐水淹，耐寒性强，对土壤要求不严，抗旱性较差。是世界著名的栽培牧草之一，国外已育成较多品种。国内选育的品种有'川西猫尾草'和'岷山猫尾草'。

### [饲用价值]

草质细嫩，适口性较好，马、骡最喜食，牛亦乐食，羊采食稍少。可用于放牧、调制干草，也可青贮，是饲用价值较高的牧草。

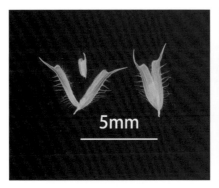

小穗解剖图　　　　　　叶舌和节　　　　　整株

根　　　　　　　生境　　　　　　花序

113

## 98  芦苇 *Phragmites australis* (Cav.) Trin. ex Steud.

**俗名**：苇子、芦、葭

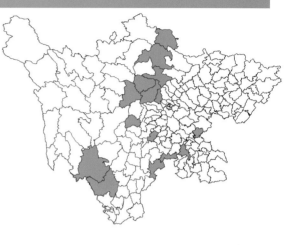

[ 识别特征 ]

**生活型**：多年生草本。

**根**：根状茎十分发达。

**茎**：秆直立，高1～3（8）m，具20多节。

**叶**：叶鞘下部者短于而上部者长于节间；叶舌边缘密生一圈长约1mm的短纤毛，两侧缘毛长3～5mm，易脱落；叶片披针状线形，长30cm，宽2cm，无毛，顶端长渐尖成丝形。

**花**：圆锥花序长20～40cm，宽约10cm，着生稠密下垂的小穗；小穗长约12mm，含4朵小花；颖具3脉，第一颖长4mm；第二颖长约7mm；第一外稃不孕，雄性，长约12mm，第二外稃长11mm，具3脉，基盘两侧密生等长于外稃的丝状柔毛，与无毛的小穗轴相连接处具明显关节，成熟后易自关节上脱落；内稃长约3mm，2脊粗糙。

**果**：颖果长约1.5mm。

[ 分布范围 ]

四川广布。全国其他各省均有分布。

[ 生态和生物学特性 ]

适应性和抗逆性强，耐盐碱，生物量高，属于优质牧草。

[ 饲用价值 ]

嫩茎叶为各种家畜所喜食。除放牧利用外，还可晒制成干草和青贮。青贮后，草青色绿，香味浓，羊很喜食、牛亦喜食，马多不喜食。

叶舌和叶耳

根状茎

花序

生境

## 99　落芒草 *Piptatherum munroi* (Stapf) Mez

[识别特征]

**生活型**：多年生草本。

**根**：须根稍粗壮，有时具砂套，具根头。

**茎**：秆丛生，高30～80cm，平滑无毛，具3～5节。

**叶**：叶鞘无毛，叶舌膜质，披针形，叶扁平，直立，
　　　先端渐尖，长6～30cm，宽2～5mm。

**花**：圆锥花序疏松开展，长10～25cm，宽3～15cm，
　　　每节分枝常2枚，小穗卵状披针形，灰绿色或先
　　　端及边缘带紫红色；颖与小穗等长，具3～7脉；外稃披针
　　　形，褐色，革质。

**物候**：花果期6～8月。

[分布范围]

　　产川西北至川西南地区。产我国西南、西北地区。

[生态和生物学特性]

　　抗逆性强，根系发达，生于海拔2200～5000m的高山灌丛
和山地阳坡及农田路旁。

[饲用价值]

　　可用于放牧草场，牲畜喜食，饲用价值中等。

生境

禾本科落芒草属

115

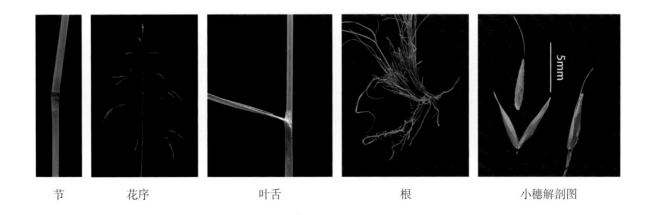

节　　　　　花序　　　　　叶舌　　　　　　根　　　　　小穗解剖图

**100 藏落芒草 *Piptatherum tibeticum* Roshevitz**

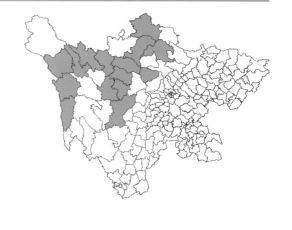

**禾本科落芒草属**

**116**

[识别特征]

**生活型**：多年生草本，高30~100cm。

**根**：须根较粗壮，具短根茎。

**茎**：秆丛生，直立，基部径1~3mm，平滑无毛，具2~5节。

**叶**：叶鞘松弛，无毛，常短于节间；叶舌膜质，卵圆形或披针形至长披针形，先端钝或尖，长3~10mm；叶片直立，扁平或稍内卷，先端渐尖，长5~25cm，宽2~4mm，无毛或微粗糙。

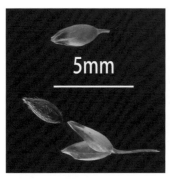

5mm

小穗解剖图　　　　　根　　　　　节和叶舌

**花**：圆锥花序疏松开展，最下部一节具3~5枚分枝；小穗黄绿色、紫色或灰白色，先端为紫红色，卵形；颖草质，近等长，卵圆形，先端渐尖，具5~7脉，侧脉先端弓曲与中脉结合，形似小横脉；外稃褐色，卵圆形，具5脉，果期变黑褐色，脊光滑，基盘光滑无毛，内稃扁平，边缘被外稃所包裹，贴生柔毛，具2脉。

**果**：颖果卵形，长约2mm。

**物候**：花果期6~8月。

[分布范围]

　　产川西、川西北地区。主要产我国西北地区。

[生态和生物学特性]

　　生于海拔1350~3900m的路旁田边、山坡草地及林缘。

[饲用价值]

　　属良等牧草。

花序　　　　　　　生境

## 101　阿拉套早熟禾 *Poa albertii* Regel

俗名：短舌早熟禾、中华早熟禾、小密早熟禾、
　　　　羊茅状早熟禾

[识别特征]

生活型：多年生草本。

根：具细长而下伸的根状茎。

茎：秆高7~15（25）cm，粗糙，具1~2节。

叶：叶鞘粗糙；叶舌长2.5~3.5mm；叶片扁平，内
　　折，两面粗糙。

花：圆锥花序狭窄，长1~3cm；小穗披针形，长3~4mm，含2~3朵小花，紫褐色；颖具3脉，第一
　　颖略短于第二颖；内稃短于外稃。

物候：花期7~8月。

[分布范围]

　　产川西地区。产我国西南、
西北等地区。

[生态和生物学特性]

　　生于高山草甸、山坡草地。

小穗解剖图　　　　　　　　整株

[饲用价值]

　　属良等牧草。

根　　　　　　　　　花序　　　　　　　　　花序1　　　　　　　　　生境

## 102 光稃早熟禾 *Poa araratica* subsp. *psilolepis* (Keng) Olonova & G. Zhu

禾本科早熟禾属

**[识别特征]**

**生活型：**多年生草本。

**根：**须根稠密，细长。

**茎：**秆直立或稍膝曲，高40～60cm，径约0.8mm，具2～3节，顶节距秆基10cm以下，上部常裸露，平滑无毛。

**叶：**顶生叶鞘长5～12cm，长于叶片；叶舌长1～2mm，三角形或2浅裂；叶片质硬，直伸，内卷，长3～8cm，宽1～2mm，下面微粗糙。

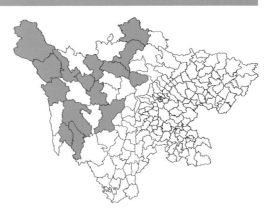

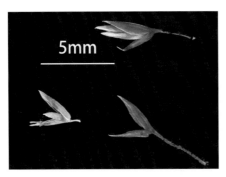

小穗解剖图

花序

118

叶舌

根

生境

**花：**圆锥花序，每节着生2～5枚分枝，基部主枝长2～4cm，下部1/3裸露粗糙；小穗含2～4朵小花，带紫色；颖具3脉，近等长，先端尖，脊上部粗糙，第一颖长2.5～3mm，第二颖长3～3.5mm；外稃不具毛被，先端有少许膜质，间脉不明显，脊微粗糙，基盘无绵毛；第一外稃长2.5～3.8mm；内稃稍短，2脊微粗糙。

**物候：**花期8～10月。

**[分布范围]**

产川西、川西北地区。主要产我国西北地区。

**[生态和生物学特性]**

分布于海拔2900～3800m的亚高山草甸及灌丛草甸。

**[饲用价值]**

属优等牧草，为各类家畜所喜食，可作于割草场或刈牧兼人工草场混播草种，也可用于退化草地补播改良。

## 103  双节早熟禾 *Poa binodis* Keng ex L. Liu

[识别特征]

生活型：多年生草本。

根：具下伸的根状茎，须根粗约1mm。

茎：秆疏丛生，高40～80cm，具2节。

叶：叶鞘基部被微毛，叶舌长1～2mm，叶片长
　　4～10cm，宽约3mm，常内卷，粗糙。

花：圆锥花序开展，长12～20cm，宽3～5cm；小
　　穗长5～7mm，含3～4朵小花；第一颖具1脉，
　　第二颖具3脉，中脉微粗糙；外稃无毛，基盘无绵毛，具明显的5脉，稀有7脉，第一外稃长
　　3.5～4mm；内稃脊具微小纤毛。

物候：花果期7～8月。

[分布范围]

　　产川西北地区。主要产我国西北地区。

[生态和生物学特性]

　　生于海拔2600～4100m的山地及高山草甸。

[饲用价值]

　　属良等牧草。

禾本科早熟禾属

119

小穗解剖图　　　　　　根　　　　　　叶舌

整株　　　　节　　　　花序　　　　　　　　生境

**104 法氏早熟禾** *Poa faberi* Rendle

俗名：细长早熟禾、少叶早熟禾、华东早熟禾

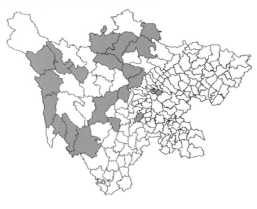

**[识别特征]**

**生活型**：多年生草本。

**根**：须根稠密，根系发达。

**茎**：秆疏丛生，高30～60cm，具3～4节。

**叶**：叶鞘常具倒向粗糙毛；叶舌长3～8mm，先端

尖，叶片长7～12cm，宽1.5～2.5mm，两面粗糙。

**花**：圆锥花序较紧密，长10～12cm，宽约2cm；小穗绿色，长4～5mm，含4朵小花；颖片具3脉，粗糙，先端锐尖；外稃具5脉，基盘具中量绵毛；内稃稍短于外稃。

**物候**：花果期5～8月。

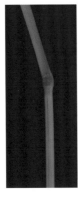

节　　　　　　　花序分支

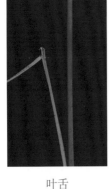

叶舌　　　　　花序　　　　根

**[分布范围]**

川西北、川西和川西南地区均有分布。产我国西南、华东等地区。

**[生态和生物学特性]**

生于山坡灌丛、林缘草地。

**[饲用价值]**

属良等牧草。

生境

## 105  林地早熟禾 *Poa nemoralis* L.

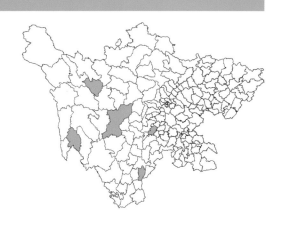

[识别特征]

**生活型**：多年生疏丛型草本。

**根**：须根，不具根状茎。

**茎**：秆高30～70cm，直立或铺散，具3～5节，花序以下部分微粗糙，细弱，径约1mm。

**叶**：叶鞘平滑或糙涩，稍短或稍长于节间，基部者带紫色，顶生叶鞘长约10cm，短于叶片近2倍；叶舌截圆或细裂；叶片扁平，柔软，边缘和两面平滑无毛。

**花**：圆锥花序狭窄柔弱，分枝开展，主轴各节着生分枝2～5枚，疏生1～5枚小穗，微粗糙，下部常裸露，基部主枝长约5cm；小穗披针形，多含3朵小花；小穗轴具微毛；颖披针形，具3脉，边缘膜质，先端渐尖，脊上部糙涩，第一颖较短且狭窄；外稃长圆状披针形，先端膜质，间脉不明显，脊中部以下与边脉下部1/3具柔毛，基盘具少量绵毛，第一外稃长约4mm；内稃长约3mm，2脊粗糙；花药长约1.5mm。

**物候**：花期5～6月。

小穗解剖图　　　　　　叶舌

[分布范围]

产川西地区。产我国西北、东北等地区。

[生态和生物学特性]

为中生疏丛型上繁禾草，是山地草甸草场的伴生种，生于山坡林地，喜阴湿生境，常见于海拔1000～4200m的林缘、灌丛草地。

[饲用价值]

茎秆柔软，叶纤细，草质优良，适口性好，幼嫩时各类食草家畜喜食，蛋白质含量较高，属良等牧草。

花序　　　　　　生境

## 106  多鞘早熟禾 *Poa polycolea* Stapf

**俗名：** 疏花早熟禾、三颖早熟禾、石生早熟禾、
马尔康早熟禾

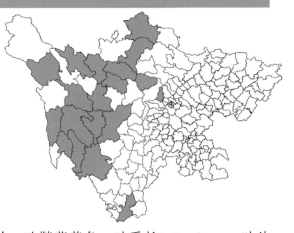

[识别特征]

**生活型：** 多年生草本。

**根：** 具细短的根状茎，须根较粗长。

**茎：** 秆直立或膝曲上升，高15～40cm，具横走匍
匐茎。

5mm

小穗解剖图　　　　　根

小穗　　　　叶舌　　　　节

**叶：** 叶鞘草黄色；叶舌长1.5～3mm；叶片
扁平或内卷狭窄成刚毛状，长4～8cm，宽
1～2.5mm。

**花：** 圆锥花序疏展，直立或下垂，长
5～10cm；小穗含2～4朵小花，长4～7mm，带
紫色；第一颖狭披针形，具1脉；第二颖椭圆
形，具3脉；内稃短于外稃，外稃基盘无毛。

**物候：** 花果期6～8月。

[分布范围]

　　从川西北、川西到川西南地区均有分布。
产我国西北、西南地区。

[生态和生物学特性]

　　属耐寒中生植物，喜湿润生境，对土壤要
求不严，抗寒能力强，摄取土壤深层养分能力
较强。

[饲用价值]

　　草质柔嫩，叶量多，适口性好，营养价值
高，生长期长，牛、马、羊均喜采食，再生
草尤其柔嫩，各类牲畜均喜采食，为优良野生
牧草。

花序　　　　　　　　生境

禾本科早熟禾属

122

## 107 草地早熟禾 *Poa pratensis* L.

俗名：六月禾

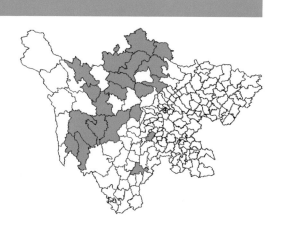

[识别特征]

**生活型**：多年生草本，高50～90cm。
**根**：具发达的匍匐根状茎。
**茎**：秆疏丛生，直立，具2～4节。
**叶**：叶鞘平滑或糙涩，长于节间和叶片；叶舌膜质，
长1～2mm，蘖生者较短；叶片线形，扁平或内
卷，长30cm左右，宽3～5mm，顶端渐尖，平滑
或边缘与上面微粗糙，蘖生叶片较狭长。
**花**：圆锥花序金字塔形或卵圆形；分枝开展，每节3～5枚，二次分枝，小枝上着生3～6枚小穗；小
穗柄较短；小穗卵圆形，绿色至草黄色，含3～4朵小花；颖卵圆状披针形，顶端尖，平滑，第
一颖长2.5～3mm，具1脉，第二颖长3～4mm，具3脉；外稃膜质，顶端稍钝，脊与边脉中部以
下密生柔毛，间脉明显，基盘具稠密长绵毛；第一外稃长3～3.5mm；内稃短于外稃，脊粗糙
或具小纤毛。
**果**：颖果纺锤形，具3棱，长约2mm。
**物候**：花期5～6月，7～9月结实。

[分布范围]

产川西、川西北等地区。产我国东北、西北、西南、华北等地区。

[生态和生物学特性]

适宜生长在湿冷的环境中，对土壤的适应性较强，耐瘠薄，最适宜肥沃和排水良好的土壤。是
重要的牧草，耐牧性强，也是利用得最为广泛的草坪绿化草种，根系发达，覆盖性好。还可以作为
水土保持植物，是世界上栽培历史比较悠久的草种之一，国外已育成很多品种。

[饲用价值]

从早春到秋季，营养丰富，各种家畜喜食。在夏秋青草期，是牦牛、藏羊、山羊的抓膘草。干
草为家畜的优良补饲草，也是禽和猪的良好饲料。

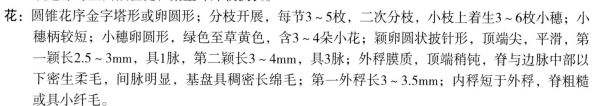

禾
本
科
早
熟
禾
属

小穗解剖图　　　　　　　　　　叶片　　　　　　　　　　　　叶舌

小穗　　　　　　　　　　　节

根　　　　　　　　　花序　　　　　　　　　　　生境

## 108  垂枝早熟禾 *Poa szechuensis* var. *debilior* (Hitchcock) Soreng & G. Zhu

**俗名：**细早熟禾

**[识别特征]**

**生活型：**一年生或多年生草本，短具纤细。

**根：**须根稀疏，细而坚韧。

**茎：**秆高20～60cm，具3～5节。

**叶：**叶鞘光滑或具倒向糙毛，顶生者长4～15cm；叶舌长（0.5）1.4～5mm。

**花：**圆锥花序长7～20cm，最长的节长2～5cm，最长的枝长2～8cm；小穗微小，长约2.5mm；小花2～3（5）朵，外稃龙骨和边缘的脉通常部分有毛，先端急尖；外稃长约2mm，基盘无绵毛。

**物候：**花果期6～8月。

**[分布范围]**

产川西北地区。产我国西南、西北等地区。

**[生态和生物学特性]**

抗寒能力较强，多生长在亚高山草甸砂质壤土上。

**[饲用价值]**

草质柔嫩，营养价值较高，绵羊、牦牛和马均喜食，为中上等牧草。

禾本科早熟禾属

125

小穗解剖图　　　　根　　　　叶舌

花序　　　　小穗　　　　节　　　　生境

**109 太白细柄茅 *Ptilagrostis concinna* (Hook. f.) Roshev.**

禾本科细柄茅属

[识别特征]

生活型：多年生草本。

根：须根细韧。

茎：秆直立，密丛生，光滑，高10~30cm，径约
2mm，具2节。

叶：叶鞘紧密抱茎，平滑；叶舌钝圆，长1~2mm，
粗糙，边缘下延与叶鞘的边结合，秆生叶叶舌
顶端具2微裂，常呈紫色；叶片纵卷成细线形，长5~15cm，秆生者长1~2cm。

花：圆锥花序狭窄，基部分枝处常具披针形膜质苞片，分枝长1~2cm，细弱，贴向主轴直伸，多孪
生；小穗柄平滑；小穗深紫色或紫红色；颖膜质，宽披针形，光滑，近等长，第一颖具1脉，
第二颖具3脉；外稃长3.5~4mm，顶端2裂，背上部无毛但粗糙，基部被柔毛，基盘钝圆，具
短毛，芒长1~1.4cm，被柔毛，具1回或不明显的2回膝曲，芒柱微扭转；内稃近等长于外稃，
具2脉，脉间疏被毛；花药长约1.5mm，顶端具毫毛。

物候：花果期7~9月。

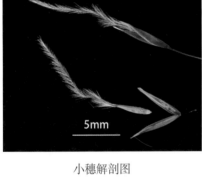

小穗解剖图　　　　　　根

茎生叶　　　　花序　　　　生境

126

[分布范围]

产川西、川西北等地区。产我国西
南、西北等地区。

[生态和生物学特性]

生于海拔3700~5100m的高山草
甸、山谷潮湿草地、山顶草地、山地阴
坡、灌木林下、河滩草丛及沼泽地。喜
高寒干燥的气候，耐瘠薄，喜肥沃湿润
的土壤，通常4~5月返青，6~7月抽穗
开花，8月结实。

[饲用价值]

幼嫩时草质柔软，叶量较多，各类
食草家畜喜食，耐牧，属中等牧草。

## 110 双叉细柄茅 *Ptilagrostis dichotoma* Keng ex Tzvel.

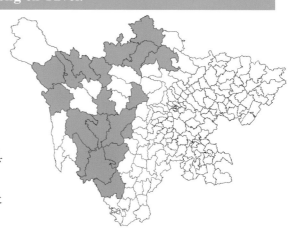

**[识别特征]**

**生活型：**多年生草本。

**根：**须根细而坚韧。

**茎：**秆直立，紧密丛生，光滑，高40~50cm，具
  1~2节。

**叶：**叶鞘微粗糙；叶舌膜质，三角形或披针形，长
  2~3mm；叶片丝线状，茎生者长1.5~2.5cm，
  基生者长达20cm。

**花：**圆锥花序开展，长9~14cm，分枝细弱，
  呈丝状，基部主枝长达5cm，通常单生，
  下部裸露，上部1~3回二出叉分，叉顶
  着生小穗；小穗灰褐色，长5~6mm，具
  长5~15mm的小穗柄；颖膜质，透明，
  先端稍钝，具3脉，侧脉仅见于基部；
  外稃长约4mm，先端2裂，下部具柔毛，
  上部微糙涩或具微毛，基盘稍钝，长约
  0.5mm，具短毛；内稃近等长于外稃，背
  圆形，具柔毛。

**物候：**花果期7~8月。

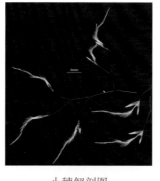

小穗解剖图

叶舌

**[分布范围]**

  产川西地区。产我国西南、西北地区。

根

生境

**[生态和生物学特性]**

  属耐寒的中旱生–强旱生密丛型草本，
喜寒冷干燥的气候，对土壤要求不严，耐
瘠薄。

**[饲用价值]**

  植株坚硬粗糙，适口性较差。幼嫩的
牛、马喜采食，绵羊少量采食，属中等
牧草。

节　　　　花序　　　　小穗

## 111 黑麦 *Secale cereale* L.

俗名：粗麦、洋麦

[识别特征]

**生活型：**一年生或越年生草本。

**根：**根系较发达。

**茎：**秆丛生，高约100cm，具5～6节，花序下部密生细毛。

**叶：**叶鞘常无毛或被白粉；叶舌长约1.5mm，顶具细裂齿；叶片长10～20cm，宽5～10mm，下面平滑，上面边缘粗糙。

**花：**穗状花序长5～10cm，宽约1cm；小穗轴节间长2～4mm，具柔毛；小穗长约15mm（除芒外），含2朵小花，小花近对生且均可育，另有1朵极退化的小花位于延伸的小穗轴上；两颖几相等，长约1cm，宽约1.5mm，具膜质边缘，背部沿中脉成脊，常具细刺毛；外稃长12～15mm，顶端具长3～5cm的芒，具5脉，背部两侧脉具细刺毛，边缘内褶膜质；内稃与外稃近等长。

**果：**颖果长圆形，淡褐色，长约8mm，顶端具毛。

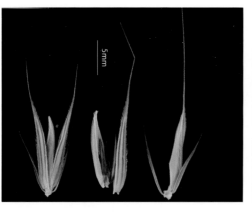

小穗解剖图

花序

叶舌

生境

节

**物候：**花果期6～8月。

[分布范围]

　　主要分布在川西高寒地区。我国北方山区或较寒冷的地区多有栽培。

[生态和生物学特性]

　　喜冷凉气候，抗寒性强，不耐高温和湿涝，对土壤要求不严，在沙壤土中生长良好，不耐盐碱。再生能力较强，在孕穗期刈割，再生草仍可抽穗结实。

[饲用价值]

　　产量和营养价值高，易消化，茎秆柔软，适口性好，是牛、羊、马的优质饲草。

禾本科黑麦属

128

## 112　狗尾草 *Setaria viridis* (L.) Beauv.

俗名：谷莠子、莠、毛狗草

[识别特征]

**生活型：**一年生草本。

**根：**根为须状，高大植株具支持根。

**茎：**秆直立或基部膝曲，高10～100cm。

**叶：**叶鞘松弛，无毛或疏被柔毛或疣毛；叶舌极短，边缘有长1～2mm的纤毛；叶片扁平，长三角状狭披针形或线状披针形，长4～30cm，宽2～18mm。

**花：**圆锥花序紧密，长2～15cm，宽4～13mm；小穗2～5个，簇生，椭圆形，长2～2.5mm，铅绿色；第一颖长约为小穗的1/3，具3脉；第二颖几与小穗等长，具5～7脉；第一外稃与小穗等长，具5～7脉。

**果：**颖果灰白色。

**物候：**花果期5～10月。

[分布范围]

四川及国内其他地区分布广泛。

[生态和生物学特性]

对土壤要求不严，耐干旱，耐瘠薄，是一种适应性强、分布广的牧草。

[饲用价值]

茎叶柔软，适口性好，产量高，无论是鲜草还是干草家畜均喜食，为优等牧草。

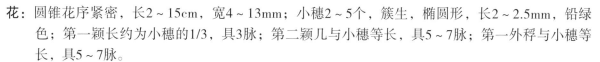

小穗解剖图　　　　　叶舌

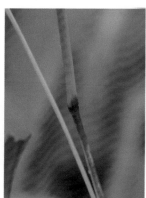

生境　　　　　节　　　　　花序

禾本科狗尾草属

129

## 113 台南大油芒 *Spodiopogon tainanensis* Hayata

**俗名：分枝大油芒**

禾本科大油芒属

130

[识别特征]

**生活型：** 多年生草本。
**根：** 具发达的根状茎。
**茎：** 秆直立，质地坚硬，高约50cm。
**叶：** 叶舌长约1mm，先端截平，具纤毛；叶片披针
形，长6~8cm，宽约7mm。
**花：** 圆锥花序疏散，长5~8cm；小穗披针形，长约
5.2mm，草黄色；第二颖与第一颖等长，具9脉，被柔毛，较狭窄；内稃短于外稃。
**果：** 颖果椭圆形，先端有喙。
**物候：** 花果期8~10月。

[分布范围]

　　川西北到川西南地区均有分布。产
台湾、西藏等地。

[生态和生物学特性]

　　生于低海拔山区阳坡草地。

[饲用价值]

　　牛、羊采食，属中等饲用牧草。

小穗解剖图

生境

叶舌

节

花序

根

## 114 异针茅 *Stipa aliena* Keng

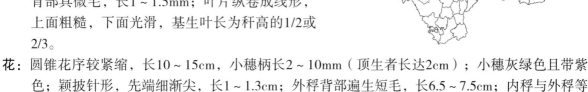

[识别特征]

**生活型：**多年生草本。

**根：**须根坚韧。

**茎：**秆高20～40cm，具1～2节。

**叶：**叶鞘光滑，长于节间；叶舌顶端钝圆或具2裂，背部具微毛，长1～1.5mm；叶片纵卷成线形，上面粗糙，下面光滑，基生叶长为秆高的1/2或2/3。

**花：**圆锥花序较紧缩，长10～15cm，小穗柄长2～10mm（顶生者长达2cm）；小穗灰绿色且带紫色；颖披针形，先端细渐尖，长1～1.3cm；外稃背部遍生短毛，长6.5～7.5cm；内稃与外稃等长，背部具短毛。

**果：**颖果圆柱形，长约5mm。

**物候：**花果期7～9月。

[分布范围]

产川西、川西北等地区。主要分布在我国西北、西南地区。

[生态和生物学特性]

抗寒性和抗旱性都很强，返青早，分蘖多，适合在高寒草原生长，可在高寒牧区建立大面积人工草地。异针茅扩繁生产，可缓解三江源高寒草原地区适宜草种极度缺乏的局面。

[饲用价值]

粗蛋白质含量较高，返青至抽穗前，茎叶柔软，适口性好，营养价值高，各种家畜都喜食，为良等牧草。

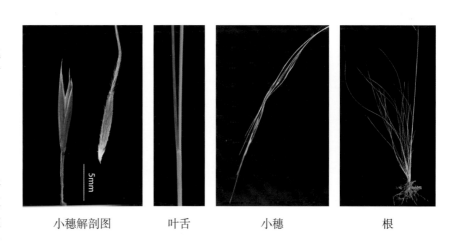

小穗解剖图 　　叶舌 　　小穗 　　根

花序

生境

## 115　狼针草 *Stipa baicalensis* Roshev.

**俗名：**贝加尔针茅、油包草

### [识别特征]

**生活型：**多年生草本。

**根：**须根系，根系发达。

**茎：**秆直立丛生，高50～80cm，具3～4节。

**叶：**叶鞘平滑或糙涩；叶舌2裂，具睫毛；叶片纵卷
　　　成线形，下面平滑，上面具疏柔毛。

**花：**圆锥花序长20～50cm，小穗灰绿色或紫褐色；
　　　第一颖具3脉，第二颖具5脉；外稃背部具贴生成纵行的短毛，基盘密生柔毛，内稃具2脉。

**果：**颖果具硬尖和长芒。

**物候：**花果期6～10月。

### [分布范围]

川西和川西南地区均有分布。产我国西北、东北等地区。

### [生态和生物学特性]

为中旱生牧草，耐寒、耐旱，一般生于排水良好的地带性
生境，不耐盐碱。

针茅属外稃的颖果上具有尖锐的基盘，容易刺入家畜的皮
肤，基盘上又有倒生的刺毛，牲畜活动时，籽粒会愈钻愈深，
一直刺到内脏器官，导致家畜死亡，特别是绵羊受害严重。因
此针茅属牧草从抽穗到种子成熟掉落之间，对牲畜容易造成
伤害。

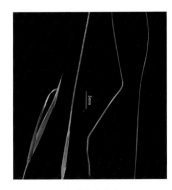

小穗解剖图

### [饲用价值]

一般牛、羊、马均喜食，适口性良好，营养价值较高，是
良好的放牧型牧草。

叶舌　　　　　　　　节　　　　　　　花序　　　　　　　　　　生境

## 116  长芒草 *Stipa bungeana* Trin.

俗名：本氏针茅

**[识别特征]**

**生活型：**多年生草本。

**根：**须根坚韧，外具砂套。

**茎：**秆丛生，基部膝曲，高20～60cm，有2～5节。

**叶：**叶鞘光滑无毛或边缘具纤毛，基生者有隐藏小穗；基生叶舌钝圆形，长约1mm，先端具短柔毛，秆生者披针形，长3～5mm，两侧下延与叶鞘边缘结合，先端常2裂；叶片纵卷似针状，茎生者长3～15cm，基生者长可达17cm。

**花：**圆锥花序为顶生叶鞘所包裹，成熟后渐抽出，长约20cm，每节有2～4枚细弱分枝，小穗灰绿色或紫色；两颖近等长，有膜质边缘，长9～15mm，有3～5脉，先端延伸成细芒；外稃长4.5～6mm，有5脉，背部沿脉密生短毛，先端的关节有1圈短毛，其下有微刺毛，基盘尖锐，长约1mm，密生柔毛；内稃与外稃等长，具2脉。

**果：**颖果长圆柱形，但隐藏在小穗中者则为卵圆形，长约3mm，被无芒且无毛之稃体紧密包裹。

**物候：**花果期6～8月。

**[分布范围]**

产川西、川西北地区。产我国东北、华北、西北、西南等地区。

**[生态和生物学特性]**

生态幅较广，为典型的旱生–广旱生草种。

**[饲用价值]**

耐践踏，山羊、绵羊、马最喜食，牛次之。春季适口性较好，抽穗后适口性和饲用价值降低，夏末雨季来临后，大量新的分蘖枝形成，适口性又转而提高。容易调制成干草，家畜食用后容易上膘。也被称为"硬草"，是温带、暖温带山地家畜重要的放牧型牧草。

小穗解剖图　　　　　叶舌

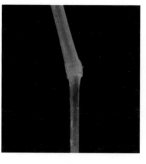

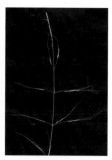

节　　　　　　　花序

根　　　　　　　生境

禾本科针茅属

133

## 117 丝颖针茅 *Stipa capillacea* Keng

[识别特征]

**生活型：** 多年生草本。

**根：** 须根稀疏，细而坚韧。

**茎：** 秆直立，高20～50cm，具2～3节。

**叶：** 叶鞘通常长于节间；叶舌膜质，长约0.6mm；叶片针状，茎生者长5～9cm。

**花：** 圆锥花序狭窄，长达14～18cm；小穗淡绿色或淡紫色；颖细长披针形，长2.5～3cm，先端伸出如丝状；外稃长约1cm（连同基盘）；内稃具2脉，无脊。

**物候：** 花果期7～9月。

[分布范围]

主要分布在川西北地区。主要分布在我国西北、西南地区。

[生态和生物学特性]

较耐低温，喜微酸性或中性土。常分布于干燥且较紧实的土壤中，生境条件较好时，能较顺利地越冬，次春再生良好。

[饲用价值]

生长早期，草质柔软，绵羊及牦牛喜食。

生境

花序（1）

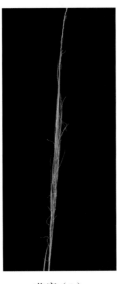

花序（2）

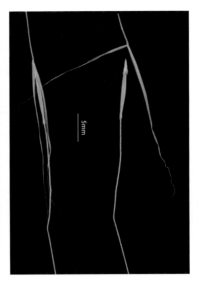

小穗解剖图

根

禾本科针茅属

134

## 118 疏花针茅 *Stipa penicillata* Hand.-Mazz.

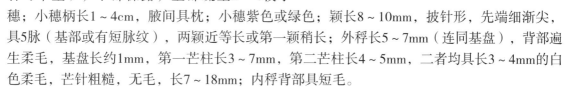

[ 识别特征 ]

**生活型**：多年生密丛型草本。

**根**：须根稠密，细长。

**茎**：秆高30～70cm，具1～2节。

**叶**：叶鞘粗糙；叶舌披针形，叶片粗糙，纵卷似线形。

**花**：圆锥花序开展，长15～25cm，分枝孪生（上部者可单生），下部裸露，上部疏生2～4枚小穗；小穗柄长1～4cm，腋间具枕；小穗紫色或绿色；颖长8～10mm，披针形，先端细渐尖，具5脉（基部或有短脉纹），两颖近等长或第一颖稍长；外稃长5～7mm（连同基盘），背部遍生柔毛，基盘长约1mm，第一芒柱长3～7mm，第二芒柱长4～5mm，二者均具长3～4mm的白色柔毛，芒针粗糙，无毛，长7～18mm；内稃背部具短毛。

**果**：颖果长约5mm。

**物候**：花果期6～9月。

[ 分布范围 ]

　　主要分布在川西北地区。我国西北、西南地区均有分布。

[ 生态和生物学特性 ]

　　生于海拔2300～5000m的草甸草原、灌丛草原、草原、河滩。

[ 饲用价值 ]

　　牛、马、羊均采食，为良等牧草。

生境

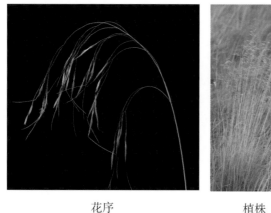

花序

植株

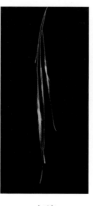
小穗

叶舌

## 119　紫花针茅 *Stipa purpurea* Griseb.

俗名：大紫花针茅

**[识别特征]**

**生活型**：多年生草本。

**根**：须根较细且坚韧。

**茎**：秆细瘦，高20~45cm，具1~2节，基部宿存枯萎叶鞘。

**叶**：叶鞘平滑无毛，长于节间；基生叶舌端钝，秆生叶舌披针形，两侧下延与叶鞘边缘结合，均具极短缘毛；叶片纵卷如针状，下面微粗糙，基生叶长为秆高的1/2。

**花**：圆锥花序较简单，基部常包藏于叶鞘内，分枝单生或孪生；小穗紫色；颖披针形，先端长渐尖，具3脉（基部或有短小脉纹）；外稃长约1cm，背部遍生细毛，顶端与芒连接处具关节，基盘尖锐，密被柔毛，芒有2回膝曲且扭转，第一芒柱长1.5~1.8cm，遍生长约3mm的柔毛；内稃背面具短毛。

**果**：颖果长约6mm。

**物候**：花果期7~10月。

禾本科针茅属

136

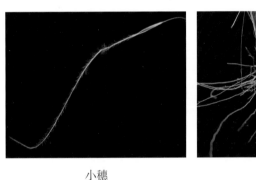
小穗

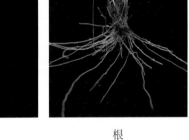
根

**[分布范围]**

　　川西、川西北地区均有分布。产我国西南、西北等地区。

**[生态和生物学特性]**

　　寒旱生草本植物，分布于海拔4500~4800m的青藏高原半干旱高寒草原。常作为建群种与其他禾草和莎草组成草地群落。

生境

植株

**[饲用价值]**

　　耐牧性强，抽穗开花前，茎叶柔软，适口性好，粗蛋白质含量高，粗纤维含量低，营养价值高，各类食草家畜均喜采食。

## 120 狭穗针茅 *Stipa regeliana* Hack.

俗名：紫花芨芨草

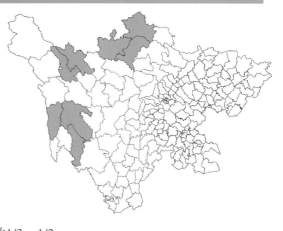

[ 识别特征 ]

**生活型**：多年生草本。

**根**：须根细而坚韧。

**茎**：秆高20～50cm，平滑无毛，基部宿存枯萎叶鞘。

**叶**：叶鞘光滑无毛；叶舌长5～6mm，披针形，贴生微毛，顶端常2裂；叶片纵卷成线形，具黄褐色尖头，干后破裂为画笔状细毛，基生叶长为秆高的1/3～1/2。

**花**：圆锥花序狭窄，穗状；小穗紫色或褐色；颖近等长或第一颖稍长，披针形，膜质，下部紫色，先端白色，具5～7脉（侧脉不明显）；外稃长7～8mm，背部遍生细毛，具5条不甚明显的脉，基盘尖锐，长约1mm，具柔毛，芒有2回膝曲（初看似1回膝曲），第一芒柱和第二芒柱均长5mm，且均具1mm以内的短毛，芒针长约10mm，具0.5mm以内的细刺毛；内稃与外稃等长，具2脉，背面被疏毛。

**果**：颖果圆柱形，褐色，长约5mm。

**物候**：花果期7～9月。

[ 分布范围 ]

产川西、川西北等地区。产我国西南、西北等地区。

[ 生态和生物学特性 ]

常生于海拔1680～4600m的高山草甸、山谷冲积平原或滩地。通常4月初至4月中旬萌发，5月底至6月初抽穗，6月下旬至7月中旬开花，8月种子成熟，9月开始枯黄。干枯后，残存率较高。具有抗逆性较强、耐牧性强、再生速度快的特点。

[ 饲用价值 ]

为冬季牧畜采食的主要牧草。草质好，茎叶营养丰富，品质优良，适口性好，无论是鲜草还是干草均为各类家畜所喜食。抽穗前，马、骆驼特别喜食，干枯后羊最喜食，是一种抓膘的上等牧草。

小穗解剖图　　叶舌　　花序

弯曲的花序

根　　　　　生境

## 121  小草沙蚕 *Tripogon filiformis* Nees ex Stend.

俗名：线形草沙蚕

**禾本科草沙蚕属**

**138**

[ 识别特征 ]

**生活型：**多年生草本。

**根：**根较粗，须根较发达。

**茎：**秆直立，或基部膝曲，平滑无毛，高
15～35cm。

**叶：**叶鞘无毛，但鞘口常疏生须毛；叶舌甚短或近于
缺失；叶片长4.5～10cm，宽1～1.5mm，通常内
卷，上面粗糙，下面平滑无毛。

**花：**穗状花序长10～20cm，小穗铅绿色，长8～13mm，含4～8朵小花；第一颖长2～3mm，第二颖
长4～5mm。

**物候：**花果期8～10月。

[ 分布范围 ]

产川西及川西南地区。产我国西南、华东、华中等地区。

[ 生态和生物学特性 ]

较耐旱，分布于向阳山坡草地岩石上，喜凉爽气候。

[ 饲用价值 ]

叶纤细，草质柔软，营养价值比较高，绵羊、牦牛、马等家畜喜食。由于植株较低矮，宜放牧
利用。但茎叶易枯萎，故应在茎叶幼嫩时利用。

| 小穗解剖图 | 整株 | 花序 | 生境 |

## 122 长穗三毛草 *Trisetum clarkei* (Hook. f.) R. R. Stewart

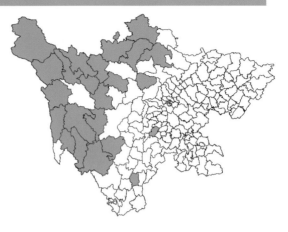

禾本科三毛草属

**[ 识别特征 ]**

**生活型：** 多年生草本。

**根：** 须根细弱。

**茎：** 秆直立，丛生，花序以下被疏密不一的柔毛，具1~3节，高30~70cm。

**叶：** 叶鞘松弛，多长于节间，被密或疏的柔毛；叶舌短，膜质，长1~2mm；叶片扁平，多柔软，长5~20cm，被柔毛或粗糙。

**花：** 圆锥花序穗状长圆形，细长，疏松，下部常间断，有光泽，浅褐色、浅绿色或草黄色，分枝短细（下部较长），被柔毛，直立或稍倾斜；小穗较狭窄，含2~3朵小花；小穗轴节间和其上的毛均长约1mm；颖不等长，透明膜质，狭披针形，中脉粗糙，第一颖长4~4.5mm，具1脉，第二颖长5~6mm，具3脉；外稃狭披针形，粗糙，顶端具2裂齿，第一外稃长3.5~4mm，具5脉，基盘被微毛，距稃体先端约2mm处生芒，反曲；内稃膜质，稍短于外稃，具粗糙的2脊。

**物候：** 花期7~9月。

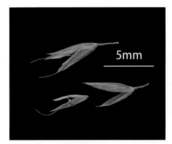

小穗解剖图

叶

叶舌

弯曲的花序

**139**

**[ 分布范围 ]**

川西北到川西南地区均有分布。产我国西南、西北等地区。

**[ 生态和生物学特性 ]**

生于海拔1900~4300m的高山林下、灌丛和山坡草地及草原。喜温暖，耐寒、耐旱，适宜在肥沃壤土和沙壤土中生长，早春萌发，生长较快，易形成宜牧草地。

**[ 饲用价值 ]**

秋前草质柔软，各种食草家畜喜食，秋后易老化，最佳利用期在8~10月。

花序

生境

## 123 优雅三毛草 *Trisetum scitulum* Bor

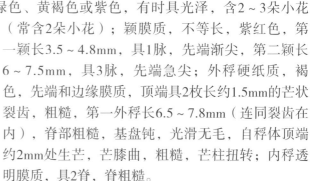

**禾本科三毛草属**

**140**

**[识别特征]**

**生活型：** 多年生草本。

**根：** 须根细长，具短根茎。

**茎：** 秆丛生，直立或基部稍膝曲，光滑无毛，高30～60cm，具2～3节。

**叶：** 叶鞘松弛，被柔毛，常短于节间；叶舌膜质，长1～3mm，先端具齿裂；叶片扁平，宽线形，多柔软，长5～20cm，宽2～4mm，多少被毛。

**花：** 圆锥花序疏松且开展，分枝细长，伸展，有时弯曲下垂，光滑无毛，基部1节常为1～2枚，上部着生疏松小穗，下部裸露；小穗灰绿色、黄褐色或紫色，有时具光泽，含2～3朵小花（常含2朵小花）；颖膜质，不等长，紫红色，第一颖长3.5～4.8mm，具1脉，先端渐尖，第二颖长6～7.5mm，具3脉，先端急尖；外稃硬纸质，褐色，先端和边缘膜质，顶端具2枚长约1.5mm的芒状裂齿，粗糙，第一外稃长6.5～7.8mm（连同裂齿在内），脊部粗糙，基盘钝，光滑无毛，自稃体顶端约2mm处生芒，芒膝曲，粗糙，芒柱扭转；内稃透明膜质，具2脊，脊粗糙。

**物候：** 花期7～9月。

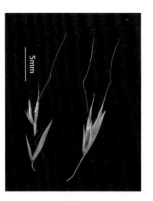
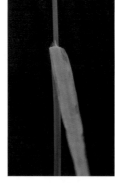

小穗解剖图　　　　叶舌

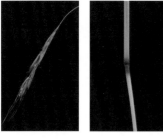
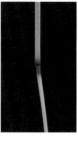

小穗　　　节　　　根

花序　　　生境

**[分布范围]**

产川西、川西北等地区。主要分布于我国西南地区。

**[生态和生物学特性]**

生于海拔4000～5000m的高山灌丛、流石滩及高山草甸，根系发达，耐寒能力强，对土壤要求不高，耐瘠薄，常作为伴生种出现在各种禾本科及莎草科植物组成的不同草地中。

**[饲用价值]**

茎叶柔软，营养价值高，可青刈或制成干草，各类食草家畜均喜采食，属良等牧草。

## 124　西伯利亚三毛草 *Trisetum sibiricum* Rupr.

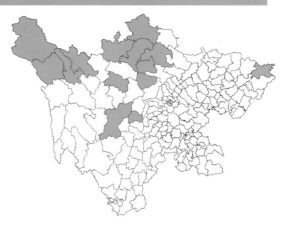

[识别特征]

**生活型：**多年生草本。

**根：**具短根茎。

**茎：**秆直立或基部稍膝曲，光滑，少数丛生，高50～120cm，基部径2～4mm，具3～4节。

**叶：**叶鞘基部多少闭合，上部松弛，光滑无毛或粗糙，基部者长于节间，上部者短于节间；叶舌膜质，长1～2mm（稀达5mm），先端具不规则齿裂；叶片扁平，长6～20cm，宽4～9mm。

**花：**圆锥花序狭窄且稍疏松，狭长圆形或长卵圆形，分枝纤细，向上直立或稍伸展，每节多枚分枝丛生；小穗黄绿色或褐色，有光泽，含2～4朵小花；小穗轴节间长1.5～2mm，被长0.5～1.5mm的毛；两颖不等长，先端渐尖，光滑无毛，第一颖长4～6mm，具1脉，第二颖长5～8mm，具3脉；外稃硬纸质，褐色，顶端2微齿裂，背部粗糙，第一外稃长5～7mm，基盘钝，自稃体顶端以下约2mm处伸出1芒，芒长7～9mm，向外反曲，下部直立或微扭转；内稃略短于外稃，顶端2微裂，具2脊，脊粗糙。

**物候：**花果期6～8月。

[分布范围]

产川西、川西北等地区。产我国西北、华北、东北等地区。

[生态和生物学特性]

喜凉爽湿润的环境，生长在腐殖质含量高的灰褐色森林土及山地黑钙土中。

[饲用价值]

草质柔软，各类家畜喜食，尤其是马嗜食，生长后期羊采食稍少。调制的干草为各类家畜所喜食，属刈牧兼用优等牧草。

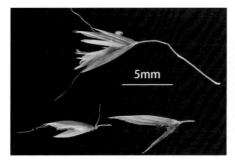
5mm
小穗解剖图

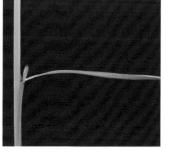
叶舌

节

花序

生境

禾本科三毛草属

141

## 125 穗三毛 *Trisetum spicatum* (L.) Richt.

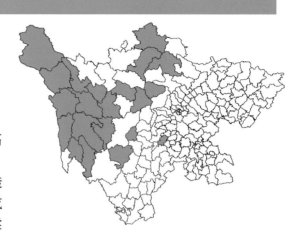

**[ 识别特征 ]**

**生活型：**多年生草本。

**根：**须根细弱，稠密。

**茎：**秆直立，密集丛生，花序以下通常具绒毛，高 8～30cm（有时仅高5cm即抽穗），具1～3节。

**叶：**叶鞘松弛，密生柔毛，基部者长于节间；叶舌透明膜质，长1～2mm，顶端常撕裂；叶片扁平或纵卷，长2～15cm，宽2～4mm，被密或疏的柔毛，稀无毛。

**花：**圆锥花序常稠密，紧缩成穗状，卵圆形至长圆形或狭长圆形，下部有时具间断，浅绿色或紫红色，有光泽，分枝短，被柔毛，直立或斜向上升；小穗卵圆形，含2～3朵小花（常含2朵小花）；小穗轴节间长1～1.5mm，被近等长的柔毛；颖透明膜质，近等长，中脉粗糙，第一颖长4～5.5mm，具1脉，第二颖长5～6mm，具3脉；第一外稃长4～5mm，背部粗糙，顶端2齿裂，基盘被短毛，自稃体顶端以下约1.5mm处生芒，芒长3～4mm，向外反曲；内稃略短于外稃，具2脊，脊粗糙；鳞被2枚，透明膜质，顶端2裂或不规则齿裂；花药黄色或带紫红色，长约1.5mm。

**物候：**花果期6～9月。

**[ 分布范围 ]**

产川西地区。产我国西南、西北、东北等地区。

**[ 生态和生物学特性 ]**

生于海拔1900m以上的山坡草地和高山草原、高山草甸，喜凉爽湿润的气候，是亚高山草甸的伴生种，一般5月返青、7月抽穗、8月开花、9月结实。

**[ 饲用价值 ]**

草质柔软，适口性好，各类家畜都喜食，其中牛、羊最喜食，为夏季优良牧草。

禾本科三毛草属

小穗解剖图

叶片和叶舌

花序

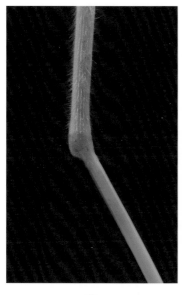

节

弯曲的花序

生境

**126 小黑麦 *Triticosecale* Wittmack**

禾本科

144

[识别特征]

小穗解剖图

无芒的花序

根

节

叶舌

花序

生境

**生活型**：一年生草本。

**根**：须根系，根系发达。

**茎**：秆直立，高130～160cm，具分蘖枝，通常每株5～6个。

**叶**：叶鞘有蜡粉层，叶片扁平，较小麦长而厚，叶色较深，被绒毛。

**花**：穗状花序顶生，长10～15cm，呈纺锤状；小穗含3～7朵小花，一般基部有2朵小花结实。

**果**：颖果较小麦大，红色或白色，角质或半角质。

**物候**：花果期7～8月。

[分布范围]

主要栽培于我国西南、西北土壤瘠薄的高寒山区，尤其是西北地区。

[生态和生物学特性]

耐瘠薄、耐寒、耐旱，在气候多变和水肥条件较差的高寒地区具有稳产优势，在海拔2400m的西南高寒地区能安全越冬。抗病能力较小麦强，对多数病害具有免疫力。但因植株高，植株在水肥条件好的平原地区易倒伏。有的品种有长芒，有的没有芒。

[饲用价值]

是小麦和黑麦的属间杂交粮饲兼用型作物。生长期茎叶鲜嫩，适口性好，牛、马、羊、兔等家畜均喜食。可用于制作青饲料、青贮或调制干草。小黑麦籽实产量显著低于其亲本小麦（*Triticum aestivum*），但饲草产量较高，适合与其他作物轮作。在川西高原已引种栽培，具有良好的前景。

## 127 华扁穗草 *Blysmus sinocompressus* Tang et Wang

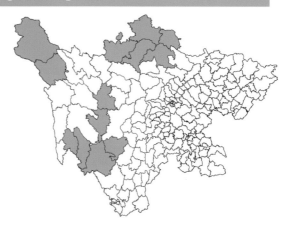

**[识别特征]**

**生活型：**多年生草本。

**根：**具长的匍匐根状茎，黄色，光亮，有节，节上生根，鳞片黑色。

**茎：**秆近于散生，扁三棱形，具槽，中部以下生叶，基部有褐色或紫褐色老叶鞘，高5～20（26）cm。

**叶：**叶平张，边略内卷并有疏而细的小齿，渐向顶端渐狭，顶端三棱形，短于秆，宽1.0～3.5mm；叶舌很短，白色，膜质。

**花：**苞片叶状，一般高出花序；小苞片呈鳞片状，膜质；穗状花序1个，顶生，长圆形或狭长圆形；小穗3枚至10多枚，较密，排列成2列或近2列，最下部1枚至数枚小穗通常远离；小穗卵状披针形、卵形或长椭圆形，有2～9朵两性花；雄蕊3枚，花药狭长圆形，顶端具短尖；柱头2个，长于花柱约1倍。

**果：**小坚果宽倒卵形，平凸状，深褐色，长2mm。

**物候：**花果期6～9月。

**[分布范围]**

川西北到川西南地区均有分布。产我国西南、西北等地区。

整株　　　　叶

**[生态和生物学特性]**

喜湿润，生于沼泽边缘、半沼泽地及其他低湿草地，是这些区域的代表植物之一。根茎发达，生活力强，常形成具有绝对优势的群落。耐霜冻，早春返青较早，较莎草科的嵩草属、芨芨草属植物持青期长。

**[饲用价值]**

春季至初夏较柔嫩，营养价值较高，牦牛和马喜食，绵羊也采食，是天然草地上饲用价值比较高的牧草。

生境　　　　花序

莎草科扁穗草属

145

## 128 团穗薹草 *Carex agglomerata* C. B. Clarke

[识别特征]

**生活型：** 多年生草本。

**根：** 根状茎较长，木质，具地下匍匐茎。

**茎：** 秆高20~60cm，稍纤细，锐三棱形，棱粗糙，基部具紫褐色无叶片的鞘，后期鞘常撕裂成丝网状。

**叶：** 叶短于或近等长于秆，边缘粗糙，干后常反卷，具淡红棕色叶鞘。

生境

整株

根系

花序（1）

花序（2）

**花：** 苞片最下面的一枚叶状，长于小穗，上面的常呈芒状，通常短于小穗，不具鞘；小穗3~4个，聚集于秆的上端，顶生小穗通常雌雄顺序，棒状长圆形，少数全部为雄花，狭长圆形，近无柄；侧生小穗中2~3个为雌小穗，长圆形，密生多数花，近无柄。雄花鳞片披针状卵形，膜质，淡褐黄色，具1条中脉；雌花鳞片卵形，膜质，淡褐黄色，具1条中脉，脉上部稍粗糙。

**果：** 果囊斜展，卵形或狭卵形、三棱形，膜质，淡黄绿色，无毛；小坚果较松地包于果囊内，倒卵形，三棱状，长约2mm，淡黄色。

**物候：** 花果期4~7月。

[分布范围]

产川西、川西北等地区。产我国西南、西北等地区。

[生态和生物学特性]

生于海拔1200~3000m的山坡林下和山谷阴湿处。

[饲用价值]

草质较为柔软，牛、羊较喜食。

## 129  禾状薹草 *Carex alopecuroides* D. Don

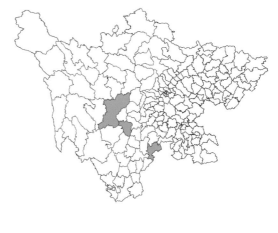

**[ 识别特征 ]**

**生活型：** 多年生草本。

**根：** 根状茎短，具细长的地下匍匐茎。

**茎：** 秆丛生，高30～60cm，三棱形，上部稍粗糙，基部具少数淡棕色无叶片的鞘。

**叶：** 叶近等长或稍长于秆，宽2～4mm，平张，稍坚挺，上面具3条脉，下面仅中脉明显，脉上和上端边缘常粗糙，干时边缘稍内卷，具较长的鞘，鞘的膜质部分常开裂。

**花：** 苞片叶状，下面的长于小穗，上面的1～2个等长或短于小穗，无鞘；小穗通常3～5个，常集中生于秆的上端，顶生小穗为雄小穗，有时上部为雌花，雄小穗近棍棒形，具很短的柄或近无柄；其余小穗为雌小穗，长圆柱形，密生多数花，最下面1～2个小穗具短柄，上面的近无柄；雄花鳞片披针形，顶端急尖或渐尖，具短尖，膜质，淡黄褐色，具1条绿色的中脉，脉上端和小短尖常具短硬毛；雌花鳞片长圆状卵形或披针状卵形，顶端渐尖或有时近钝形，具短尖或无短尖，短尖两边具短硬毛，膜质，淡麦秆黄色，具1条中脉。

**果：** 小坚果稍紧地包于果囊中，宽卵形或近椭圆形，三棱状，长约1.5mm，棕色。

**物候：** 花果期4～7月。

花序分支 　　　　花序

**[ 分布范围 ]**

主要分布在川西地区。产我国华东、华中等地区。

**[ 生态和生物学特性 ]**

生于海拔450～2700m的沟边潮湿处、河滩草地和山坡林下潮湿处，通常以亚优势种和伴生种出现。具根状茎，全生育期较长，一般3～4月返青，7～8月种子成熟。

**[ 饲用价值 ]**

抽穗前茎叶较柔软，家畜喜食，抽穗后，适口性有所降低，为中等饲草。

雄花序 　　　　生境

**130　尖鳞薹草 *Carex atrata* subsp. *pullata* (Boott) Kukenth.**

[ 识别特征 ]

**生活型**：多年生草本。

**根**：根状茎短。

**茎**：秆密丛生，高15～65cm，三棱形，上部稍粗糙，顶端稍向下倾斜，基部叶鞘无叶片，紫红色，稍呈网状分裂。

**叶**：叶短于秆，宽3～5mm，稍粗糙。

**花**：苞片最下部的1～2枚叶状，无鞘，上部的刚毛状或鳞片状；小穗3～5个，接近，顶生小穗雌雄顺序，倒卵形或长圆状倒卵形；侧生小穗雌性，长圆形，下部2个具长柄，稍下垂；雌花鳞片卵形至狭卵形，顶端稍急尖至渐尖，褐色、黑褐色或紫褐色，背部中脉色淡。

整株

生境

花序

**果**：果囊基部具短柄，顶端急缩成极短的喙至无喙；小坚果疏松地包于果囊下半部，倒卵形，三棱状，长1.5～1.7mm。

**物候**：花果期6～8月。

[ 分布范围 ]

　　主要分布在川西北地区。产我国西南、西北等地区。

[ 生态和生物学特性 ]

　　生于海拔3000～4800m的高山灌丛草甸、沼泽草甸和高山草甸及林间空地。与原亚种黑穗薹草的区别在于果囊基部具短柄，顶端急缩成极短的喙成无喙。能适应青藏高原干旱低温的高山、草地环境，具发达的根茎，生活力强，常以成片的单优种群落和稀疏伴生种形式出现。

[ 饲用价值 ]

　　抽穗前，草质较软，马、羊、牛喜食，抽穗结实后，草质变粗，适口性有所下降，但牲畜仍喜采食有较高营养价值的果穗。

莎草科薹草属

148

## 131 黑褐穗薹草 *Carex atrofusca* subsp. *minor* (Boott) T. Koyama

**[ 识别特征 ]**

**生活型**：多年生草本。

**根**：根状茎长而匍匐。

**茎**：秆高10~70cm，三棱形，平滑，基部具褐色的
　　叶鞘。

**叶**：叶短于秆，长约为秆的1/7~1/5，宽（2）
　　3~5mm，平张，稍坚挺，淡绿色，顶端渐尖。

**花**：苞片最下部的1个短叶状，绿色，短于小穗，具
　　鞘，上部的鳞片状，暗紫红色。小穗2~5个，顶生的1~2个雄性，长圆形或卵形；其余小穗雌
　　性，椭圆形或长圆形，花密生；小穗柄纤细，稍下垂。雌花鳞片卵状披针形或长圆状披针形，
　　暗紫红色或中间色淡，先端长渐尖，顶端白色膜质，边缘白色狭膜质。

**果**：小坚果疏松地包于果囊中，长圆形，扁三
　　棱状，长1.5~1.8mm，基部具柄，柄长
　　0.5~1mm。

**物候**：花果期7~8月。

**[ 分布范围 ]**

　　川西和川西北地区均有分布。产我国西
南、西北、华北等地区。

**[ 生态和生物学特性 ]**

　　生于海拔2200~4600m的高山灌丛草甸及
流石滩下部和杂木林，生长期较短，一般7月
上中旬开花，8月中旬结实。较为适应青藏高
原干旱低温的高山、草地环境，具发达的根
茎，生活力强，常以成片的单优种群落和稀疏
伴生种形式出现。

**[ 饲用价值 ]**

　　叶量较多，耐践踏，耐牧性强，营养价值
较高，青绿时草质柔软，适口性较好，马、
牛、羊喜食，是夏季牧场的优等牧草。

整株　　　　　　　花序

生境

## 132 青绿薹草 *Carex breviculmis* R. Br.

俗名：过路青、四季青

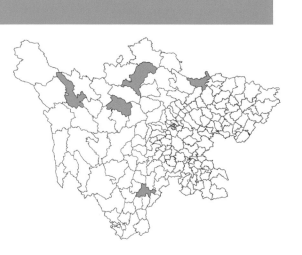

**[识别特征]**

**生活型：**多年生草本。

**根：**具短根状茎。

**茎：**秆丛生，高8～40cm，纤细，三棱形，上部稍粗糙，基部叶鞘淡褐色，撕裂成纤维状。

**叶：**叶短于秆，宽2～3（5）mm，平张，边缘粗糙，质硬。苞片最下部的叶状，长于花序，具短鞘，鞘长1.5～2mm，其余的刚毛状，近无鞘。

**花：**小穗2～5个，上部的接近，下部的远离，顶生小穗雄性，长圆形，长1～1.5cm，宽2～3mm，近无柄，紧靠其卜面的雌小穗；侧生小穗雌性，长圆形或长圆状卵形，少有圆柱形，长0.6～1.5（2）cm，宽3～4mm，具稍密生的花，无柄或最下部的具长2～3mm的短柄。雄花鳞片倒卵状长圆形，顶端渐尖，具短尖，膜质，黄白色，背面中间绿色；雌花鳞片长圆形或倒卵状长圆形，先端截形或圆形，长2～2.5mm（不包括芒），宽1.2～2mm，膜质，苍白色，背面中间绿色，具3条脉，向顶端延伸成长芒，芒长2～3.5mm。

**果：**果囊近等长于鳞片，倒卵形，钝三棱状，长2～2.5mm，宽1.2～2mm，膜质，淡绿色，具多条脉，上部密被短柔毛，基部渐狭，具短柄；小坚果紧包于果囊中，卵形，长约1.8mm，栗色，顶端缢缩成环盘。

**物候：**花果期3～6月。

花序

生境

**[分布范围]**

主要分布在川西北地区。产我国东北、华北、西南等地区。

**[生态和生物学特性]**

分蘖能力和再生能力强，生态幅较宽，耐荫蔽、耐水渍、耐高温，也耐干旱。

**[饲用价值]**

丛生型牧草，营养成分含量较高，老叶比较粗糙，但幼草和再生草草质柔软，水牛、黄牛、绵羊均喜食，可刈制成干草或制成草粉，为中等牧草。

## 133 绿穗薹草 *Carex chlorostachys* Stev.

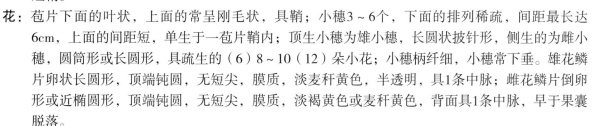

**[识别特征]**

**生活型:** 多年生草本。

**根:** 根状茎短。

**茎:** 秆密丛生,高10~30(50)cm,细而稍坚挺,钝三棱形,平滑,下部密生多数叶。

**叶:** 叶较秆短得多,宽2~2.5mm,平展,质较软,两面及边缘均不粗糙,向顶端渐粗糙,具短鞘。

**花:** 苞片下面的叶状,上面的常呈刚毛状,具鞘;小穗3~6个,下面的排列稀疏,间距最长达6cm,上面的间距短,单生于一苞片鞘内;顶生小穗为雄小穗,长圆状披针形,侧生的为雌小穗,圆筒形或长圆形,具疏生的(6)8~10(12)朵小花;小穗柄纤细,小穗常下垂。雄花鳞片卵状长圆形,顶端钝圆,无短尖,膜质,淡麦秆黄色,半透明,具1条中脉;雌花鳞片倒卵形或近椭圆形,顶端钝圆,无短尖,膜质,淡褐黄色或麦秆黄色,背面具1条中脉,早于果囊脱落。

**果:** 小坚果稍松地包于果囊内,宽倒卵形,三棱状,长约1.5mm,褐色,无柄;花柱基部稍增粗,柱头3个,短于果囊。

**物候:** 花果期6~8月。

根

花序

**[分布范围]**

产川西地区。产我国西北、华北等地区。

**[生态和生物学特性]**

为具根状茎密丛型湿生草本植物,主要生长在高山灌丛、草地、河边、湖边等较为湿润的环境中,海拔1150~3200m。叶质软,一般以伴生种的形式散生于各群落中。

花序的分支

生境

**[饲用价值]**

叶量多,茎秆纤细、柔软,有较高的粗蛋白质含量,营养价值较高,地上全株牛、羊、马均喜食。

## 134 密生薹草 *Carex crebra* V. Krecz.

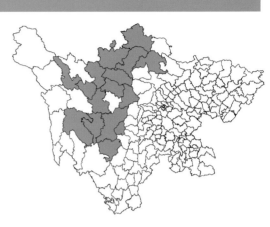

[识别特征]

**生活型:** 多年生草本。

**根:** 根状茎短。

**茎:** 秆密丛生,高10~30cm,纤细,粗不及1.5mm,
扁三棱形,光滑。

**叶:** 叶短于秆,边缘内卷成线形,宽0.8~1mm,稍
坚挺,边缘粗糙,基部具暗褐色分裂成纤维状
的宿存叶鞘。

**花:** 苞片佛焰苞状,苞鞘背面绿色,腹面紫红色,边缘白色膜质,最下部的1枚具刚毛状的苞叶,
上部的几无苞叶。小穗2~4个,除下部的1个稍疏远外,其余的彼此接近;顶生的1个小穗雄
性,高出其下的雌小穗,圆柱形,具多数密生的花;侧生的1~3个小穗雌性,近圆柱形,具4
朵至10余朵密生的花;小穗柄短,通常不伸出或略伸出鞘外。雄花鳞片长圆状披针形,顶端
钝,膜质,淡褐色;雌花鳞片长圆形,顶端急尖,有短芒,纸质,两侧紫褐色,有宽的白色膜
质边缘,中间绿色,有3条脉。

**果:** 小坚果倒卵状椭圆形,钝三棱状,长3~3.2mm,棱面微凹,成熟时褐色,基部具短柄或几无
柄,顶端具外弯的短喙。

**物候:** 花果期6~8月。

整株　　　　　　花序

生境

[分布范围]

产川西、川西北地区。产我国西南、西北等
地区。

[生态和生物学特性]

生于海拔2650~4400m的亚高山草甸、丘陵
坡地、干旱河谷灌丛草地。一般5月中旬返青,8
月中旬进入果期,全生育期为100~120天。为草
甸、草甸草原和灌草丛群落的伴生种。

[饲用价值]

茎叶柔软多汁,无特殊气味,适口性良好,
营养价值较高,马、牛、羊等家畜终年喜食。

 牧草

 135  狭囊薹草 *Carex cruenta* Nees

[识别特征]

**生活型：** 多年生草本。

**根：** 具匍匐根状茎。

**茎：** 秆高20～75cm，直立，锐三棱形，顶端细，稍
俯垂，基部叶鞘褐色。

**叶：** 叶明显短于秆，宽3～4mm，平张。

**花：** 苞片下部的叶状，短于花序，具长鞘，上部的鳞
片状。小穗4～7个，顶生的1～3个雄性或雄雌
混杂，其余小穗雌性，长圆形，花密生；小穗柄纤细，基部细长，向上渐短，下垂。雌花鳞片
披针形，顶端渐尖，黑栗色，背面中脉绿色。

**果：** 小坚果狭椭圆形，具明显的长柄。

**物候：** 花果期6～7月。

[分布范围]

　　主要分布在川西地区。
产我国西南地区。

[生态和生物学特性]

　　生于海拔3800～5600m
的云杉林下、高山灌丛草甸
或草地，这些区域的土壤多
为沼泽土和亚高山草甸土。
多以伴生种形式出现，或形
成片状优势种群落。

[饲用价值]

　　幼嫩时适口性较好，
牛、马喜采食，抽穗后，纤
维增加，结实后，适口性降
低，饲用价值中等。

整株　　　　　　　　　　　　　　　　　　根

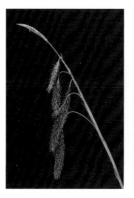 

花序　　　　　　　　　　　　　生境

莎草科薹草属

153

## 136 无脉薹草 *Carex enervis* C. A. Mey.

俗名：川西北薹草

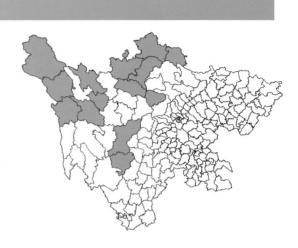

[识别特征]

**生活型**：多年生草本。

**根**：根状茎粗长而匍匐。

**茎**：秆高10～30cm，宽1～1.2mm，三棱形，稍弯曲，上部粗糙，下部平滑，基部具淡褐色的叶鞘。

**叶**：叶短于秆，宽2～3mm，平张或对折，灰绿色，边缘粗糙，先端渐尖。

**花**：小穗多数，雄雌顺序，较紧密地聚集成卵形或长圆形的穗状花序，雌花鳞片长圆状宽卵形，先端急尖或渐尖，具短尖，淡褐色至锈色，具极狭白色膜质边缘，中脉1条。果囊膜质，无光泽，边缘加厚不内弯。果囊与鳞片近等长，长圆状卵形或椭圆形，平凸状，纸质，禾秆色至锈色，边缘加厚，稍向腹面弯曲，通常无脉或背面基部具几条脉，腹面无脉，基部近圆形或楔形，先端渐尖成中等长的喙，喙边缘粗糙，喙口白色膜质，具2齿裂。

**果**：小坚果稍紧包于果囊中，椭圆状倒卵形，长1.2～1.5mm，宽约1mm，浅灰色，具锈色花纹，有光泽。

**物候**：花果期6～8月。

植株（1）　　　植株（2）　　　花序

生境

[分布范围]

产川西、川西北地区。产我国西南、西北、东北等地区。

[生态和生物学特性]

喜生于潮湿处、沼泽草地或草甸，常见于海拔2460～4500m。与库地薹草特征相近，不同之处在于后者的果囊具明显的脉。

[饲用价值]

草质较为柔软，营养丰富，马、牦牛和绵羊均喜采食，属优等牧草。

莎草科薹草属

## 137 亲族薹草 *Carex gentilis* Franch.

**俗名：** 亲族苔草

[ 识别特征 ]

**生活型：** 多年生草本。

**根：** 根状茎丛生。

**茎：** 秆密丛生，高25~70cm，较细，三棱形，平滑。

**叶：** 叶短于秆，宽2~3mm，平展，两面及边缘粗糙，鞘常开裂；苞片下部1~2枚叶状，上部的刚毛状，稍粗糙，鞘长0.5~2cm，膜质部分褐色，稍开裂。

小穗多数，3~6枚生于苞鞘内，下部小穗常分枝，雄花部分短于雌花部分，顶生小穗雄花部分较长，窄长圆形，长0.8~1.2cm，疏生几朵雌花；雌花鳞片宽卵形，长约1mm，膜质，褐色，边缘白色透明，或稍呈啮蚀状。

**果：** 小坚果紧包于果囊中，椭圆形，平凸状，长约1.5mm，淡黄色。

**物候：** 花果期8~10月。

[ 分布范围 ]

主要分布在川西地区。产我国华中、西南、西北等地区。

[ 生态和生物学特性 ]

喜温暖湿润气候，多生于亚热带的山坡草地、路旁、沟谷，也散生于其他植物群落中，一般不是群落中的优势种。

[ 饲用价值 ]

草质较柔嫩，水牛、黄牛喜食。可放牧利用，也可与群落中的禾草一起刈制青贮饲料或调制成干草，为优等牧草。

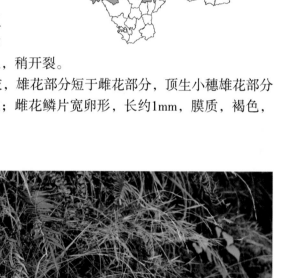

生境

花序（1）　　花序（2）　　花序（3）

川西北草地主要牧草和毒害草图鉴

## 138　红嘴薹草 *Carex haematostoma* Nees

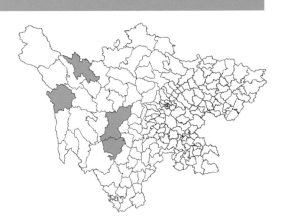

**[识别特征]**

**生活型：** 多年生草本。

**根：** 根状茎短，木质。

**茎：** 秆丛生，高25～70cm，平滑，基部具淡褐色分裂成纤维状的老叶鞘。

**叶：** 叶短于秆，宽1.5～3mm，平张或稍内卷，灰绿色，边缘具细锯齿，先端渐尖。

**花：** 苞片叶状，短于花序，具短鞘。小穗4～8个，上部2～4个雄性，接近，近棒状圆柱形；其余雌性，圆柱形，下部的1～2个远离，有时最下部的1个小穗，分枝成对，花密生；小穗柄长2～8cm，棱具细锯齿。雌花鳞片长圆形，顶端具短尖，暗褐色或暗紫红色，具极狭白色膜质边缘，背面中脉绿色，粗糙或具稀疏的毛。

**果：** 果囊长于鳞片，长圆状椭圆形，扁三棱形上部暗褐色，下部色淡，边缘绿色或色淡，被糙硬毛，膜质；小坚果疏松地包于果囊中，长圆状三棱形，稍扁，长约1.8mm，淡褐色。

**物候：** 花果期7～8月。

**[分布范围]**

产川西地区。产我国西南和西北地区。

生境

花序

**[生态和生物学特性]**

生于海拔2700～4700m的高山灌丛草甸、林边、流石滩下部石缝或山坡水边。具木质短根状茎，6～7月抽穗开花，8～9月种子成熟。

**[饲用价值]**

幼嫩时适口性好，是夏季优良牧草，牛、马喜食，随着进一步生长，草质变粗老，适口性降低。

莎草科薹草属

156

## 139　甘肃薹草 *Carex kansuensis* Nelmes

**[识别特征]**

**生活型：** 多年生草本。

**根：** 根状茎短。

**茎：** 秆丛生，高45～100cm，锐三棱形，坚硬，基部具紫红色无叶片的叶鞘。

**叶：** 叶短于秆，宽5～7mm，平张，边缘粗糙。

**花：** 苞片最下部的短叶状，边缘粗糙，上部的刚毛状，无鞘，短于花序。小穗4～6个，接近，顶生的1个雌雄顺序；其余雌性，雌小穗基部有时具少数雄花，花密生，长圆状圆柱形；小穗柄纤细，下垂；雌花鳞片椭圆状披针形，顶端渐尖，暗紫色，边缘白色狭膜质。

**果：** 果囊近等长于鳞片，压扁，麦秆黄色，有时上部黄褐色或具紫红色斑点，无脉；小坚果疏松地包于果囊中，长圆形或倒卵状长圆形，三棱状，长约2mm。

**物候：** 花果期7～9月。

**[分布范围]**

产川西、川西北地区。产我国西南、西北地区。

**[生态和生物学特性]**

生于海拔3400～4600m的高山灌丛草甸、湖泊岸边、湿润草地。耐寒、喜湿润，适宜生长的土壤为山地草甸土和褐色森林土，常以亚优势种或伴生种形式出现在草地群落中。

**[饲用价值]**

生育前期，草质柔软，牛、马喜食，羊少量采食。随着进一步生长，草质变粗老，秋季牲畜不喜采食，冬季干枯后，又为牲畜所采食，为良等牧草。

| 花序（1） | 花序（2） | 整株 | 根 |

**140  膨囊薹草 *Carex lehmannii* Drejer**

[识别特征]

**生活型：**多年生草本。

**根：**根状茎具匍匐茎。

**茎：**秆高15～70cm，纤细，三棱形，基部具紫棕色叶鞘。

**叶：**叶近等长于秆，叶片线形，宽2～5mm，平张，柔软。

**花：**苞片叶状，长于花序。小穗3～5个，顶生的1个雌雄顺序，长圆形；侧生小穗雌性，卵形或长圆形；小穗柄纤细，最下部的柄长1～4cm，上部的柄渐短。雌花鳞片宽卵形，顶端钝或稍尖，长约1.2mm，暗紫色或中间淡绿色、两侧深棕色，有1～3脉。

**果：**果囊长于鳞片1倍，倒卵形或倒卵状椭圆形，三棱状，膨胀，淡黄绿色，脉明显，顶端具暗紫红色的短喙，喙口微凹或截形。小坚果倒卵形，三棱状；花柱短，柱头3个。

**物候：**花果期7～8月。

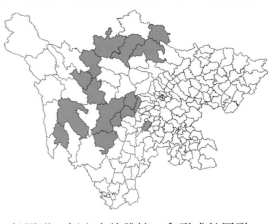

花序

[分布范围]

主要分布于川西地区。产我国西南、西北、华北等地区。

[生态和生物学特性]

生于海拔2800～4100m的山坡、草地、林下、溪边。具匍匐根状茎，喜湿润，在杂类草草地中以优势种或伴生种形式出现。

[饲用价值]

茎叶较为柔软，牛、羊喜采食，为中等牧草。

生境

莎草科薹草属

158

## 141 二柱薹草 *Carex lithophila* **Turcz.**

**[ 识别特征 ]**

**生活型：** 多年生草本。

**根：** 根状茎长而匍匐，近圆柱形，被黑褐色鳞片状鞘。

**茎：** 秆高10~60cm，宽1~2mm，直立，上部粗糙，下部平滑，基部具无叶片的叶鞘。

**叶：** 叶短于秆，宽2~4mm，平张，稍内卷，边缘粗糙，先端渐尖。

**花：** 小穗10~20个，雄小穗披针形，长5~9mm，宽2~3mm；雌小穗宽卵形，长7~10mm，宽5~7mm；穗状花序圆柱形或近圆锥形，长2~5.5cm，宽7~15mm，下部常具间断，上部及下部小穗雌性，中部和中上部雄性，有时小穗为雄雌顺序。雄花鳞片长圆形，先端渐尖，长3.5mm，淡锈色；雌花鳞片卵状披针形或长圆状卵形，顶端锐尖，长约3.5mm，淡锈褐色，边缘白色膜质。

**果：** 小坚果稍松地包于果囊中，椭圆形或长圆状卵形，平凸状，长1.5~1.8mm，淡黄褐色，基部具短柄，顶端近圆形，具小尖头。

**物候：** 花果期5~6月。

**[ 分布范围 ]**

在九寨沟县发现有分布。产我国东北、华北等地区。

**[ 生态和生物学特性 ]**

生于海拔100~700m的沼泽、河岸湿地或草甸。

**[ 饲用价值 ]**

牛、羊采食，属中等牧草。

莎草科薹草属

159

整株　　　　　　　根　　　　　　　花序

生境

## 142 乌拉草 *Carex meyeriana* Kunth

俗名：乌拉薹草

[识别特征]

**生活型：**多年生草本。

**根：**根状茎短，形成踏头。

**茎：**秆紧密丛生，高20～50cm，宽1～1.5mm，纤细，三棱形，坚硬，基部叶鞘无叶片，棕褐色，有光泽，微细裂或呈纤维状。

**叶：**叶短于或近等长于秆，刚毛状，向内对折，质硬，边缘粗糙。

**花：**苞片最下部的刚毛状，无鞘，上部的鳞片状。小穗2～3个，接近，顶生的1个雄性，圆柱形；侧生小穗雌性，球形或卵形，花密生；雄花鳞片黑褐色或淡褐色，顶端钝；雌花鳞片卵状椭圆形，顶端钝，背面中部色淡，具不明显的3条脉，边缘白色狭膜质。

**果：**小坚果紧包于果囊中，倒卵状椭圆形，扁三棱状，褐色，长1.5～2mm，具短柄，顶端圆形。

**物候：**花果期6～7月。

整株　　　　　根　　　　　花序

生境

[分布范围]

产川西北地区。产我国东北地区。

[生态和生物学特性]

多生于沼泽草地。在阿坝藏族羌族自治州多分布于多草丘的积水沼泽草地，返青相比其他苔草晚，且会较快地变粗老。

[饲用价值]

幼嫩时为牦牛、犏牛和马所采食，粗老后适口性下降。秆较坚硬，叶量不多，叶片革质，较粗糙，饲用价值中等。

---

## 143 青藏薹草 *Carex moorcroftii* Falc. ex Boott

**[识别特征]**

**生活型：** 多年生草本。

**根：** 匍匐根状茎粗壮，外被撕裂成纤维状的残存叶鞘。

**茎：** 秆高7~20cm，三棱形，坚硬，基部具褐色分裂成纤维状的叶鞘。

**叶：** 叶短于秆，宽2~4mm，平张，革质，边缘粗糙。

**花：** 苞片刚毛状，无鞘，短于花序。小穗4~5个，密生，仅基部小穗多少离生；顶生的1个小穗雄性，长圆形至圆柱形；侧生小穗雌性，卵形或长圆形；基部小穗具短柄，其余无柄。雌花鳞片卵状披针形，顶端渐尖，紫红色，具宽白色膜质边缘。

**果：** 果囊等长或稍短于鳞片，椭圆状倒卵形，三棱状，革质，黄绿色，上部紫色，脉不明显，顶端急缩成短喙，喙口具2齿。小坚果倒卵形，三棱状，长约2~2.3mm；柱头3个。

**物候：** 花果期7~9月。

**[分布范围]**

产川西、川西北地区。产我国西北地区。

**[生态和生物学特性]**

为根茎密丛型中生草本植物，耐寒性强，生于海拔3400~5700m的高山灌丛草甸、高山草甸、湖边草地或低洼处。

**[饲用价值]**

早春萌发后，马、牛、羊喜食，适口性较好，抽穗后草质变粗，结实后适口性下降，但粗蛋白质含量较高，为优良牧草。

叶　　整株

花序　　生境

莎草科薹草属

161

## 144 木里薹草 *Carex muliensis* Hand-Mazz.

[识别特征]

**生活型：** 多年生草本。

**根：** 根状茎短。

**茎：** 秆高15～65cm，宽1～1.5mm，三棱形，上部粗糙，基部叶鞘无叶片，棕色。

**叶：** 叶短于秆，宽1.5～3mm，平张，边缘粗糙，常反卷。

**花：** 苞片基部的叶状，短于或等长于花序，无鞘，上部的刚毛状或鳞片状。小穗3～5个，接近，顶生的1个雄性，窄圆柱形，侧生的雌性，有的顶端有雄花，圆柱形或长圆形，花密生；小穗柄纤细，长1～3cm。雄花鳞片匙形或窄长圆形，顶端圆形，中脉色淡，近顶端不明显，具窄白色膜质边缘。

**果：** 小坚果稍紧地包于果囊中，倒卵形，长约2mm，栗色，顶端具短喙；花柱基部不膨大，柱头2个。

**物候：** 花果期7～8月。

根

花序

整株

生境

[分布范围]

产川西、川西北地区。产我国西南、西北地区。

[生态和生物学特性]

是川西北草地中广泛分布的一种牧草，也是沼泽和半沼泽土壤中的一种代表性植物。具发达的根茎，生活力很强，通过根茎进行营养繁殖，常连片生长，喜潮湿，多生于沼泽和沼泽草甸及低湿草地。

[饲用价值]

为牦牛、犏牛和马所喜食，春季和初夏是沼泽地的优势种，秋季适口性下降。在高原地区分布较广，但利用季节性强，除放牧利用外，有条件的地方还可刈割制作青贮饲料。

莎草科薹草属

## 145 云雾薹草 *Carex nubigena* D. Don

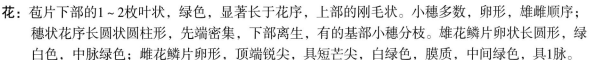

**[识别特征]**

**生活型：** 多年生草本。

**根：** 根状茎短，木质。

**茎：** 秆丛生，高10～70cm，宽约1mm，三棱形，上部粗糙，下部平滑，基部具棕褐色无叶片的叶鞘。

**叶：** 叶短于秆，宽1～2mm，线形，平张或对折，先端渐尖，基部叶鞘腹面膜质部分无皱纹，具紫红色小点。

**花：** 苞片下部的1～2枚叶状，绿色，显著长于花序，上部的刚毛状。小穗多数，卵形，雄雌顺序；穗状花序长圆状圆柱形，先端密集，下部离生，有的基部小穗分枝。雄花鳞片卵状长圆形，绿白色，中脉绿色；雌花鳞片卵形，顶端锐尖，具短芒尖，白绿色，膜质，中间绿色，具1脉。

**果：** 果囊长于鳞片，卵状披针形或长圆状椭圆形，平凸状，膜质，淡绿色，两面具多条细脉，无毛；小坚果紧包于果囊中，宽椭圆形或近圆形，平凸状，长约1.2mm，淡棕色，有光泽。

**物候：** 花果期7～8月。

**[分布范围]**

产川西、川西南地区。产我国西南、西北、华东等地区。

**[生态和生物学特性]**

为根状茎型多年生草本，生于海拔1350～3700m的水边、林缘或山坡路旁。植株较为矮小，但再生能力强、耐牧，在群落中一般以亚优势种和伴生种出现。

**[饲用价值]**

全株无刚毛、刺毛，叶片多且柔嫩，茎秆纤细柔软，有较高的粗蛋白质含量，营养价值较高，地上全株牛、羊、马均喜食。

植株　　　　　花序

生境

## 146 帕米尔薹草 *Carex pamirensis* C. B. Clarke ex B. Fedtsch.

[识别特征]

**生活型：**多年生草本。

**根：**根状茎具较粗的地下匍匐茎。

**茎：**秆高60~90cm，三棱形，粗壮，坚挺，下部平滑，上部粗糙，基部具红棕色无叶片的叶鞘。

**叶：**叶近等长于秆，宽5~10mm，平张，基部常折合，脉间具小横隔节，边缘和脉粗糙。

**花：**苞片叶状，长于小穗，无苞鞘或仅下面的具短鞘。小穗4~5个，上端的1~3个为雄小穗，间距短，雄小穗棍棒形或狭圆柱形，近无柄；其余为雌小穗，间距较长，长圆形或短圆柱形，密生多数花，具短柄。雄花鳞片卵状披针形，顶端钝，红褐色，具1条中脉；雌花鳞片披针形或狭披针形，顶端稍急尖，膜质，红褐色，具1条中脉。

**果：**小坚果宽卵形，三棱状，长约2mm，基部具短柄；花柱细长，基部扭曲，柱头3个，短。

**物候：**花果期7~8月。

[分布范围]

产川西北地区。产我国西南、西北、华东等地区。

[生态和生物学特性]

生于海拔2400~3700m的高山河边、高山沼泽地、湖边、浅水中、湿草甸和水边，生长期较短，一般5~6月返青，8月中旬种子成熟。茎秆坚挺粗壮，叶量较多，但较粗糙。

[饲用价值]

幼嫩时牛、马采食，花果期后，适口性因叶、茎变粗老而下降，饲用价值中等。

整株　　　　　　根　　　　　　花序

生境

## 147 小薹草 *Carex parva* Nees

[识别特征]

生活型：多年生草本。

根：根状茎较粗壮，常延伸较长。

茎：秆疏丛生，高10~35cm，稍柔软而常压扁，平滑，基部具褐色无叶片的叶鞘，老叶鞘不细裂呈纤维状，秆的下部具1叶。

叶：秆生叶甚短于秆，平张或内卷，宽1~1.2mm，平滑。

花：小穗1个，顶生，长圆形，多少呈两侧压扁，雄雌顺序（极个别全为雄性）；雄花部分具多数花，长于雌花部分，雌花部分具2~4（6）朵花。雄花鳞片长圆状披针形至披针形，深褐色至棕色，具3条脉；雌花鳞片长圆状披针形，先端锐尖至略钝，深褐色至棕色，中间具3条脉，早脱落，基部2片的中脉延伸成短尖至短芒，芒长可达7mm。

果：果囊披针状菱形，横切面近半圆形，厚纸质，具多条细脉；小坚果短圆柱形，三棱状，具长约1.5mm而埋于果囊海绵质中的短柄。

物候：果期5~8月。

根　　　　花序

[分布范围]

产川西、川西南地区。产我国西南、西北地区。

[生态和生物学特性]

生于海拔2300~4400m的林缘、山坡、沼泽及河滩湿地。

[饲用价值]

牛、羊采食，属中等牧草。

生境

莎草科薹草属

165

**148　多雄薹草** *Carex polymascula* P. C. Li

莎草科薹草属

166

**[识别特征]**

**生活型：**多年生草本。

**根：**根状茎具匍匐茎。

**茎：**秆高60～70cm，稍坚硬，上部粗糙，基部具褐色的叶鞘。

**叶：**叶短于秆，宽3～4mm，平张，稍柔软。

**花：**苞片下部的近叶状，无鞘，上部的鳞片状。小穗5～7个，稍接近，最下部的一个远离，棒状圆柱形，密花，下垂，上部的3～4个雄性（少有基部有少数雌花），其余的小穗雌性，通常顶端具少数的雄花或最下部的几乎全为雌花；小穗柄下部的长，纤细，具密的乳头状突起，上部的柄较短。雌花鳞片长圆状披针形，具短尖，暗紫色或褐色，具白色膜质边缘，背面中脉绿色。

**果：**果囊近圆形或宽卵形，扁三棱状，淡棕色，具紫色斑点，无毛，无脉；小坚果疏松地包于果囊中，椭圆形，基部具短柄。

**物候：**花果期7～8月。

**[分布范围]**

为四川特有种，主要分布于川西地区。

**[生态和生物学特性]**

生于海拔3700～4200m的冷杉林下及高山灌丛草甸。具匍匐根状茎，根系发达，生活力强。

**[饲用价值]**

青绿时草质柔软，耐践踏、耐牧，马、牛、羊喜食，抽穗后，草质变粗，适口性下降，家畜少量采食，是夏季牧场的重要牧草。

叶

根

花序

生境

## 149　红棕薹草 *Carex przewalskii* Eqorova

[ 识别特征 ]

生活型：多年生草本。

根：根状茎短，匍匐。

茎：秆丛生，高15~45cm，直立，三棱形，基部具褐色分裂成纤维状的老叶鞘。

叶：叶短于或等长于秆，宽2~3mm，平张，顶端长渐尖。

花：苞片最下部的1枚短叶状，短于花序，具鞘，鞘长4~10mm。小穗3~7个，接近，上部的1~5个雄性，圆柱形，长7~20mm；其余雌性，顶端有时具雄花，长圆形或卵状椭圆形，花密生；小穗具短柄。雌花鳞片长圆状卵形或长圆状披针形，红棕色，边缘白色狭膜质，顶端急尖。

果：果囊椭圆状卵形或卵状膜质，上部红棕色，下部淡黄色，具树脂状小突起或小刺状粗糙；小坚果疏松地包于果囊中，椭圆形或宽卵形，扁三棱状，长约2mm。

物候：花果期6~9月。

整株　　　　　　　　花序

[ 分布范围 ]

产川西、川西北地区。主要产我国西北地区。

[ 生态和生物学特性 ]

生于海拔2500~4500m的高山草甸、亚高山灌丛和河滩草地。

[ 饲用价值 ]

幼嫩时茎叶较柔软，牛、羊喜采食，为中等牧草。

生境

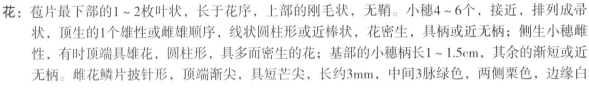

## 150　点囊薹草 *Carex rubrobrunnea* C. B. Clarke

莎草科薹草属

**[识别特征]**

**生活型：** 多年生草本。

**根：** 根状茎短。

**茎：** 秆丛生，高20~60cm，三棱形，稍坚挺，平滑，上部稍粗糙，基部具褐色呈网状分裂的老叶鞘。

**叶：** 叶长于秆，宽3~4mm，平张，革质，边缘粗糙。

**花：** 苞片最下部的1~2枚叶状，长于花序，上部的刚毛状，无鞘。小穗4~6个，接近，排列成帚状，顶生的1个雄性或雌雄顺序，线状圆柱形或近棒状，花密生，具柄或近无柄；侧生小穗雌性，有时顶端具雄花，圆柱形，具多而密生的花；基部的小穗柄长1~1.5cm，其余的渐短或近无柄。雌花鳞片披针形，顶端渐尖，具短芒尖，长约3mm，中间3脉绿色，两侧栗色，边缘白色狭膜质。

**果：** 果囊长圆形或长圆状披针形，平凸状，长约2.5mm，黄绿色，密生锈色树脂状的点线；小坚果紧包于果囊中，宽倒卵形，长约1.5mm。

**物候：** 花果期6月。

根

花序

生境

**[分布范围]**

产川西南地区。产我国西北、华东等地区。

**[生态和生物学特性]**

生于海拔2300~3900m的山坡草地、林下沟边潮湿处，具根状茎，随着进一步生长，茎叶变粗老。种子在6~7月成熟。

**[饲用价值]**

抽穗前，适口性好，牛、马、羊均喜食，为优等牧草。

168

## 151 川滇薹草 *Carex schneideri* Nelmes

**[识别特征]**

**生活型：**多年生草本。

**根：**根状茎短。

**茎：**秆丛生，高60～90cm，锐三棱形，下部平滑，上部粗糙，基部具紫褐色分裂成网状的叶鞘。

**叶：**叶短于秆，宽2～4mm，平张，边缘粗糙，顶端渐尖。

**花：**苞片叶状，基部1枚长于花序，无鞘。小穗4～5个，接近，顶生的1个雌雄顺序，长圆状圆柱形；侧生小穗雌性，长圆状圆柱形至圆柱形；小穗柄纤细，最下部的1枚长2～4cm，稀长达15cm，向上渐短。雌花鳞片披针形，顶端渐尖，暗紫红色，背面具1条脉。

**果：**果囊椭圆状披针形，三棱状，黄绿色，微肿胀，脉明显；小坚果疏松地包于果囊中，长圆形，三棱状，长2mm。

**物候：**花果期7～8月。

**[分布范围]**

产川西北到川西南地区。产我国西北、东北等地区。

**[生态和生物学特性]**

生于海拔2900～4100m的高山草坡和砾石山坡、灌丛下，是高山草地的优势伴生种。

**[饲用价值]**

幼嫩时茎叶较为柔软，牛、马喜食，耐牧性强，是青藏高原地区夏秋季的优良牧草。

叶　　　　　　整株　　　　　　　　花序

生境

莎草科薹草属

**169**

## 152 紫喙薹草 *Carex serreana* Hand.-Mazz.

莎草科薹草属

170

**[ 识别特征 ]**

**生活型：**多年生草本。

**根：**根状茎短。

**茎：**秆丛生，高25～60cm，三棱形，纤细，平滑，基部具紫褐色叶鞘。

**叶：**叶短于秆，宽2～3mm，柔软。

**花：**苞片刚毛状，无鞘。小穗2～3个，接近，顶生的1个雌雄顺序，卵形或长圆形，长8～10mm；侧生小穗雌性，卵形或长圆形，长5～10mm。雌花鳞片卵形或卵状披针形，顶端尖或钝，长2～2.2mm，暗紫红色，具狭白色膜质边缘，背面具3条脉。

**果：**果囊长于鳞片，倒披针形或窄椭圆状披针形，三棱状，长3～3.5mm，宽约1mm，不膨胀，黄绿色或淡褐色；小坚果长圆形，三棱状，长约2mm。

**物候：**花果期7～8月。

**[ 分布范围 ]**

在阿坝县发现有分布。产我国西北、华北地区。

**[ 生态和生物学特性 ]**

生于林下或潮湿处。

**[ 饲用价值 ]**

嫩叶可制作成牧草饲料。

花序

整株

生境

## 153 云南薹草 *Carex yunnanensis* Franch.

莎草科薹草属

[识别特征]

**生活型：**多年生密丛草本。

**根：**根状茎短，无地下匍匐茎。

**茎：**秆密丛生，高20~50（85）cm，纤细，扁三棱
形，平滑。

**叶：**基部具少数无叶片的鞘和多数基生叶。

**花：**小穗3~4个，顶生小穗为雄小穗，有时顶端或
基部具雌花；其余均为雌小穗，雌小穗单生于
苞片鞘内，长圆状圆柱形或长圆形，长（8）15~20（30）mm，具多数密生的花，小穗柄纤细
且长。

**果：**小坚果长圆状倒卵形或倒卵形，三棱状，长约1.5mm，淡黄色，具柄。

**物候：**花果期5~6月。

[分布范围]

产川西地区。产我国西南地区。

[生态和生物学特性]

生于海拔1500~3000m的山坡、路边、溪边。

[饲用价值]

牛、羊采食，属中等牧草。

生境

花序

## 154　单鳞苞荸荠 *Eleocharis uniglumis* (Link) Schultes

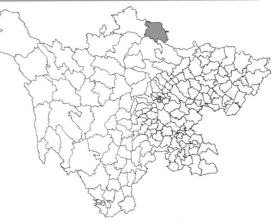

**［识别特征］**

**生活型：**多年生草本。

**根：**根状茎匍匐。

**茎：**秆单生或丛生，高10~15cm，细弱。

**叶：**基部具2~3个叶鞘，鞘长1~4cm，上部黄绿色，下部血红色，鞘口平截或微斜。

**花：**小穗窄卵形、卵形或长圆形，长3~8mm，宽1.5~3mm，具4朵至10余朵花，基部1枚鳞片无花，抱小穗基部一周；其余鳞片全有花，鳞片松散螺旋状排列，长圆状披针形，先端钝，长4mm，膜质，背部中间淡褐色，两侧血紫色，具干膜质边缘，具中脉。

**果：**小坚果顶端缢缩部分为下延花柱基所掩盖，倒卵形或宽倒卵形，双凸状或近钝三棱状，长1.4~1.7mm。

**物候：**花果期4~6月。

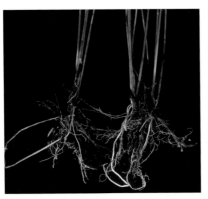

根

花序

**［分布范围］**

　　在九寨沟县发现有分布。产我国西南、西北等地区。

**［生态和生物学特性］**

　　生于湖岸、沼泽、草地、浅水边。

生境

**［饲用价值］**

　　牛、羊采食，属良等牧草。

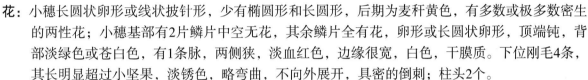

**155 具刚毛荸荠** *Eleocharis valleculosa* var. *setosa* Ohwi

[识别特征]

**生活型:** 多年生草本。

**根:** 有匍匐根状茎。

**茎:** 秆多数或少数,一单生或丛生,圆柱状,干后略扁,高6~50cm,直径1~3mm,有少数锐肋条。

**叶:** 叶缺如,秆的基部有1~2个长叶鞘,鞘膜质,鞘的下部紫红色,鞘口平,高3~10cm。

**花:** 小穗长圆状卵形或线状披针形,少有椭圆形和长圆形,后期为麦秆黄色,有多数或极多数密生的两性花;小穗基部有2片鳞片中空无花,其余鳞片全有花,卵形或长圆状卵形,顶端钝,背部淡绿色或苍白色,有1条脉,两侧狭,淡血红色,边缘很宽,白色,干膜质。下位刚毛4条,其长明显超过小坚果,淡锈色,略弯曲,不向外展开,具密的倒刺;柱头2个。

**果:** 小坚果圆倒卵形,双凸状,长1mm,宽大致相同,淡黄色。

**物候:** 花果期6~8月。

[分布范围]

主要分布在川西北地区。全国几乎都有分布。

整株　　　　　　　根　　　　　　　花序

[生态和生物学特性]

为小型水生草本植物,可进行有性繁殖和无性繁殖,生育期185天左右。根状茎发达,节间疏散,盘根错节,再生能力强。形成的群落结果单一,群落常见伴生种多为水生和湿生植物。

[饲用价值]

无叶片,主要饲用部位是茎秆和叶鞘,全株无特殊气味,质地较为粗糙,适口性较差,出穗后纤维含量增加,多数大型牲畜采食率降低,为中等饲用植物。

生境

## 156 细秆羊胡子草 *Eriophorum gracile* Koch

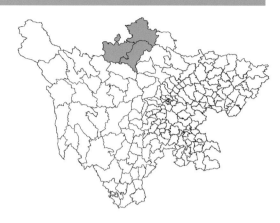

[ 识别特征 ]

**生活型：** 多年生草本。

**根：** 具细长的匍匐根状茎。

**茎：** 秆细弱，散生，圆柱状，上部钝三角形，光滑，高约50cm。

**叶：** 基生叶线形，扁三棱形，顶端纯，宽1mm；秆生叶1～2枚，长1～5.3cm；鞘褐色，几不膨大。

**花：** 苞片1～2枚，直立或斜立，下部鞘状，暗绿色，上部扁三棱形，顶端钝；长侧枝聚伞花序简单，有3～4个小穗；小穗在花初开时为长圆状披针形，花盛开时为倒卵形，小穗柄长短不一，被黄色绒毛；鳞片卵状披针形或长圆状披针形，顶端钝，暗绿色，中肋明显，脉多数；下位刚毛极多数，长2cm。

**果：** 小坚果长圆形，扁三棱状，基部以上稍狭窄，黄褐色，长3mm或更长。

**物候：** 花果期6～7月。

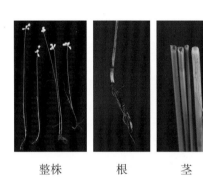

整株　　　根　　　茎　　　花序

[ 分布范围 ]

主要分布在川西北地区。产我国西北、东北等地区。

[ 生态和生物学特性 ]

多生于路边水中、沼泽草地，常连片生长或以伴生种形式出现。

[ 饲用价值 ]

马、牛、羊喜采食，为良等牧草。

生境

## 157　细莞 *Isolepis setacea* (L.) R. Brown

俗名：细秆蔍草

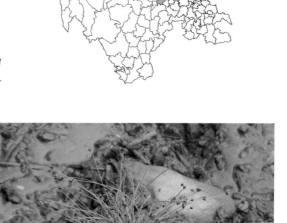

[ 识别特征 ]

**生活型**：矮小丛生草本。

**根**：具匍匐根状茎，须根细而密。

**茎**：秆丛生，高3～12cm，径约0.5mm，圆柱状，无节。

**叶**：叶基生，线状，常短于秆，宽约0.5mm，有时为三角形，或仅有叶鞘；苞片1～2枚，卵状披针形，先端有长芒或具短尖，基部两侧暗紫红色，长0.3～1（1.2）cm。

**花**：头状花序假侧生，小穗单生或2～3个簇生秆顶端，卵形，长2.5～4mm，多花；鳞片卵形或近椭圆形，长1.5mm，绿色，两侧暗紫红色或紫红色。

**果**：小坚果宽倒卵形或近圆形，平凸状或近三棱状，长0.7mm，淡棕色，具多数纵肋和细密平行横纹。

**物候**：花期7～8月，果期8～9月。

生境（1）

[ 分布范围 ]

　　主要分布在川西北地区。产我国西北、西南等地区。

[ 生态和生物学特性 ]

　　生于海拔2800～3400m的岩石上。

[ 饲用价值 ]

　　属中等牧草。

生境（2）

莎草科细莞属

175

## 158　密穗嵩草 *Kobresia condensata* (Kukenthal) S. R. Zhang & Noltie

[识别特征]

**生活型：** 多年生草本。

**根：** 根状茎短。

**茎：** 秆密丛生，直立，质硬，钝三角形，高
14～44cm，纤细。

**叶：** 基生叶短于秆，叶片硬直，丝状，截面"V"字
形，宽0.5～1mm。

**花：** 花序为密圆锥花序，棕色，广披针形，长
2～4cm，宽0.6～1cm；分枝短，稍倾斜；颖棕色，具明显的绿色中脉，长椭圆形，薄纸质。

**果：** 小坚果奶油状，椭圆形，长3～3.5mm，宽1.1～1.7mm，极短具柄。

**物候：** 花果期6～7月。

[分布范围]

产川西地区。产我国西南地区。

[生态和生物学特性]

生于河床、有灌丛的河流阶地和湿草甸、针阔混交林中的开
阔地带等。

[饲用价值]

为草原上优良牧草。

根

莎草科嵩草属

176

生境

花序

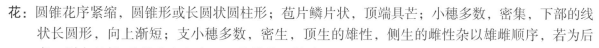

## 159  甘肃嵩草 *Kobresia kansuensis* Kukenth.

[识别特征]

**生活型**：多年生草本。

**根**：根状茎丛生。

**茎**：秆密丛生，坚挺，高30～90cm，粗3～4mm，三棱形，无毛，基部的宿存叶鞘黑褐色、密集、有光泽、不分裂。

**叶**：叶短于秆，平张，宽6～10mm，平滑，仅边缘稍粗糙。

**花**：圆锥花序紧缩，圆锥形或长圆状圆柱形；苞片鳞片状，顶端具芒；小穗多数，密集，下部的线状长圆形，向上渐短；支小穗多数，密生，顶生的雄性，侧生的雌性杂以雄雌顺序，若为后者，则在基部1朵雌花之上有1～3朵雄花。鳞片长圆状披针形，顶端渐尖，有短尖或无短尖，纸质，两侧黑褐色或暗褐色，稍有光泽，有狭白色膜质边缘，中脉绿色。先出叶狭长圆形，纸质，下部黄白色，上部黑褐色或暗褐色，腹面边缘为白色宽膜质，分离几达基部，背面具粗糙的2脊，脊间无明显的脉。

**果**：小坚果狭长圆形，三棱状，长3～5mm，成熟时灰褐色，基部具短柄。

**物候**：花果期5～9月。

整株　　　　　　　根

[分布范围]

产川西北、川西、川西南等地区。产我国西南、西北地区。

[生态和生物学特性]

多生于海拔2800～4750m的高山草甸、亚高山草甸、亚高山灌丛草甸、高原宽谷与阶地和山原、山脊部分季半沼泽草甸，且通常以伴生种形式出现在群落中。生育期较短，一般6～9月为生长期，9月后开始枯黄，全生育期为80～90天。

花序　　　　　　生境

[饲用价值]

适口性较好，各种家畜都喜食，饲喂马、黄牛、牦牛等大型家畜最好。抽穗后，茎秆变硬，不宜饲喂绵羊、山羊。

莎草科嵩草属

177

## 160 高原嵩草 *Kobresia pusilla* Ivanova

**俗名：** 大青山嵩草、贺兰山嵩草

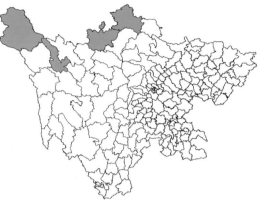

**[识别特征]**

**生活型：** 多年生草本。

**根：** 根状茎短。

**茎：** 秆密丛生，矮小，高2～12cm，粗约1mm，稍坚挺，钝三棱形，基部具褐色的宿存叶鞘。

**叶：** 叶短于秆，对折，腹面具沟或上部扁平，宽1～1.5（2）mm，稍坚挺，边缘微粗糙。

**花：** 穗状花序椭圆形或长圆形；支小穗少数，密生，顶生的雄性，侧生的雄雌顺序，在基部雌花之上有3～4朵雄花。鳞片卵形、长圆形或披针形，顶端钝或锐尖，纸质，两侧褐色或淡褐色，有或宽或狭白色膜质边缘，中间绿色，有3条脉，基部1枚鳞片顶端具短芒。

**果：** 小坚果倒卵形或长圆形，双凸状或平凸状，长2～2.5mm，基部几无柄，顶端具短喙，成熟时暗灰褐色，有光泽。

**物候：** 花果期5～10月。

整株

花序

**[分布范围]**

主要分布在川西北地区。产我国西北、华北等地区。

**[生态和生物学特性]**

生于高山草甸或沼泽草甸。根系较发达，具根状茎，生活力强，在海拔3200～5300m的高寒地区生长良好，是该地区重要的夏秋季放牧饲草之一。

**[饲用价值]**

植株较为矮小，但茎叶茂盛柔软，无特殊气味，有较高的营养价值，适口性好，马、牛、羊喜食，在青藏高原上是夏秋季的主要放牧饲草。

生境

莎草科嵩草属

178

## 161 高山嵩草 *Kobresia pygmaea* (C. B. Clarke) C. B. Clarke

**俗名：** 新都嵩草、小嵩草

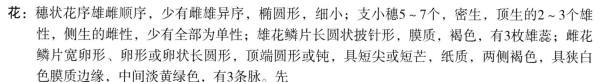

[ 识别特征 ]

**生活型：** 多年生垫状草本。

**根：** 根系发达，密丛生。

**茎：** 秆高1～3.5cm，圆柱形，有细棱，无毛，基部具密集的褐色宿存叶鞘。

**叶：** 叶与秆近等长，线形，宽约0.5mm，坚挺，腹面具沟，边缘粗糙。

**花：** 穗状花序雄雌顺序，少有雌雄异序，椭圆形，细小；支小穗5～7个，密生，顶生的2～3个雄性，侧生的雌性，少有全部为单性；雄花鳞片长圆状披针形，膜质，褐色，有3枚雄蕊；雌花鳞片宽卵形、卵形或卵状长圆形，顶端圆形或钝，具短尖或短芒，纸质，两侧褐色，具狭白色膜质边缘，中间淡黄绿色，有3条脉。先出叶椭圆形，膜质，褐色，顶端带白色，钝，在腹面，边缘分离达基部，背面具粗糙的2脊。

**果：** 小坚果椭圆形或倒卵状椭圆形，扁三棱状，长1.5～2mm，成熟时暗褐色，无光泽。

**物候：** 花果期6～8月。

整株     花序

[ 分布范围 ]

  产川西、川西北等地区。产我国西南、西北等地区。

[ 生态和生物学特性 ]

  为根茎密丛型多年生草本，生活力很强，耐低温，在川西地区多分布于海拔3800～4500m的高原地带，常以群落优势建群种或伴生种形式存在，一般5月上旬返青，生长期约5个月。

生境

[ 饲用价值 ]

  牦牛、藏绵羊和藏马最喜食，其他家畜喜食，营养价值较高，是高原上重要的牧草。

## 162 粗壮嵩草 *Kobresia robusta* Maximowicz

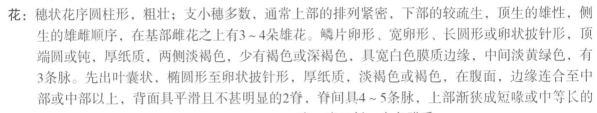

**[识别特征]**

**生活型：** 多年生草本。

**根：** 根状茎短。

**茎：** 秆密丛生，粗壮，坚挺，高15～30cm，粗2～3mm，圆柱形，光滑，基部具淡褐色的宿存叶鞘。

**叶：** 叶短于秆，对折，宽1～2mm，质硬，腹面有沟，平滑，边缘粗糙。

**花：** 穗状花序圆柱形，粗壮；支小穗多数，通常上部的排列紧密，下部的较疏生，顶生的雄性，侧生的雄雌顺序，在基部雌花之上有3～4朵雄花。鳞片卵形、宽卵形、长圆形或卵状披针形，顶端圆或钝，厚纸质，两侧淡褐色，少有褐色或深褐色，具宽白色膜质边缘，中间淡黄绿色，有3条脉。先出叶囊状，椭圆形至卵状披针形，厚纸质，淡褐色或褐色，在腹面，边缘连合至中部或中部以上，背面具平滑且不甚明显的2脊，脊间具4～5条脉，上部渐狭成短喙或中等长的喙，喙口斜，白色膜质。

**果：** 小坚果椭圆形或长圆形，三棱状，棱面平或凹，长4～7mm，成熟时黄绿色，基部具短柄，顶端无喙。

**物候：** 花果期5～9月。

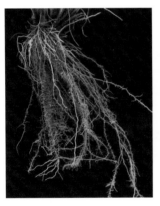

根

花序

**[分布范围]**

主要分布于川西北地区。产我国西南、西北地区。

**[生态和生物学特性]**

生于海拔2900～5300m的高山灌丛草甸、沙丘或河滩沙地。可与其他一些嵩草属植物构成具有代表性的高山草甸草地，且草层低，叶片细小，生长茂盛。

**[饲用价值]**

是嵩草属中较耐旱的一种植物，草质较粗糙，但蛋白质和粗脂肪含量较高，牦牛、犏牛和马四季均采食，是高寒地区重要的牧草之一。

生境

莎草科嵩草属

180

## 163　喜马拉雅嵩草 *Kobresia royleana* (Nees) Bocklr.

俗名：细果嵩草

**[ 识别特征 ]**

**生活型：**多年生草本。

**根：**根状茎短或稍延长。

**茎：**秆密丛生或疏丛生，稍坚挺，高6～35cm，粗1.5～2mm，下部圆柱形，上部钝三棱形，光滑，基部的宿存叶鞘深褐色，稀疏，通常不形成密丛。

**叶：**叶短于秆，平张，宽2～4mm，无毛，边缘稍粗糙。

**花：**圆锥花序紧缩成穗状，卵形、卵状长圆形或椭圆形，偶见圆柱形；苞片鳞片状，仅基部的1枚顶端具短芒；小穗10余个，密生，长圆形；支小穗多数，顶生的数个雄性，侧生的雄雌顺序，在基部1朵雌花之上有1～3朵雄花；鳞片卵状长圆形或长圆状披针形，长3～4mm，顶端渐尖或钝，纸质，两侧淡褐色、褐色或深褐色，具宽白色膜质边缘，中间绿色，有3条脉。

**果：**小坚果长圆形或倒卵状长圆形，三棱状，长2.5～3.5mm，成熟时淡灰褐色，有光泽。

**物候：**花果期7～8月。

**[ 分布范围 ]**

产川西、川西北地区。产我国西北、西南等地区。

**[ 生态和生物学特性 ]**

生于藏高原上海拔3100～5200m的高山、亚高山草地草甸和漫滩草甸、沼泽草甸等潮湿的草地中，生长期较短，一般5月中下旬返青，8月中旬种子成熟。具有较强的生态适应性，尤其适应青藏高原寒冷湿润的气候。

花序

生境

**[ 饲用价值 ]**

叶量较多，茎叶柔软，耐牧性强，具有较高的营养价值，适口性好，各类牲畜均喜食，饲喂马、牛最好，是青藏高原地区夏秋季的优良牧草。以喜马拉雅嵩草为主的草地是青藏高原地区的主要放牧草地之一。

莎草科嵩草属

181

## 164 岷山嵩草
*Kobresia royleana* subsp. *minshanica* (F. T. Wang & T. Tang ex Y. C. Yang) S. R. Zhang

俗名：门源嵩草

**莎草科嵩草属**

**182**

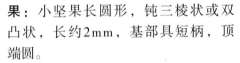

### [识别特征]

**生活型：** 多年生草本。

**根：** 根状茎短。

**茎：** 秆密丛生，高40~60cm，纤细，粗约1mm，钝三棱形。

**叶：** 叶短于秆，平张，宽1~1.5mm，边缘和脉粗糙，基部具暗褐色的宿存叶鞘。

**花：** 穗状圆锥花序短圆柱形，有3~6个支花序，下部的1个支花序疏远并有分枝，其余的彼此靠近，无分枝；苞片鳞片状，长圆形，顶端渐尖，有芒；小穗卵形，两性，雄雌顺序，含少数支小穗；支小穗单性，顶生的2枚雄性，其余雌性。雌花鳞片卵状长圆形，顶端渐尖，膜质，褐色，具1条中脉。先出叶稍短于鳞片，长圆形，膜质，背面有粗糙的2脊，腹面边缘分离至基部。

**果：** 小坚果长圆形，钝三棱状或双凸状，长约2mm，基部具短柄，顶端圆。

**物候：** 花果期6~8月。

整株

根

花序

### [分布范围]

主要分布在川西北地区。主要产我国西北地区。

### [生态和生物学特性]

生于高山灌丛草甸，具根状茎，在高山灌丛草甸中以亚优势种或伴生种的形式存在。

### [饲用价值]

叶量较多，茎叶较柔软，具有较高的营养价值，适口性好，各类牲畜均喜食，是青藏高原山草甸区域夏秋季牧场主要的优良牧草之一。

生境

## 165 赤箭嵩草 *Kobresia schoenoides* (C. A. Meyer) Steudel

**俗名**：粉绿嵩草、藏西嵩草、湖滨嵩草、玛曲嵩草

[识别特征]

**生活型**：多年生草本。

**根**：根状茎短。

**茎**：秆密丛生，坚挺，高15~60cm，钝三棱形，基部具褐色的宿存叶鞘。

**叶**：叶短于秆或长于秆，边缘内卷成线形，稍坚挺，宽0.6~1mm。

**花**：圆锥花序紧缩成穗状，长圆形，长1~2.5cm，宽6~8mm；小穗8~10个，长圆形，长5~8mm，通常下部的2~3个有分枝；支小穗稍密生，顶生的雄性，具少数花，侧生的3~5个雄雌顺序，在基部1朵雌花之上有2~3朵雄花。鳞片长圆形，长3~4mm，顶端钝，膜质，两侧栗褐色，有宽白色薄膜质边缘，中间淡黄褐色，有1~3条脉。

**果**：小坚果长圆形或倒卵状长圆形，扁三棱状，长2.5~3mm，成熟后褐色。

**物候**：花果期5~9月。

根

花序

[分布范围]

产川西地区。产我国西南、西北等地区。

[生态和生物学特性]

生于灌木丛中的沼泽地、莎草沼泽地、溪边、阴凉处。

生境

莎草科嵩草属

**183**

## 166 四川嵩草 *Kobresia setschwanensis* Handel-Mazzetti

俗名：松林嵩草、长芒嵩草

[识别特征]

**生活型：**多年生草本。

**根：**根状茎短。

**茎：**秆密丛生，直立，纤细，高20～40cm，粗约1mm，三棱形，具细条棱，无毛，基部具稀少的长约2cm的淡褐色无光泽宿存叶鞘。

**叶：**叶短于秆，稍坚挺，线形，宽0.5～0.7mm，边缘内卷，粗糙，上面具沟。

**花：**穗状花序线状圆柱形，支小穗多数，下部的疏生或基部的1个疏远，上部的较密，顶端的2～3个雄性，侧生的雌性或有少数为雄雌顺序，即在雌花之上有1～2朵雄花。雄花鳞片披针形，褐色，具3枚雄蕊；雌花鳞片卵状披针形或披针形，顶端渐尖，具短尖，但生于花序下部者具长芒，芒长4～5mm，最长可达1cm，粗糙，纸质，两侧褐色，边缘白色膜质，中间黄绿色，具3条脉。先出叶椭圆形，膜质，黄绿色带褐色，背部具微粗糙的2脊，腹面边缘分离，仅基部连合，顶端钝或渐尖。

**果：**小坚果椭圆形，扁三棱状，成熟时黄色，顶端收缩成短喙。

**物候：**花果期5～9月。

整株

根

花序

生境

[分布范围]

川西三州均有分布。产我国西南地区。

[生态和生物学特性]

分布于海拔3400～4200m，可形成莎草亚高山草甸，草甸群落低矮，层次不明显，但品质较好。

[饲用价值]

在主要分布区分布密度大，草丛繁茂，草质柔嫩，适口性好，营养价值高，各类家畜均喜食，是亚高山草甸中较好的牧草之一。

莎草科嵩草属

## 167 西藏嵩草 *Kobresia tibetica* Maximowicz

俗名：藏嵩草

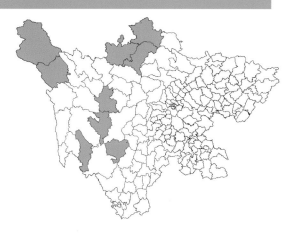

[ 识别特征 ]

**生活型：**多年生草本。

**根：**根状茎短。

**茎：**秆密丛生，纤细，高20~50cm，粗1~1.5mm，稍坚挺，钝三棱形，基部具褐色至褐棕色的宿存叶鞘。

**叶：**叶短于秆，丝状，柔软，宽不及1mm，腹面具沟。

**花：**穗状花序椭圆形或长圆形；支小穗多数，密生，顶生的雄性，侧生的雄雌顺序，在基部雌花之上有3~4朵雄花。鳞片长圆形或长圆状披针形，顶端圆形或钝，无短尖，膜质，背部淡褐色、褐色或栗褐色，两侧及上部均为白色透明薄膜质，具1条中脉。先出叶长圆形或卵状长圆形，膜质，淡褐色，在腹面边缘分离几至基部，背面无脊、无脉，顶端截形或微凹。

**果：**小坚果椭圆形、长圆形或倒卵状长圆形，扁三棱状，长2.3~3mm，成熟时暗灰色，有光泽。

**物候：**花果期5~8月。

整株　　　　　　　花序

[ 分布范围 ]

产川西、川西北地区。产我国西南、西北等地区。

**185**

[ 生态和生物学特性 ]

生于青藏高原上海拔3300~4600m的高山草甸，根系发达，生活力强，在0℃左右气温条件下生长良好。5月中下旬返青，6月中下旬孕穗，8月中旬种子成熟，全生育期100~120天。

[ 饲用价值 ]

营养枝多，茎叶茂盛，营养价值较高，富含粗蛋白质，耐牧、耐践踏、耐啃食、耐寒、耐风雪。返青较早，牦牛、犏牛在夏秋季常采食，为优良饲用牧草。

生境

## 168　红鳞扁莎 *Pycreus sanguinolentus* (Vahl) Nees

**俗名**：黑扁莎、矮红鳞扁莎

**莎草科扁莎属**

**186**

[识别特征]

**生活型**：一年生草本。

**根**：根为须根。

**茎**：秆密丛生，高7~40cm，扁三棱形，平滑。

**叶**：叶稍多，常短于秆，少有长于秆，宽2~4mm，平张，边缘具白色透明的细刺。

**花**：苞片3~4枚，叶状，近平向展开，长于花序；简
单长侧枝聚伞花序具3~5个辐射枝；辐射枝有时极短，花序近似头状，有时可长达4.5cm，由4~12个或更多的小穗密聚成短的穗状花序；小穗辐射式展开，长圆形、线状长圆形或长圆状披针形，具6~24朵小花；小穗轴直，四棱形，无翅；鳞片稍疏松地呈复瓦状排列，膜质，卵形，顶端钝，背面中间部分黄绿色，具3~5条脉，两侧具较宽的槽，麦秆黄色或褐黄色，边缘暗血红色或暗褐红色。

**果**：小坚果宽倒卵形或长圆状倒卵形，双凸状，稍肿胀，长为鳞片的1/2~3/5，成熟时黑色。

**物候**：花果期7~12月。

[分布范围]

产川西、川西南地区。分布很广，几乎遍布全国。

[生态和生物学特性]

生于海拔1200~3400m的山谷、田边、河旁向阳潮湿处和浅水处。

[饲用价值]

抽穗前适口性好，牛、马、羊喜食，为良等牧草。

花序　　　　　　　　整株　　　　　　　　生境

## 169 双柱头针蔺 *Trichophorum distigmaticum* (Kukenthal) T. V. Egorova

俗名：双柱头蔍草

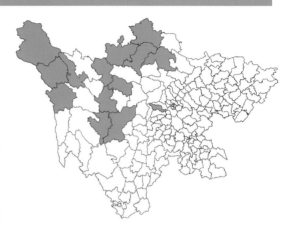

**[识别特征]**

**生活型**：多年生矮小草本。

**根**：具细长匍匐根状茎。

**茎**：秆纤细，高10~25cm，近圆柱状，平滑，无秆生叶，具基生叶。

**叶**：叶片刚毛状，最长可达18mm；叶鞘长于叶片，最长可达25mm，棕色，最下部2~3个仅有叶鞘而无叶片。

**花**：花单性，雌雄异株；小穗单一，顶生，卵形，具少数花；鳞片卵形，顶端钝，薄膜质，麦秆黄色，半透明，具光泽，或有时下部边缘呈白色，上部为棕色；无下位刚毛；具3个不发育的雄蕊；花柱长，柱头2个，外被乳头状小突起。

**果**：小坚果宽倒卵形，平凸状，长约2mm，成熟时呈黑色。

**物候**：花果期7~8月。

整株　　　　　　　　花序

**[分布范围]**

产川西、川西北地区。产我国西南、西北地区。

**[生态和生物学特性]**

生于海拔3200~3600m的高山草原、池沼缘和沼泽地，具细长匍匐根状茎，秆纤细，茎叶柔软，花期6~7月，果熟期8月，一般以伴生种或优势建群种形式出现。

**[饲用价值]**

耐牧、耐践踏，茎叶柔软，营养价值较高，适口性好，牛、马、羊喜食，属良等牧草。

生境

187

## 170　地八角 *Astragalus bhotanensis* Baker

**俗名：** 土牛膝、不丹黄芪

[ 识别特征 ]

**生活型：** 多年生草本。

**根：** 根系发达。

**茎：** 茎直立、匍匐或斜上，长30~100cm，疏被白色毛或无毛。

**叶：** 羽状复叶有19~29片小叶，长8~26cm；小叶

叶　　　　　　　　　　托叶

对生，倒卵形或倒卵状椭圆形，长6~23mm，宽4~11mm，先端钝，有小尖头，基部楔形，上面无毛，下面被白色伏贴毛。

**花：** 总状花序头状，花多数；花冠红紫色、紫色、灰蓝色、白色或淡黄色；旗瓣倒披针形，先端微凹，有时钝圆，翼瓣瓣片狭椭圆形，龙骨瓣瓣片宽2~2.5mm，瓣柄较瓣片短。

**果：** 荚果圆筒形，长20~25mm，宽5~7mm，无毛；种子多数，棕褐色。

**物候：** 花期3~8月，果期8~10月。

花　　　　　　　　　果

[ 分布范围 ]

产川西三州。产我国西南、西北等地区。

[ 生态和生物学特性 ]

耐热但不耐寒，喜肥、喜湿；根系发达，具有较强的抗旱能力；对土壤要求不严，抗病虫害，分蘖能力很强。

茎　　　　　　　　　整株

[ 饲用价值 ]

属上繁草，适口性好，营养价值高，产量适中。也可调制成干草，用于冬季和早春补饲。

豆科黄耆属

188

## 171 梭果黄耆 *Astragalus ernestii* Comb.

俗名：小金黄耆

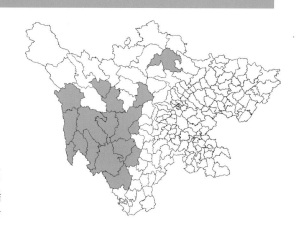

[识别特征]

**生活型：**多年生草本。

**根：**根粗壮，直伸，表皮暗褐色，直径1~2cm。

**茎：**茎直立，高30~100cm，具条棱，无毛。

**叶：**羽状复叶长7~12cm，有9~17片小叶，长圆形，稀倒卵形，长10~24mm，宽4~8mm，先端钝圆，有细尖头，基部宽楔形或近圆形，两面无毛，具短柄。

**花：**密总状花序有多数花，花梗长2~3mm，被黑色伏贴毛；花萼钟状，长9~10mm，外面无毛，萼齿披针形，长2.5~3.5mm，内面被黑色伏贴毛；花冠黄色，旗瓣倒卵形，先端微凹，基部渐狭，翼瓣较旗瓣稍短，瓣片长圆形，具短耳，龙骨瓣较翼瓣稍短，瓣片半卵形。

**果：**荚果梭形，膨胀，长20~22mm，宽约5mm，密被黑色柔毛。

**物候：**花期7月，果期8~9月。

[分布范围]

产川西地区。产我国西南、西北等地区。

[生态和生物学特性]

生于山坡林缘和灌丛。

[饲用价值]

牛、羊喜食枝叶，属良等牧草。

豆科黄耆属

189

生境

 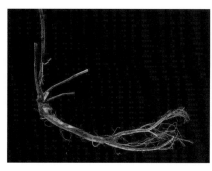 

花序　　　　　　根　　　　　　叶

## 172 斜茎黄耆 *Astragalus laxmannii* Jacquin

**俗名：沙打旺、直立黄耆**

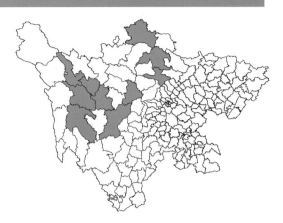

**[ 识别特征 ]**

**生活型：** 多年生草本，高20～100cm。

**根：** 根较粗壮，暗褐色，有时有长主根。

**茎：** 茎多数或数个丛生，直立或斜上，有毛或近
无毛。

**叶：** 羽状复叶有9～25片小叶，小叶长圆形、近椭
圆形或狭长圆形，长10～25（35）mm，宽
2～8mm，基部圆形或近圆形，有时稍尖，上面疏被伏贴毛，下面被白色"丁"字形伏毛。

**花：** 总状花序长圆柱状或穗状，稀近头状，生多数花，排列密集，花冠近蓝色或红紫色，旗瓣倒卵
圆形，翼瓣较旗瓣短，瓣片长圆形。

**果：** 荚果长圆形，长7～18mm，被黑色、褐色毛或混生白色毛。

**物候：** 花期6～8月，果期8～10月。

**[ 分布范围 ]**

主要分布在川西北地区。产我国东北、华北、西北、西南地区。

**[ 生态和生物学特性 ]**

适应性较强，根系发达，能吸收土壤深层水分，故耐盐、抗旱。产量高，吸引水分能力、抗风
沙能力和水土保持能力强，种子小，发芽快，出苗齐。

**[ 饲用价值 ]**

用途广泛，是一种较优质的牧草，可将嫩茎叶打浆喂猪；饲养绵羊、山羊；收割青干草，用于
冬季补饲；与禾草混合，制作青饲料等。

叶

托叶

整株

枝

生境

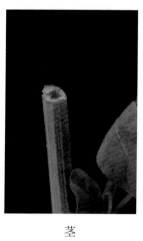

茎

花序

果

## 173 多枝黄耆 *Astragalus polycladus* Bur. et Franch.

俗名：黑毛多枝黄耆、多枝黄芪

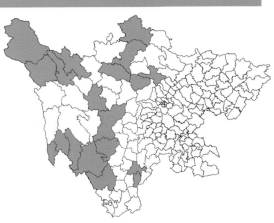

[ 识别特征 ]

**生活型**：多年生草本。

**根**：根粗壮。

**茎**：茎多数，纤细，丛生，平卧或上升，高5~35cm，被灰白色伏贴柔毛或混有黑色毛。

**叶**：奇数羽状复叶，具11~23片小叶，长2~6cm；叶柄长0.5~1cm，向上逐渐变短；托叶离生，披针形，长2~4mm；小叶披针形或近卵形，长2~7mm，宽1~3mm，先端钝尖或微凹，基部宽楔形，两面披白色伏贴柔毛，具短柄。

**花**：总状花序生多数花，密集呈头状；总花梗腋生，较叶长；苞片膜质，线形，下面被伏贴柔毛；花梗极短；花萼钟状，外面被白色或混有黑色短伏贴毛，萼齿线形，与萼筒近等长；花冠红色或青紫色，旗瓣宽倒卵形，先端微凹，基部渐狭成瓣柄，翼瓣与旗瓣近等长或稍短，具短耳，瓣柄长约2mm，龙骨瓣较翼瓣短，瓣片半圆形；子房线形，被白色或混有黑色短柔毛。

**果**：荚果长圆形，微弯曲，长5~8mm，先端尖，被白色或混有黑色伏贴柔毛，1室，有种子5~7枚，果颈较宿萼短。

**物候**：花期7~8月，果期9月。

[ 分布范围 ]

产川西三州。我国西南、西北地区均有分布。

[ 生态和生物学特性 ]

多分布在海拔2100~4100m的干旱山坡、平滩、路边、沟谷。适应性强，有较强的耐寒、耐旱能力，最适宜向阳的山坡、坝地，及潮湿、有机质丰富的土壤环境。在群落中竞争能力很强，尤其是在地势开阔、光照充足的河滩、阶地，生长能力更强。

[ 饲用价值 ]

返青较早、枯萎晚，是草原上主要的野生优良豆科牧草，各类食草家畜均喜食。生长和再生能力较强，营养成分较丰富，是较好的刈牧兼用型牧草。

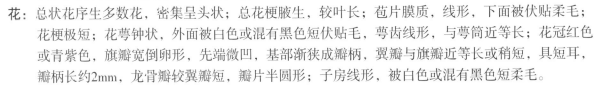

根　　　　　　　　茎　　　　　　　　花

生境

果　　　　　　　　　　　　叶

## 174 云南黄耆 *Astragalus yunnanensis* Franch.

俗名：西北黄耆、康定黄耆

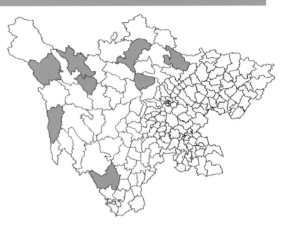

[识别特征]

**生活型**：多年生草本。

**根**：根粗壮。

**茎**：地上茎短缩。

**叶**：羽状复叶基生，近莲座状，有11～27片小叶，长6～15cm；小叶卵形或近圆形，长4～10mm，宽4～7mm，先端钝圆，有时有短尖头，基部圆形，上面无毛，下面被白色长柔毛。

**花**：总状花序生5～12朵小花，稍密集，下垂，偏向一边，总花梗生于基部叶腋，散生白色细柔毛，上部混生棕色毛；花梗密被棕褐色柔毛；花萼狭钟状，长约14mm，被褐色毛或混生少数白色长柔毛；花冠黄色，旗瓣匙形，先端微凹，基部渐狭成瓣柄，翼瓣与旗瓣近等长，瓣片长圆形，基部具明显的耳，龙骨瓣较翼瓣短或近等长。

**果**：荚果膜质，狭卵形，长约20mm，宽8～10mm，被褐色柔毛。

**物候**：花期7月。

叶正面（左）和叶反面（右）　　　花序

[分布范围]

川西北、川西、川西南地区均有分布。产我国西北、西南等地区。

[生态和生物学特性]

是横断山区高寒草甸上的重要牧草之一，耐寒、耐旱能力较强。

[饲用价值]

枝叶丰茂，质地柔软，适口性良好，常年为各类家畜所喜食，是一种很有栽培前途的优质牧草。

果序　　　　　　生境

豆科黄耆属

## 175 二色锦鸡儿 *Caragana bicolor* Kom.

**[识别特征]**

**生活型：** 灌木，高1~3m。

**茎：** 老枝灰褐色或深灰色；小枝褐色，被短柔毛。

**叶：** 羽状复叶有4~8对小叶；长枝上叶轴硬化成粗针刺，长1.5~5cm，灰褐色或带白色；小叶倒卵状长圆形、长圆形或椭圆形，长3~8mm，宽2~4mm，先端钝或急尖，基部楔形。

**花：** 花梗单生，密被短柔毛，中部具关节，关节处具2枚卵状披针形膜质苞片；花萼钟状，萼齿披针形，先端渐尖，密被丝质柔毛；花冠黄色，旗瓣干时紫堇色，倒卵形，先端微凹，翼瓣的瓣柄比瓣片短，耳细长，稍短于瓣柄；龙骨瓣较旗瓣稍短，耳牙齿状，短小。

**果：** 荚果圆筒状，先端渐尖，外面疏被白色柔毛，里面密被褐色柔毛。

**物候：** 花期6~7月，果期9~10月。

**[分布范围]**

产川西地区。主要分布在我国西南地区。

**[生态和生物学特性]**

生于海拔2400~3500m的山坡灌丛、杂木林。

**[饲用价值]**

牛和羊采食嫩茎叶，属中等饲用牧草。

豆科锦鸡儿属

195

叶

果

枝

生境

## 176  川西锦鸡儿 *Caragana erinacea* Kom.

俗名：西藏锦鸡儿

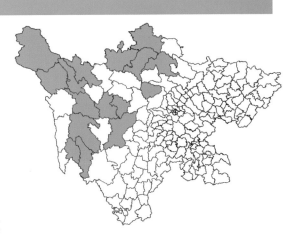

**[ 识别特征 ]**

**生活型：**灌木，高30～60cm。

**茎：**老枝绿褐色或褐色，常具黑色条棱，有光泽；一年生枝黄褐色或褐红色。

**叶：**羽状复叶有2～4对小叶，小叶短枝者常2对，线形、倒披针形或倒卵状长圆形，长3～12mm，宽1～2.5mm，先端锐尖，上面无毛，下面疏被短柔毛。

花　　　　　　　　　　枝条

**花：**花梗极短，花常1～4朵簇生于叶腋，被伏贴短柔毛或无毛；花萼管状，长8～10mm，宽3～4mm；花冠黄色，长18～25mm，旗瓣宽卵形至长圆状倒卵形，中部及顶部有时呈紫红色，翼瓣长圆形或线状长圆形，耳圆钝、小，龙骨瓣瓣柄长于瓣片，耳不明显。

**果：**荚果圆筒形，长1.5～2cm，先端尖，无毛或被短柔毛。

**物候：**花期5～6月，果期8～9月。

**[ 分布范围 ]**

产川西、川西北地区。产我国西北、西南等地区。

**[ 生态和生物学特性 ]**

生于海拔3600～4400m的高山灌丛草甸和河谷灌丛。

**[ 饲用价值 ]**

属中等牧草。

花、果和叶

豆科锦鸡儿属

## 177　东方山羊豆 *Galega orientalis* Lam.

俗名：饲用山羊豆

[识别特征]

**生活型**：多年生草本。

**根**：为粗壮直根系，主根深达1m，有根蘖，侧根发达。

**茎**：茎直立，中空，株高80～150cm。

**叶**：奇数羽状复叶，长8～20cm，由7～21片小叶组成，下部叶卵形，上部叶椭圆形或长椭圆形。

**花**：总状花序顶生，每个枝条上有30多个花序，花冠蝶形；花为蓝紫色、浅紫色或白色。

**果**：荚果线形，微弓状，种子肾形，黄色或黄褐色。

**物候**：花期5月，果期6月。

[分布范围]

　　原产欧洲南部和西南亚地区，于20世纪90年代引入中国，南北方均进行了引种试验，但适宜在北方种植。

[生态和生物学特性]

　　生态适应性和抗逆性强，耐盐、耐旱、耐寒，对水肥敏感，可改善土壤结构。

[饲用价值]

　　具有营养丰富、产量高、适口性好、家畜食用后不胀腹、能提高家畜产奶量和乳脂率等优点，是一种良好的引进牧草。可青贮，可堆垛储藏作为青干草，也可粉碎成青干草。

叶　　　　　托叶　　　　　果

花序　　　　　　　　枝

茎　　　　　　生境

## 178 块茎岩黄耆 *Hedysarum algidum* L. Z. Shue

豆科岩黄耆属

[识别特征]

**生活型：** 多年生草本，高5～10cm。

**根：** 根通常呈不同程度的圆锥状，深埋于土层中。

**茎：** 茎细弱，仰卧，有1～2个分枝，被柔毛。

**叶：** 小叶5～11片，椭圆形或卵形，长8～10mm，宽4～5mm，上面无毛，下面被贴伏短柔毛。

**花：** 总状花序腋生，花6～12朵，长12～15mm，外展，疏散排列，具长3～4mm的被短柔毛的花梗；花萼钟状，长4～6mm，萼筒淡污紫红色；花冠紫红色，下部色较淡或近白色，旗瓣倒卵形，翼瓣线形，与旗瓣近等长，龙骨瓣稍长于旗瓣。

**果：** 种子卵球形至椭圆形，长5～6mm，宽4～5mm，稍扁，被柔毛。

**物候：** 花期7～8月，果期8～9月。

[分布范围]

产川西北地区。主要产我国西北地区。

[生态和生物学特性]

生于海拔2500～3500m的高山草甸。岩黄耆属植物具有较高的经济价值，其绝大多数为牲畜所喜食，是天然牧场重要的豆科植物。岩黄耆属植物的主要特征：果有数节，各节近圆形或呈方形；托叶干膜质，与叶对生。

整株

[饲用价值]

牛、羊采食，属良等牧草。

托叶鞘

枝

花序

生境

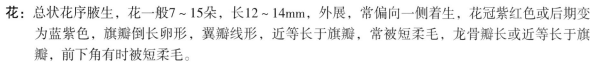

## 179 锡金岩黄耆 *Hedysarum sikkimense* Benth. ex Baker

**俗名：** 乡城岩黄耆、坚硬岩黄耆

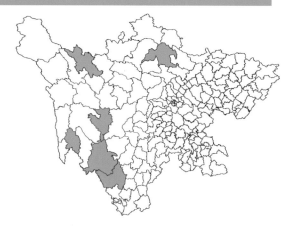

**[识别特征]**

**生活型：** 多年生草本，高5～15cm。

**根：** 直根系，肥厚，粗达1～2cm，外皮暗褐色，淡甘甜。

**茎：** 茎被短柔毛和深沟纹，无明显的分枝。

**叶：** 奇数羽状复叶，小叶通常17～23片，长圆形或卵状长圆形，长7～12mm，宽3～5mm，先端钝，基部圆楔形，上面无毛，下面被疏柔毛。

**花：** 总状花序腋生，花一般7～15朵，长12～14mm，外展，常偏向一侧着生，花冠紫红色或后期变为蓝紫色，旗瓣倒长卵形，翼瓣线形，近等长于旗瓣，常被短柔毛，龙骨瓣长或近等长于旗瓣，前下角有时被短柔毛。

**果：** 荚果1～2节，节荚近圆形、椭圆形或倒卵形，长8～9mm，宽6～7mm，被短柔毛；种子圆肾形，黄褐色，长约2mm，宽约1.5mm。

**物候：** 花期7～8月，果期8～9月。

**[分布范围]**

主要分布在川西地区。主要分布在我国西南地区。

**[生态和生物学特性]**

生于亚高山草甸和高山草甸，也出现在山麓砾石质山坡湿润处、林间草地或灌木丛中。对高寒、冷湿、强辐射、昼夜温差大等具有很强的适应性。

**[饲用价值]**

营养价值较高，是青藏高原东缘天然草地上的重要牧草，全年为各类牲畜所喜食，可用于牲畜抓膘、催乳。

生境　　　　　　　　果

花和叶　　　　　　　花序

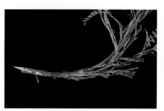

根　　　　　　　　托叶

豆科岩黄耆属

199

## 180　唐古特岩黄耆 *Hedysarum tanguticum* B. Fedtsch.

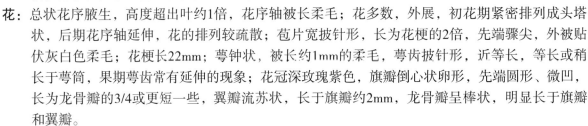

**豆科岩黄耆属**

**200**

### [识别特征]

**生活型**：多年生草本，高15~20cm。

**根**：根圆锥状，肥厚，淡甜；根颈向上生出多数短根茎，形成多数或丛生的地上茎。

**茎**：茎直立，具2~3节，不分枝或有个别分枝，被疏柔毛。

**叶**：托叶披针形，棕褐色，干膜质，合生至上部，外被长柔毛；小叶15~25片，具长约1mm的短柄、卵状长圆形、椭圆形或狭椭圆形，长8~15mm，宽4~6mm，上面无毛，下面被长柔毛。

**花**：总状花序腋生，高度超出叶约1倍，花序轴被长柔毛；花多数，外展，初花期紧密排列成头塔状，后期花序轴延伸，花的排列较疏散；苞片宽披针形，长为花梗的2倍，先端骤尖，外被贴伏灰白色柔毛；花梗长22mm；萼钟状，被长约1mm的柔毛，萼齿披针形，近等长，等长或稍长于萼筒，果期萼齿常有延伸的现象；花冠深玫瑰紫色，旗瓣倒心状卵形，先端圆形、微凹，长为龙骨瓣的3/4或更短一些，翼瓣流苏状，长于旗瓣约2mm，龙骨瓣呈棒状，明显长于旗瓣和翼瓣。

**果**：荚果2~4节，下垂，被长柔毛，节荚近圆形或椭圆形，膨胀，具细网纹和不明显的狭边；种子肾形，淡土黄色，长约2mm，宽约1mm，光亮。

**物候**：花期7~9月，果期8~9月。

叶

果

花序

### [分布范围]

产川西、川西北地区。产我国西北、西南等地区。

### [生态和生物学特性]

生于高山潮湿的阴坡草甸或灌丛草甸，沙质或砂砾质河滩，古老的冰碛物或潮湿坡地的岩削堆。

整株

托叶

### [饲用价值]

牛、羊采食，属良等饲用牧草。

## 181 欧山黧豆 *Lathyrus palustris* L.

俗名：沼生山黧豆

**[识别特征]**

**生活型**：多年生草本，高15~100cm。

**根**：根细弱。

**茎**：茎攀缘，常呈"之"字形弯曲，具翅，有分枝，被短柔毛。

**叶**：叶具小叶2~4对；托叶半箭形；叶轴先端具有分歧的卷须；小叶线形或线状披针形，两端圆钝，先端具细尖，上面绿色，下面淡绿色，两面被柔毛，下面较密。

**花**：总状花序腋生，通常长于叶1.5倍，具（2）3~4（5）朵花，花梗比萼短或近等长；萼钟状，萼筒长3.5~5mm，萼齿不等长，最下面的1枚最长，狭三角形，较萼筒短；花冠紫色，旗瓣倒卵形，先端微凹，中部以下渐狭成瓣柄，翼瓣较旗瓣短，倒卵形，具耳，自瓣片基部弯曲成线形瓣柄，龙骨瓣略短于翼瓣，半圆形，先端尖，基部具线形瓣柄；子房线形。

**果**：荚果线形，长3~4cm，先端具喙。

**物候**：花期6~7月，果期（7）8~9月。

叶          托叶

**[分布范围]**

川西三州均有分布。产我国东北、西南等地区。

**[生态和生物学特性]**

生于潮湿地。

**[饲用价值]**

牛和羊乐食，属良等牧草。

花序          生境

豆科山黧豆属

201

## 182 线叶山黧豆 *Lathyrus palustris* var. *lineariforius* Ser.

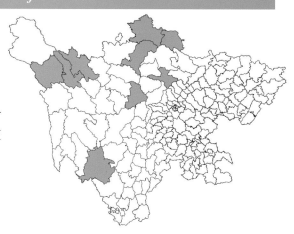

[识别特征]

茎：茎通常具狭翅。

叶：叶具小叶1~2（3）对，卷须不发达，通常不分枝且较短；托叶线形；小叶线形，稀椭圆状披针形，通常宽3~5mm。

花：总状花序上花较少，通常1~2朵，稀3~4朵。

[分布范围]

产川西地区。产云南等地。

豆科山黧豆属

202

整株

叶

花序

生境

## 183  牧地山黧豆 *Lathyrus pratensis* L.

俗名：牧地香豌豆

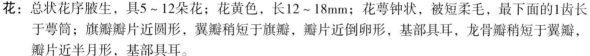

[识别特征]

**生活型：** 多年生草本，高30～120cm。

**根：** 根系发达。

**茎：** 茎上升、平卧或攀缘。

**叶：** 叶具1对小叶，小叶椭圆形、披针形或线状披针形，长10～30（50）mm，宽2～9（13）mm，先端渐尖，基部宽楔形或近圆形，两面均被毛，具平行脉。

**花：** 总状花序腋生，具5～12朵花；花黄色，长12～18mm；花萼钟状，被短柔毛，最下面的1齿长于萼筒；旗瓣瓣片近圆形，翼瓣稍短于旗瓣，瓣片近倒卵形，基部具耳，龙骨瓣稍短于翼瓣，瓣片近半月形，基部具耳。

**果：** 荚果线形，长23～44mm，宽5～6mm，黑色，具网纹；种子近圆形，直径2.5～3.5mm，平滑，黄色或棕色。

**物候：** 花期6～8月，果期8～10月。

[分布范围]

主要分布在川西三州。产我国西北、西南等地区。

[生态和生物学特性]

喜温暖湿润气候，较为耐寒、耐旱、耐湿。种子易发生虫害，种子产量较低。根系发达，固氮能力强。

[饲用价值]

茎叶柔嫩多汁，叶多茎少，蛋白质、钙、磷含量较高，粗纤维少，适口性好，各类畜禽喜食。

豆科山黧豆属

203

茎和叶　　　　　　　花序（1）

果　　　　　花序（2）　　　　　整株

## 184 牛枝子 *Lespedeza potaninii* Vass.

俗名：牛筋子

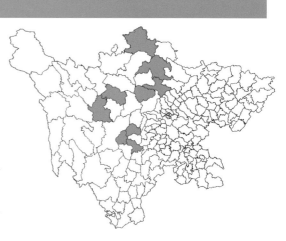

**[ 识别特征 ]**

**生活型**：半灌木，高20～60cm。

**根**：轴根系，根较粗壮，木质化根颈发达。

**茎**：茎斜升或平卧，基部多分枝，有细棱，被粗硬毛。

**叶**：羽状复叶具3片小叶，小叶狭长圆形，稀椭圆形至宽椭圆形，长8～15（22）mm，宽3～5（7）cm，先端钝圆或微凹，具小刺尖，基部稍偏斜，上面苍白绿色，无毛，下面被灰白色粗硬毛。

**花**：总状花序腋生，花疏生；花萼密被长柔毛，5深裂，裂片披针形，长5～8mm，先端长渐尖，呈刺芒状；花冠黄白色，稍超出萼裂片，旗瓣中央及龙骨瓣先端带紫色，翼瓣较短。

**果**：荚果倒卵形，长3～4mm，双凸镜状，密被粗硬毛。

**物候**：花期7～9月，果期9～10月。

**[ 分布范围 ]**

主要分布在川西地区。我国东北、西北、华北、西南等地区均有分布。

**[ 生态和生物学特性 ]**

强旱生小半灌木。生长在荒漠草原及草原化荒漠地带，也见于典型草原地带的边缘。喜温暖、耐干旱、耐瘠薄，抗风沙，再生能力强，是改良温带地区荒漠草原和干草原的理想草种之一。

**[ 饲用价值 ]**

为干旱地区的优等豆科牧草。春末夏初，各类家畜均喜食，牛、马、绵羊、山羊喜采食花、叶及嫩枝。

花　　　　　　　　　根

叶

豆科胡枝子属

## 185　百脉根 *Lotus corniculatus* L.

俗名：五叶草、牛角花

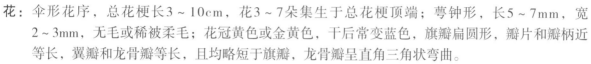

**[识别特征]**

**生活型：** 多年生草本，高15～50cm。

**根：** 主根粗壮，圆锥形。

**茎：** 茎丛生，平卧或上升，实心，近四棱形。

**叶：** 羽状复叶具5片小叶，顶端3片，基部2片且呈托叶状，纸质，斜卵形至倒披针状卵形，长5～15mm，宽4～8mm。

**花：** 伞形花序，总花梗长3～10cm，花3～7朵集生于总花梗顶端；萼钟形，长5～7mm，宽2～3mm，无毛或稀被柔毛；花冠黄色或金黄色，干后常变蓝色，旗瓣扁圆形，瓣片和瓣柄近等长，翼瓣和龙骨瓣等长，且均略短于旗瓣，龙骨瓣呈直角三角状弯曲。

**果：** 荚果直，线状圆柱形，长20～25mm，褐色；种子多数，卵圆形，长约1mm，灰褐色。

**物候：** 花期5～9月，果期7～10月。

豆科百脉根属

205

**[分布范围]**

主要分布在川西、川北、川南地区。产我国西南、西北等地区。

**[生态和生物学特性]**

喜温暖湿润气候，根系强壮，有较强的抗旱能力，适宜生长在排水良好的沙土中，生态可塑性强，能够适应多种生境条件。

**[饲用价值]**

植株较矮小，属半上繁牧草，分枝繁茂，叶量多且柔嫩，具有较高的营养价值和良好的适口性，羊极喜食。

生境

果

花和叶

花序

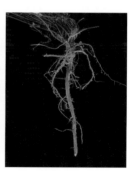
根

## 186　青海苜蓿 *Medicago archiducis-nicolai* Sirj.

**俗名：**矩镰果苜蓿

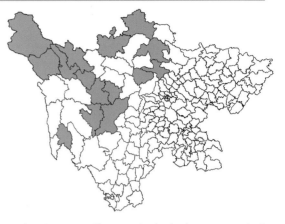

[识别特征]

**生活型：**多年生草本，高8～20cm。

**根：**根系发达，具根瘤。

**茎：**茎平卧或上升，微被柔毛，纤细，具棱，多分枝。

**叶：**羽状三出复叶，小叶阔卵形至圆形，长6～18mm，宽6～12mm，纸质，先端截平或微

果　　　　　　　　　叶

整株　　　　　　枝条

凹，基部圆钝，边缘具不整齐尖齿，上面近无毛，下面微被毛。

**花：**花序伞形，具花4～5朵，疏松；花冠橙黄色，中央带紫红色晕纹，旗瓣倒卵状椭圆形，与翼瓣近等长，龙骨瓣长圆形，具长瓣柄，明显比旗瓣和翼瓣短。

**果：**荚果长圆状半圆形，扁平，长10～15（18）mm，宽4～6mm；种子5～7粒，阔卵形，长2.5mm，宽1.5mm，棕色，光滑。

**物候：**花期6～8月，果期7～9月。

[分布范围]

　　主要分布在川西北地区。主要产我国西北地区。

[生态和生物学特性]

　　生活力强，适宜在中性或偏中性土壤中生长，喜凉爽湿润和半湿润的气候。

[饲用价值]

　　茎纤细，叶量多，适口性好，营养价值高，绵羊、牦牛、马喜食，是寒冷地区的优质豆科牧草。

生境

## 187 毛荚苜蓿 *Medicago edgeworthii* Sirj. ex Hand.-Mazz.

俗名：毛果胡卢巴

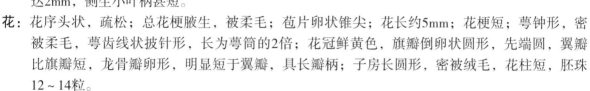

**[识别特征]**

**生活型**：多年生草本，高30~40cm。

**根**：主根粗长。

**茎**：茎直立或上升，基部分枝，圆柱形，密被柔毛。

**叶**：羽状三出复叶，小叶长倒卵形或倒卵形，先端钝圆，具细尖，基部阔楔形，边缘1/2以上具锯齿，两面散生柔毛；顶生小叶稍大，小叶柄长达2mm，侧生小叶柄甚短。

**花**：花序头状，疏松；总花梗腋生，被柔毛；苞片卵状锥尖；花长约5mm；花梗短；萼钟形，密被柔毛，萼齿线状披针形，长为萼筒的2倍；花冠鲜黄色，旗瓣倒卵状圆形，先端圆，翼瓣比旗瓣短，龙骨瓣卵形，明显短于翼瓣，具长瓣柄；子房长圆形，密被绒毛，花柱短，胚珠12~14粒。

**果**：荚果长圆形，扁平，锐尖，基部钝圆；种子10~12粒，椭圆状卵形，黑褐色，平滑。

**物候**：花期6~8月，果期7~8月。

解剖图

生境

**[分布范围]**

主要分布在川西北地区。产我国西北、西南等地区。

**[生态和生物学特性]**

生于海拔2000~3900m的山坡草地、河滩沙地和林缘。

**[饲用价值]**

家畜喜食，属优等牧草。

整株

果

## 188　天蓝苜蓿 *Medicago lupulina* L.

俗名：天蓝

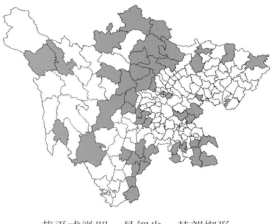

[识别特征]

**生活型**：1～2年生或多年生草本，高15～60cm。
**根**：主根浅，须根发达。
**茎**：茎平卧或上升，多分枝。
**叶**：羽状三出复叶，小叶倒卵形、阔倒卵形或倒心形，长5～20mm，宽4～16mm，纸质，先端多少截平或微凹，具细尖，基部楔形。
**花**：花序小，头状，具花10～20朵；花冠黄色，旗瓣近圆形，顶端微凹，翼瓣和龙骨瓣近等长，且均比旗瓣短。
**果**：荚果肾形，长3mm，宽2mm，被稀疏毛；种子1粒，卵形，褐色，平滑。
**物候**：花期7～9月，果期8～10月。

整株

果

[分布范围]

　　四川分布广泛。产我国南北各地。

[生态和生物学特性]

　　适应性强，具有较强的耐寒性和再生性，依靠种子繁殖，不耐水渍。

[饲用价值]

　　适口性好，蛋白质、脂肪、无氮浸出物含量高，粗纤维含量低，产量较高，被认为是牲畜最喜食的优等牧草。

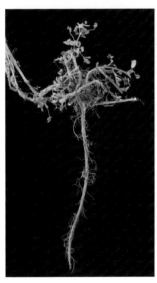

根

花序

豆科苜蓿属

## 189 花苜蓿 *Medicago ruthenica* (L.) Trautv.

俗名：扁蓿豆、野苜蓿

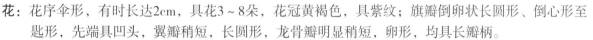

豆科苜蓿属

[识别特征]

**生活型：** 多年生草本。

**根：** 主根深入土中，根系发达。

**茎：** 茎直立或上升，四棱形，基部分枝，丛生。

**叶：** 羽状三出复叶，小叶形状变化很大，长圆状倒披针形、楔形、线形至卵状长圆形，先端截平，钝圆或微凹，中央具细尖，基部楔形、阔楔形至钝圆。

**花：** 花序伞形，有时长达2cm，具花3～8朵，花冠黄褐色，具紫纹；旗瓣倒卵状长圆形、倒心形至匙形，先端具凹头，翼瓣稍短，长圆形，龙骨瓣明显稍短，卵形，均具长瓣柄。

**果：** 荚果长圆形，扁平；种子2～6粒，椭圆状卵形，棕色，平滑。

**物候：** 花期6～9月，果期8～10月。

[分布范围]

产川西、川北等地区。产我国东北、华北、西南等地区。

[生态和生物学特性]

是典型的上繁草，适宜在高寒地区生长，耐寒，抗旱能力较强，生态幅广。

叶

枝

[饲用价值]

适口性好，营养价值较高，各种家畜终年均喜食。

花序

生境

## 190　紫苜蓿 *Medicago sativa* L.

**俗名：** 紫花苜蓿、苜蓿

**[识别特征]**

**生活型：** 多年生草本，高30~100cm。

**根：** 根粗壮，深入土层，根颈发达。

**茎：** 茎直立、丛生以至平卧，四棱形，无毛或微被柔毛，枝叶茂盛。

**叶：** 羽状三出复叶，小叶长卵形、倒长卵形至线状卵形，等大，或顶生小叶稍大，长7~30mm，宽3.5~15mm，纸质，先端钝圆，基部狭窄，楔形，边缘1/3以上具锯齿，上面无毛，深绿色，下面被贴伏柔毛。

**花：** 花序总状或头状，长1~2.5cm，具花5~30朵，花冠淡黄色、深蓝色或暗紫色；旗瓣长圆形，明显较翼瓣和龙骨瓣长，翼瓣较龙骨瓣稍长。

**果：** 荚果螺旋状，紧卷1~3圈，径5~9mm，成熟时棕色；种子10~20粒，卵形，长1~2.5mm，平滑，黄色或棕色。

**物候：** 花期5~7月，果期6~8月。

解剖图

枝

花序（1）

花序（2）

**[分布范围]**

主要种植在川西北地区。国内各地都有栽培或呈半野生状态。

**[生态和生物学特性]**

喜温暖、半湿润至半干旱的气候，适应性强，耐干旱，抗寒能力和再生能力较强。根系发达，适宜在排水及通气性良好的壤土或沙壤土中栽培。

**[饲用价值]**

总能量、可消化能、代谢能和可消化蛋白质含量均较高，营养丰富，适口性好，大小牲畜喜食。可用于制作青饲料、青贮，也可用于制作干饲料。

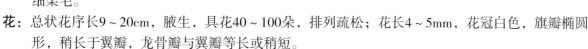

## 191　白花草木樨 *Melilotus albus* Desr.

**[识别特征]**

**生活型**：1~2年生草本，高70~200cm。

**根**：直根系，须根发达，具多数根瘤。

**茎**：茎直立，圆柱形，中空，多分枝，几无毛。

**叶**：羽状三出复叶，小叶长圆形或倒披针状长圆形，长15~30mm，宽（4）6~12mm，先端钝圆，基部楔形，边缘疏生浅锯齿，上面无毛，下面被细柔毛。

**花**：总状花序长9~20cm，腋生，具花40~100朵，排列疏松；花长4~5mm，花冠白色，旗瓣椭圆形，稍长于翼瓣，龙骨瓣与翼瓣等长或稍短。

**果**：荚果椭圆形至长圆形，长3~3.5mm，先端锐尖；种子1~2粒，卵形，棕色，表面具细瘤点。

**物候**：花期5~7月，果期7~9月。

**[分布范围]**

产川西及川西南地区。产我国东北、华北、西北及西南等地区。

**[生态和生物学特性]**

根系发达，根瘤菌丰富，有培肥土壤的作用；耐寒，对土壤适应性强。

**[饲用价值]**

是牛、羊等家畜的优良牧草，可用于放牧、青刈，也可制成干草或用于青贮，蛋白质、脂肪、无氮浸出物等含量高。

豆科草木樨属

211

叶　　　　　　　　枝

花序　　　　　　　生境

## 192　草木樨 *Melilotus officinalis* (L.) Pall.

**俗名：**黄香草木樨、黄花草木樨

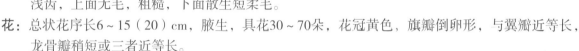

**[识别特征]**

**生活型：**二年生草本，高40～100（250）cm。

**根：**主根发达，呈分枝状胡萝卜形，根瘤较多。

**茎：**茎直立，粗壮，多分枝，具纵棱，微被柔毛。

**叶：**羽状三出复叶，小叶倒卵形、阔卵形、倒披针形至线形，长15～25（30）mm，宽5～15mm，先端钝圆或截形，基部阔楔形，边缘具不整齐疏浅齿，上面无毛，粗糙，下面散生短柔毛。

**花：**总状花序长6～15（20）cm，腋生，具花30～70朵，花冠黄色，旗瓣倒卵形，与翼瓣近等长，龙骨瓣稍短或三者近等长。

**果：**荚果卵形，长3～5mm，宽约2mm，棕黑色；种子1～2粒，卵形，长2.5mm，黄褐色，平滑。

**物候：**花期5～9月，果期6～10月。

豆科草木樨属

212

叶　　　　　　托叶　　　　　　秆

花序　　　　　　整株　　　　　　果

**[分布范围]**

　　川西、川北、川中等地区均有分布。产我国东北、华南、西南等地区。

**[生态和生物学特性]**

　　多分布在河谷湿润的区域，对土壤要求不严，抗盐能力较强；根系发达，较能抗旱、抗寒。

**[饲用价值]**

　　分枝繁茂，营养丰富，粗蛋白质含量高，适合制作青饲料，是比较优良的饲草。

## 193 驴食草 *Onobrychis viciifolia* Scop.

俗名：驴食豆

[ 识别特征 ]

**生活型：** 多年生草本，高40～80cm。

**根：** 主根粗长，侧根发达。

**茎：** 茎直立，中空，被向上贴伏的短柔毛。

**叶：** 小叶13～19片，长圆状披针形或披针形，长20～30mm，宽4～10mm，上面无毛，下面被贴伏柔毛。

**花：** 总状花序腋生，明显超出叶层，花多数，长9～11mm，花冠玫瑰紫色，旗瓣倒卵形，翼瓣长为旗瓣的1/4。

**果：** 荚果具1个节荚，节荚半圆形，上部边缘具或尖或钝的刺。

**物候：** 花期6～7月，果期7～8月。

[ 分布范围 ]

可能原产于欧洲，我国西北、华北地区有栽植。

[ 生态和生物学特性 ]

根系粗壮，根上有很多根瘤，固氮能力强，对于改善土壤理化性质、增加土壤养分具有重要的作用。适宜生长在森林和森林草原，以及草原地带，喜温暖干旱的气候，抗旱能力较强。

叶　　　　　　　托叶

[ 饲用价值 ]

富含蛋白质和矿物质，饲用价值较高，各类家畜和家禽均喜食。

花序　　　　　　　果　　　　　　　生境

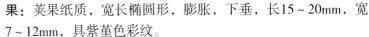

## 194 黑萼棘豆 *Oxytropis melanocalyx* Bunge

**[识别特征]**

**生活型：** 多年生草本，高10～15cm。

**根：** 根粗壮，有时具根状茎。

**茎：** 着生花的茎多从基部伸出，细弱，散生。

**叶：** 羽状复叶长57（15）cm，小叶9～25片，卵形至卵状披针形，长5～11mm，宽2～4mm，先端急尖，基部圆形，两面疏被黄色长柔毛。

**花：** 3～10朵花组成腋生近伞形总状花序；总花梗在开花时长约5cm，略短于叶，而后伸长至8～14cm；苞片较花梗长，干膜质；花长12mm；花萼钟状，长4～6mm，宽2～3.5mm，密被黑色短柔毛，并混有黄色或白色长柔毛；花冠蓝色，旗瓣宽卵形，长12.5mm，宽9mm，先端2浅裂，基部有长瓣柄，翼瓣长10mm，先端微凹，近微缺，基部具极细瓣柄，龙骨瓣长7.5mm，喙长0.5mm。

**果：** 荚果纸质，宽长椭圆形，膨胀，下垂，长15～20mm，宽7～12mm，具紫堇色彩纹。

**物候：** 花期7～8月，果期8～9月。

叶

托叶

**[分布范围]**

主要分布在川西北地区。主要分布在我国西北、西南等地区。

**[生态和生物学特性]**

生于海拔2800～5000m的山坡草地和灌丛。

**[饲用价值]**

羊乐食，属中等牧草。

全株

生境

花序

## 195 长小苞膨果豆 *Phyllolobium balfourianum* (N. D. Simpson) M. L. Zhang & Podlech

**俗名：**长小苞黄耆、雪山黄芪

**[ 识别特征 ]**

**生活型：**多年生草本。

**根：**根状茎细圆锥形。

**茎：**茎多数，平铺或外倾，长20～60cm。

**叶：**羽状复叶有9～13片小叶，长3～3.5cm，小叶互生，长圆形或倒卵状，长7～10mm，宽2.5～6mm，上面无毛，下面微被白色贴伏毛。

**花：**伞形总状花序，着生2～7朵花，花冠紫色，先端深紫色，旗瓣圆形，翼瓣长圆形，龙骨瓣近倒卵状长圆形。

**果：**荚果倒卵状长圆形，长约2.5cm，含20颗种子。

**物候：**花期7～8月，果期8～9月。

**[ 分布范围 ]**

产川西、川西南等地区。产我国西南地区。

**[ 生态和生物学特性 ]**

生于海拔2500～3800m的亚高山草甸。

**[ 饲用价值 ]**

马、牛、羊喜食嫩枝叶，属良等饲用牧草。

豆科膨果豆属

215

果

生境

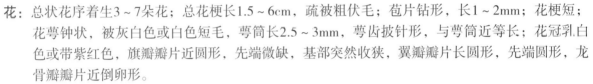

**196  背扁膨果豆** *Phyllolobium chinense* Fisch. ex DC.

俗名：夏黄耆、蔓黄耆、背扁黄芪

豆科膨果豆属

**[识别特征]**

**生活型：**多年生草本，高30～90（100）cm。

**根：**主根圆柱状，长达1m。

**茎：**茎平卧，单一至多数，长20～100cm，有棱，无毛或疏被粗短硬毛，分枝。

**叶：**羽状复叶具9～25片小叶；小叶椭圆形或倒卵状长圆形，长5～18mm，宽3～7mm，先端钝或微缺，基部圆形，上面无毛，下面疏被粗伏毛。

**花：**总状花序着生3～7朵花；总花梗长1.5～6cm，疏被粗伏毛；苞片钻形，长1～2mm；花梗短；花萼钟状，被灰白色或白色短毛，萼筒长2.5～3mm，萼齿披针形，与萼筒近等长；花冠乳白色或带紫红色，旗瓣瓣片近圆形，先端微缺，基部突然收狭，翼瓣瓣片长圆形，先端圆形，龙骨瓣瓣片近倒卵形。

**果：**荚果略膨胀，狭长圆形，长达35mm，宽5～7mm，两端尖，背腹压扁，微被褐色短粗伏毛，有网纹；种子淡棕色，肾形，长1.5～2mm，宽2.8～3mm，平滑。

**物候：**花期7～9月，果期8～10月。

216

叶

果

生境

花序

**[分布范围]**

产川西地区。产我国东北、华北、西南等地区。

**[生态和生物学特性]**

生长发育快，耐寒性很强，耐旱能力强，对土壤要求不严，忌积水。

**[饲用价值]**

质地柔软，稍有气味，产量和营养价值高，猪、鸡、兔喜食，牛、羊乐食，可用于制作青饲料，也可调制成青干草。

## 197 豌豆 *Pisum sativum* L.

**俗名：**荷兰豆、雪豆、麦豆、毕豆、回鹘豆、耳朵豆

[识别特征]

**生活型：**一年生攀缘草本。

**根：**根细，具根瘤。

**茎：**全株绿色，光滑无毛，被粉霜。

**叶：**叶具小叶4～6片；托叶比小叶大，叶状，心形，下缘具细齿；小叶卵圆形，长2～5cm，宽1～2.5cm。

**花：**总状花序；花萼钟状，5深裂，裂片披针形；花冠颜色多样，随品种而异，但多为白色和紫色，二体雄蕊（9+1）；子房无毛，花柱扁，内面有髯毛。

**果：**荚果肿胀，长椭圆形，长2.5～10cm，宽0.7～14cm，顶端斜急尖，背部近伸直；种子2～10颗，圆形，青绿色，有皱纹或无，干后变为黄色。

**物候：**花期6～7月，果期7～9月。

[分布范围]

国内和川内均广泛栽培。

[生态和生物学特性]

适宜冷凉湿润的气候，抗寒能力强，对土壤要求不严，但以有机质丰富、排水良好并富含磷、钾、钙的壤土为宜。

枝

花

生境

[饲用价值]

营养价值较高，适口性好，易消化，是家畜的优良精饲料，可饲喂马、牛、羊。也可用于制作青饲料、青贮或晒制干草、制成干草粉，是生产中较为广泛利用的一种饲料作物。

豆科豌豆属

**217**

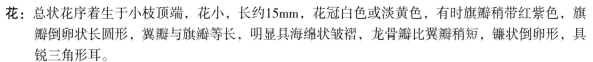

**198 白刺花 *Sophora davidii* (Franch.) Skeels**

**俗名：** 狼牙刺、马蹄针

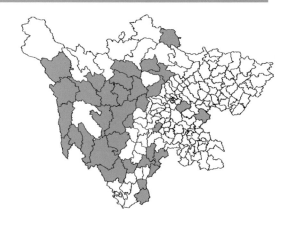

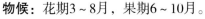
**[识别特征]**

**生活型：** 灌木或小乔木，一般高1~2m。

**根：** 具明显的组根系，根系发达。

**茎：** 枝多开展，小枝初被毛，旋即脱净，不育枝末端明显变成刺。

**叶：** 羽状复叶，小叶5~9对，长10~15mm，先端圆或微缺，常具芒尖，基部钝圆，上面几无毛，下面中脉隆起，疏被长柔毛或近无毛。

**花：** 总状花序着生于小枝顶端，花小，长约15mm，花冠白色或淡黄色，有时旗瓣稍带红紫色，旗瓣倒卵状长圆形，翼瓣与旗瓣等长，明显具海绵状皱褶，龙骨瓣比翼瓣稍短，镰状倒卵形，具锐三角形耳。

**果：** 荚果非典型串珠状，长6~8cm，宽6~7mm；种子3~5粒，卵球形，径约3mm，深褐色。

**物候：** 花期3~8月，果期6~10月。

豆科苦参属

218

果（1）　　　　　　　　果（2）

生境　　　　　　花序　　　　　　枝

**[分布范围]**

主要分布在川西地区。产我国华北、西北、西南等地区。

**[生态和生物学特性]**

分布幅度广，喜光、喜沙壤土、耐干旱瘠薄，适应性强。

**[饲用价值]**

嫩枝叶营养丰富，热值高、生长快、生物量大、萌蘖能力强、轮伐期短，是牛、羊喜食的木本饲用植物。

## 199 紫花野决明 *Thermopsis barbata* Benth.

**俗名：**紫花黄华

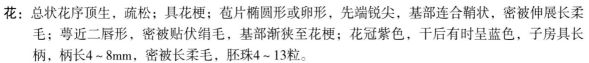

[ 识别特征 ]

**生活型：**多年生草本，高8～30cm。

**根：**根状茎甚粗壮。

**茎：**茎直立，分枝，具纵槽纹。

**叶：**花期全株密被白色或棕色伸展长柔毛，具丝质光泽，果期渐稀疏；三出复叶，小叶长圆形或披针形至倒披针形，长1～2cm至1～3cm，宽3～5（10）mm，先端锐尖，两面密被白色长柔毛。

**花：**总状花序顶生，疏松；具花梗；苞片椭圆形或卵形，先端锐尖，基部连合鞘状，密被伸展长柔毛；萼近二唇形，密被贴伏绢毛，基部渐狭至花梗；花冠紫色，干后有时呈蓝色，子房具长柄，柄长4～8mm，密被长柔毛，胚珠4～13粒。

**果：**荚果长椭圆形，先端和基部急尖，扁平，褐色；种子大，肾形，微扁，黄褐色。

**物候：**花期6～7月，果期8～9月。

叶　　　　　　枝　　　　　　果

[ 分布范围 ]

产我国西北、西南等地区。

[ 生态和生物学特性 ]

生于海拔2700～4500m的河谷和山坡。

[ 饲用价值 ]

属中等牧草。

花序　　　　　　　　　生境

219

## 200　披针叶野决明 *Thermopsis lanceolata* R. Br.

俗名：披针叶黄华、东方野决明

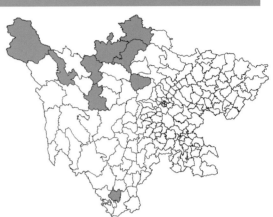

**[识别特征]**

**生活型：** 多年生草本，高12～30（40）cm。

**根：** 主根粗壮，表皮黄褐色。

**茎：** 茎直立，具沟棱，被黄白色贴伏或伸展柔毛。

**叶：** 3片小叶，小叶狭长圆形、倒披针形，长2.5～7.5cm，宽5～16mm，上面通常无毛，下面多少被贴伏柔毛。

**花：** 总状花序顶生，长6～17cm，具花2～6轮，排列疏松；萼钟形，长1.5～2.2cm，密被毛，背部稍呈囊状隆起，上方2齿连合，三角形，下方萼齿披针形，与萼筒近等长；花冠黄色，旗瓣近圆形，先端微凹，基部渐狭成瓣柄，翼瓣先端有狭窄头，龙骨瓣长2～2.5cm。

**果：** 荚果线形，长5～9cm，宽7～12mm，先端具尖喙，被细柔毛，黄褐色；种子6～14粒，圆肾形，黑褐色，具灰色蜡层，有光泽。

**物候：** 花期5～7月，果期6～10月。

生境

**[分布范围]**

主要分布在川西北地区。产我国东北、华北、西北、西南等地区。

**[生态和生物学特性]**

适应范围极广，抗寒能力强，喜生于草甸草原、碱化草原、盐化草甸及青藏高原上海拔3200～3400m的向阳缓坡、平滩。

**[饲用价值]**

质地柔软，叶量多，粗蛋白质含量高，全身虽有柔毛，但不影响食用。家畜一般早春采食，春末至夏中不采食，晚秋至重霜又重新采食。

豆科野决明属

220

## 201 矮生野决明 *Thermopsis smithiana* Pet.-Stib.

[识别特征]

**生活型：**多年生草本，高7~12（15）cm。

**根：**根状茎匍匐状或上升。

**茎：**茎直立，基部具关节，有2~4枚分枝，具4棱，被白色长柔毛。

**叶：**三出掌状复叶，小叶狭椭圆形或倒卵形，长1.5~2cm，宽5~7mm，先端钝圆或截形，偶有细尖，基部狭楔形，上面近无毛，下面被白色长柔毛。

**花：**总状花序顶生，短缩，长3~5cm；花3朵轮生，长约2cm；苞片阔卵形，具急尖头，上面近无毛，下面与花萼被相同白色长柔毛；萼近二唇形，长约1.5cm，背面基部稍呈囊状隆起；花冠鲜黄色，旗瓣近圆形，长约2cm，先端凹陷，基部渐狭至长瓣柄，瓣柄长7mm，翼瓣和龙骨瓣等宽，长与旗瓣相等或稍短。

**果：**荚果椭圆形、长圆形或倒卵形，长3~6cm，宽1.5~2.5cm，被白色伸展长柔毛；种子1~4粒，椭圆形，暗红色，长6~7mm，宽约5mm。

**物候：**花期6~7月，果期7~8月。

[分布范围]

产川西地区。产我国西南地区。

[生态和生物学特性]

生于海拔3500~4500m的高山草地和灌丛。

[饲用价值]

属中等牧草。

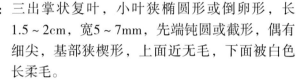

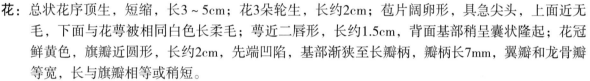

果　　　　　枝

生境

豆科野决明属

221

## 202 高山豆 *Tibetia himalaica* (Baker) Tsui

俗名：异叶米口袋、单花米口袋

[识别特征]

**生活型：**多年生草本。

**根：**主根直下，上部增粗，根系发达。

**茎：**茎斜生或匍匐，分茎明显。

**叶：**叶长2～7cm，叶柄被稀疏长柔毛，小叶9～13片，圆形至椭圆形或宽倒卵形至卵形，长1～9mm，宽1～8mm，顶端微缺至深缺，被贴伏

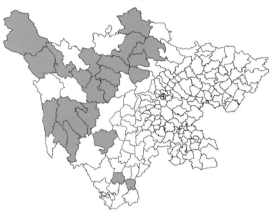

长柔毛。

**花：**伞形花序具1～3朵花，稀4朵；花萼钟状，长3.5～5mm，被长柔毛；花冠深蓝紫色；旗瓣卵状扁圆形，顶端微缺至深缺，翼瓣宽楔形，具斜截头，龙骨瓣近长方形。

**果：**荚果圆筒形或有时稍扁，被稀疏柔毛或近无毛；种子肾形，光滑。

**物候：**花期5～6月，果期7～8月。

叶

托叶

果

花序

[分布范围]

主要分布在川西北等地区。产我国西北、西南等地区。

[生态和生物学特性]

生于疏林、灌丛和山坡草地。

[饲用价值]

茎叶为牛、羊等家畜所喜食，是早春牲畜恢复体力的良好饲料，属良等牧草。

生境

豆科高山豆属

222

## 203 黄花高山豆 *Tibetia tongolensis* (Ulbr.) Tsui

俗名：黄花米口袋

[识别特征]

**生活型**：多年生草本。

**根**：根粗，圆柱状，表皮黄褐色。

**茎**：分茎纤细。

**叶**：叶长10cm，小叶5~9片，倒卵形、宽椭圆形或宽卵形，先端截形至微缺，长12mm，宽9mm，叶上面常有小黑点，无毛，下面被疏柔毛。

**花**：伞形花序具2~3朵花；花萼钟状或宽钟状，长5mm，宽2.5mm，密被棕色贴伏长硬毛；花冠黄色，旗瓣宽卵形，先端微缺，基部骤狭成柄，翼瓣宽斜卵形，龙骨瓣倒卵形。

**果**：荚果圆棒状，无毛；种子肾形，平滑。

**物候**：花期4~7月，果期8~9月。

[分布范围]

产川西地区。产我国西南地区。

[生态和生物学特性]

生于海拔2600~3600m的山坡草地。

[饲用价值]

牛、羊和兔喜食，属良等饲用牧草。

豆科高山豆属

223

花　　　　　果

叶　　　　　　　　　　生境

**俗名：**杂三叶、杂车轴草

豆科车轴草属

**[识别特征]**

**生活型：**短期多年生草本。

**根：**主根不发达，多支根。

**茎：**茎直立或上升，具纵棱，疏被柔毛或近无毛。

**叶：**掌状三出复叶，小叶阔椭圆形，有时卵状椭圆形或倒卵形，长1.5～3cm，宽1～2cm，先端钝，有时微凹，基部阔楔形，边缘具不整齐细锯齿。

托叶

花序

**花：**总花梗具花12～20（30）朵，甚密集；花序球形，直径1～2cm；花冠淡红色至白色，旗瓣椭圆形，比翼瓣和龙骨瓣长。

**果：**荚果椭圆形；种子通常2粒，橄榄绿色至褐色。

**物候：**花果期6～10月。

**[分布范围]**

原产欧洲，川西、川西北地区均有栽培。我国东北有引种，也有逸生。

**[生态和生物学特性]**

喜温暖湿润的气候，根系浅，不耐干旱；对土壤要求不严；较抗热。

**[饲用价值]**

茎叶柔嫩，营养丰富，但有苦涩味，牲畜初采食时，需要有一定的适应过程。马、牛、羊喜食。

生境

224

牧草

## 205  绛车轴草 *Trifolium incarnatum* L.

俗名：地中海三叶草、绛三叶

[ 识别特征 ]

**生活型：**一年生草本，高30 ~ 100cm。

**根：**主根深入土层达50cm。

**茎：**茎直立或上升，粗壮，被长柔毛，具纵棱。

**叶：**掌状三出复叶，小叶阔倒卵形至近圆形，长1.5 ~ 3.5cm，纸质，先端钝，有时微凹，基部阔楔形，渐窄至小叶柄，边缘具波状钝齿，两面疏生长柔毛。

**花：**花序圆筒状，顶生，长3 ~ 5cm，宽1 ~ 1.5cm；总花梗比叶长，长2.5 ~ 7cm，粗壮；无总苞；具花50 ~ 80（120）朵，甚密集；花长10 ~ 15mm；几无花梗；萼筒形，密被长硬毛，具脉纹10条；花冠深红色、朱红色至橙色，旗瓣狭椭圆形，其锐尖头，明显比翼瓣和龙骨瓣长。

**果：**荚果卵形；有1粒褐色种子。

**物候：**花果期5 ~ 7月。

花序（1）　　　　花序（2）

[ 分布范围 ]

原产欧洲地中海沿岸，我国引种栽培。

[ 生态和生物学特性 ]

喜温暖湿润气候，有一定的耐阴能力，具较强的抗蚜虫能力，适宜生长在中性至微酸性土壤中，不耐盐碱、瘠薄。

[ 饲用价值 ]

茎叶柔软，营养丰富，各种畜禽均喜食，可用于制作青饲料、调制干草和放牧，属优良牧草。

花序（3）　　　　　　　　叶

豆科车轴草属

225

## 206 红车轴草 *Trifolium pratense* L.

俗名：红三叶

[识别特征]

**生活型**：多年生草本。
**根**：主根深入土层达1m。
**茎**：茎粗壮，具纵棱，直立或平卧上升，疏生柔毛或秃净。
**叶**：掌状三出复叶，小叶卵状椭圆形至倒卵形，长1.5～3.5（5）cm，宽1～2cm，先端钝，有时微凹，基部阔楔形，两面疏生褐色长柔毛。
**花**：花序球形或卵状，顶生；总花梗具花30～70朵，密集；花长12～14（18）mm，花冠紫红色至淡红色；旗瓣匙形，先端圆形，微凹缺，基部狭楔形，明显比翼瓣和龙骨瓣长，龙骨瓣稍比翼瓣短。
**果**：荚果卵形；通常有1粒扁圆形种子。
**物候**：花果期5～9月。

叶和托叶　　　　叶背面　　　　　根

[分布范围]

原产欧洲中部，四川及国内其他地区均有栽培或逸生。

[生态和生物学特性]

喜温暖湿润气候，抗寒能力中等，不耐高温干旱，适宜生长在排水良好、土质肥沃并富含钙质的黏壤土中。

花　　　　　　　　整株

[饲用价值]

适口性好，叶多茎少、产量高，是优质的豆科牧草。

## 207 白车轴草 *Trifolium repens* L.

**俗名：**白三叶

[识别特征]

**生活型：**短期多年生草本。

**根：**主根短，侧根和须根发达。

**茎：**茎匍匐蔓生，节上生根，全株无毛。

**叶：**掌状三出复叶，小叶卵状椭圆形至倒卵形，长1.5～3.5（5）cm，宽1～2cm，先端钝，有时微凹，基部阔楔形，两面疏生褐色长柔毛。

**花：**花序球形，顶生，直径15～40mm，总花梗具花20～50（80）朵，密集；花冠白色、乳黄色或淡红色，具香气，旗瓣椭圆形，比翼瓣和龙骨瓣长近1倍，龙骨瓣比翼瓣稍短。

**果：**荚果长圆形；种子通常3粒，阔卵形。

**物候：**花果期5～10月。

匍匐茎和托叶　　　　　叶

花序（1）　　　花序（2）　　　整株

[分布范围]

　　原产欧洲和我国北方，四川及国内其他地区多有栽培。

[生态和生物学特性]

　　喜温暖湿润气候，不耐干旱和长期积水，具有明显的向光性。适应性较强，能在不同的生境条件下生长。

[饲用价值]

　　适口性好，为各种畜禽所喜爱，营养成分含量及消化率高于紫苜蓿、红三叶。具有萌发早、衰退晚、供草季节长的特点。

生境

## 208 山野豌豆 *Vicia amoena* Fisch. ex DC.

俗名：落豆秧、豆豌豌

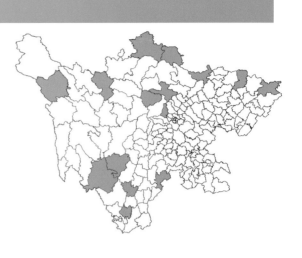

**[ 识别特征 ]**

**生活型：**多年生草本，高30～100cm。

**根：**主根粗壮，须根发达。

**茎：**茎具棱，多分枝，细软，斜升或攀缘。

**叶：**偶数羽状复叶，长5～12cm，几无柄，顶端卷须有2～3个分支；小叶4～7对，互生或近对生，椭圆形至卵状披针形，长1.3～4cm，宽0.5～1.8cm。

**花：**总状花序具花10～20（30）朵，花冠红紫色、蓝紫色或蓝色，花期颜色多变；旗瓣倒卵圆形，先端微凹，瓣柄较宽，翼瓣与旗瓣近等长，瓣片斜倒卵形，龙骨瓣短于翼瓣。

**果：**荚果长圆形，长1.8～2.8cm，宽0.4～0.6cm；种子1～6粒，圆形，直径0.35～0.4cm，深褐色，具花斑。

**物候：**花期4～6月，果期7～10月。

叶　　　　　　托叶　　　　　　花序

**[ 分布范围 ]**

产川西、川北等地区。产我国东北、华北、西南等地区。

**[ 生态和生物学特性 ]**

耐寒性强，可通过扦插进行无性繁殖。主根发达，根瘤多，耐旱性强；叶量多，覆盖度大，有利于保持土壤表面水分。

**[ 饲用价值 ]**

营养丰富，各种家畜都喜食，可用于制作青饲料、放牧或调制干草，为优质牧草。

整株

豆科野豌豆属

228

## 209 大花野豌豆 *Vicia bungei* Ohwi

**俗名**：三齿萼野豌豆、三齿草藤、三齿巢菜

**[识别特征]**

**生活型**：一、二年生缠绕或匍匐草本。

**根**：根纤细，质嫩。

**茎**：茎有棱，多分枝，近无毛。

**叶**：偶数羽状复叶，卷须，分枝；托叶半箭头形，长3~7mm，有锯齿；小叶3~5对，长圆形或窄卵状长圆形，长1~2.5cm，宽2~8mm，先端平截，微凹，稀齿状，上面叶脉不甚清晰，下面叶脉明显，被疏柔毛。

**花**：总状花序长于叶或与叶近等长，具2~4（5）朵花；萼钟形，被疏柔毛，萼齿披针形；花冠红紫色或金蓝紫色，旗瓣倒卵状披针形，先端微缺，翼瓣短于旗瓣，长于龙骨瓣。

**果**：荚果扁长圆形，长2.5~3.5cm。

**物候**：花期4~5月，果期6~7月。

**[分布范围]**

产川西、川西北地区。产我国华北、西北、西南等地区。

**[生态和生物学特性]**

为中生牧草，生态幅较宽，喜水、嗜肥，不耐旱、水渍和土壤瘠薄。

**[饲用价值]**

茎叶柔软，无怪味，牛、羊、马乐食，可用于制作青饲料，也可以晒制成青干草，属中等牧草。

豆科野豌豆属

叶　　　　　　　花序

枝　　　　　　　托叶

花萼　　　　　　整株

## 210 广布野豌豆 *Vicia cracca* L.

**俗名**：鬼豆角、草藤

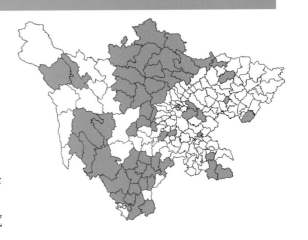

[识别特征]

**生活型**：多年生草本，高40~150cm。

**根**：细长，多分支。

**茎**：茎有棱，被柔毛，攀缘或蔓生。

**叶**：偶数羽状复叶，卷须有2~3个分支；托叶半箭头形或戟形，上部2深裂；小叶5~12对，互生，线形、长圆形或披针状线形，长1.1~3cm，宽0.2~0.4cm。

**花**：总状花序腋生，与叶轴近等长，有花10~40朵，花冠紫色、蓝紫色或紫红色，长0.8~1.5cm；旗瓣长圆形，中部缢缩呈提琴形，翼瓣与旗瓣等长。

**果**：荚果长圆形，长2~2.5cm，宽约0.5cm；种子2~6粒，扁圆球形，直径约0.2cm，种皮黑褐色。

**物候**：花果期5~9月。

根

花序

叶

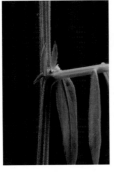

托叶

茎

生境

枝

[分布范围]

分布很广，四川大部分县（市）均有分布。我国南、北方均有分布。

[生态和生物学特性]

可在pH为5~8.5的黏土、壤土或沙壤土中生长，其中肥沃疏松、排水良好的壤土和沙壤土最为适宜，鲜草亩产可达5t以上。

[饲用价值]

草质鲜嫩，多种牲畜均喜食。可用于制作青饲料，也可调制成干草或干草粉，也可与其他牧草混合制成青贮饲料。

豆科 野豌豆属

230

## 211 蚕豆 *Vicia faba* L.

俗名：胡豆、佛豆

[识别特征]

**生活型：**一年生草本。

**根：**圆锥根系，主根短粗，多须根，根瘤粉红色，密集。

**茎：**茎粗壮、直立，具4棱、中空、无毛。

**叶：**偶数羽状复叶，叶轴顶端卷须缩为短尖头；小叶通常1～3对，互生，椭圆形、长圆形或倒卵形，稀圆形，长4～6（10）cm，宽1.5～4cm，具短尖头。

**花：**花2～4（6）朵呈丛状着生于叶腋，花冠白色，具紫色脉纹及黑色斑晕，长2～3.5cm，旗瓣中部缢缩，基部渐狭，翼瓣短于旗瓣而长于龙骨瓣。

**果：**荚果肥厚，长5～10cm，宽2～3cm；种子2～4（6）粒，长方圆形，中间内凹，种皮革质，青绿色、灰绿色至棕褐色，稀紫色或黑色。

**物候：**花期4～5月，果期5～6月。

叶

托叶

花

花序

[分布范围]

四川及国内其他地区均有栽培。

[生态和生物学特性]

喜温暖湿润气候，适宜生长在富含有机质的黏壤土和泥土中，有较好的分株特性，对环境有较强的抗逆性。

[饲用价值]

茎叶可做成青饲料，马、牛采食，猪喜食，羊和兔少食。各部位均有较高的营养价值，粗蛋白质含量高，营养丰富，饲用价值高。

果

生境

豆科野豌豆属

231

## 212　多茎野豌豆 *Vicia multicaulis* Ledeb.

**俗名：**豆豌豌

**豆科野豌豆属**

**232**

**[识别特征]**

**生活型：**多年生草本，高10～50cm。

**根：**根茎粗壮。

**茎：**茎多分枝，具棱，被微柔毛或近无毛。

**叶：**偶数羽状复叶，顶端卷须分支或单一；小叶4～8
　　　对，长圆形至线形，长1～2cm，宽约0.3cm，具
　　　短尖头，基部圆形，全缘，叶脉羽状，十分明
　　　显，下面被疏柔毛。

**花：**总状花序长于叶，具花14～15朵，长1.3～1.8cm；花萼钟状，萼齿5，狭三角形，下萼齿较长，
　　　花冠紫色或紫蓝色，旗瓣长圆状倒卵形，中部缢缩，瓣片短于瓣柄，翼瓣及龙骨瓣短于旗瓣。

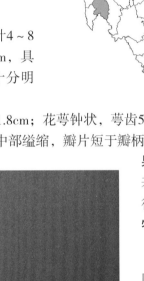

**果：**荚果扁，长3～3.5cm，
表皮棕黄色；种子扁圆，直
径0.3cm，深褐色。

**物候：**花果期6～9月。

整株

枝

叶

生境

**[分布范围]**

产川西、川西北地区。
产我国东北、西南等地区。

**[生态和生物学特性]**

为中生植物，生于森林
草原及草原的林缘、灌丛、
草地，也见于丘陵、山坡。

**[饲用价值]**

茎叶柔软，适口性好，
各种家畜均喜食。可用于制
作青饲料，也可制成干草，
为优等牧草。

## 213　西南野豌豆 *Vicia nummularia* **Hand.-Mazz.**

俗名：黄花野苕子

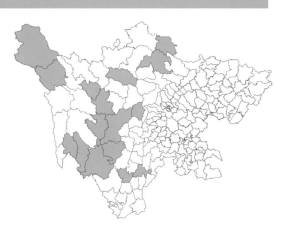

**［识别特征］**

**生活型：** 多年生矮小草本。

**根：** 主根较粗。

**茎：** 茎有棱，多分枝，植株被疏柔毛，高15～50（80）cm。

**叶：** 羽状复叶长3.5～8cm，顶端卷须细长或有分支，小叶2～6（7）对，椭圆形，长0.4～1.3（2）cm，宽0.2～0.6cm，先端圆钝或平截，具短尖头；叶脉两面凸出，密被柔毛。

**花：** 总状花序，具花6～9（12）朵，花冠黄色，旗瓣先端微凹，翼瓣、龙骨瓣均与旗瓣近等长。

**果：** 荚果长圆状菱形，长2～2.5cm，宽0.4～0.7cm，表皮草黄色；种子2～4粒，扁圆形，直径约0.3cm，种皮棕黑色。

**物候：** 花期6～9月，果期7～10月。

叶　　　　　　　　　　　托叶

枝　　　　　　　　　　　生境

**［分布范围］**

　　主要分布在川西地区。产我国西南、西北地区。

**［生态和生物学特性］**

　　生于林下、林缘草地、山坡灌丛和路旁。

**［饲用价值］**

　　家畜喜食，属优等饲用植物。

解剖图　　　　　果　　　　　花

豆科野豌豆属

**233**

## 214 救荒野豌豆 *Vicia sativa* L.

**俗名：** 箭筈豌豆、野毛豆、野豌豆

**[识别特征]**

**生活型：** 一年生或二年生草本，高15～90（105）cm。
**根：** 根系较发达。
**茎：** 茎斜升或攀援，具缘，被微柔毛。
**叶：** 偶数羽状复叶长2～10cm，叶轴顶端卷须有2～3
个分支；小叶2～7对，长椭圆形或近心形，长
0.9～2.5cm，宽0.3～1cm，先端圆或平截有凹，

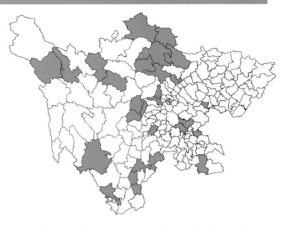

具短尖头，基部楔形，两面被贴伏黄柔毛。
**花：** 花1～2（4）朵，腋生，近无梗；花冠
紫红色或红色，旗瓣长倒卵圆形，先端圆，
微凹，中部缢缩，翼瓣短于旗瓣，长于龙
骨瓣。
**果：** 荚果线状长圆形，长4～6cm，宽
0.5～0.8cm，表皮土黄色，种间缢缩，有毛；
种子4～8粒，圆球形，棕色或黑褐色。
**物候：** 花期4～7月，果期7～9月。

根

托叶

**[分布范围]**

四川分布广泛。产全国各地。

叶

花

**[生态和生物学特性]**

喜凉爽，抗寒能力较强，适应范围较
广。对土壤要求不严，耐旱能力很强。是川
西北主要栽培的豆科牧草之一，常和禾本科
牧草混播。

**[饲用价值]**

茎叶柔嫩，营养丰富，适口性强，为各
类家畜所喜食。茎秆可作为青饲料，或调制
成干草，也可用于放牧。

果

整株

## 215 窄叶野豌豆 *Vicia sativa* subsp. *nigra* Ehrhart

**俗名：** 山豆子、紫花苕子、苦豆子

[ 识别特征 ]

**生活型：** 一年生或二年生草本，高20～50（80）cm。

**根：** 根纤细，质嫩。

**茎：** 茎斜升、蔓生或攀缘，多分支，被疏柔毛。

**叶：** 偶数羽状复叶长2～6cm，叶轴顶端卷须发达；小叶4～6对，线形或线状长圆形，长1～2.5cm，宽0.2～0.5cm，先端平截或微凹，具短尖头，基部近楔形，两面被浅黄色疏柔毛。

**花：** 花1～2（3～4）朵，腋生，有小苞叶；花萼钟形，萼齿5，三角形，外面被黄色疏柔毛；花冠红色或紫红色，旗瓣倒卵形，先端圆，微凹，有瓣柄，翼瓣与旗瓣近等长，龙骨瓣短于翼瓣。

**果：** 荚果长线形，微弯，长2.5～5cm，宽约0.5cm，种皮黑褐色，革质。

**物候：** 花期3～6月，果期5～9月。

[ 分布范围 ]

川内多地均有栽培。产我国西北、华东、华中、华南及西南各地区。

[ 生态和生物学特性 ]

喜生于闲荒地，最适宜在湿润肥沃的沙壤土中生长。耐寒性较强，但不耐高温，耐旱性较弱。

[ 饲用价值 ]

茎蔓细弱且柔嫩多汁，无异味，各种畜禽均喜食。马、牛、羊喜食茎叶，嫩茎叶经切碎调制后，猪、鸭、鹅等也喜食。种子加工后也是一种很好的精饲料，属优良野生牧草。

叶　　　　　　果

花　　　　　　生境

豆科野豌豆属

235

## 216 野豌豆 *Vicia sepium* L.

俗名：滇野豌豆

[ 识别特征 ]

**生活型：** 多年生草本，高30～100cm。

**根：** 有根状茎，稍倾卧或直立向上。

**茎：** 茎柔细，斜升或攀缘，具棱，疏被柔毛。

**叶：** 偶数羽状复叶长7～12cm，叶轴顶端卷须发达；小叶5～7对，长卵圆形或长圆状披针形，长0.6～3cm，宽0.4～1.3cm，先端钝或平截，微凹，有短尖头，基部圆形，两面被疏柔毛，下面较密。

**花：** 短总状花序，花2～4（6）朵，腋生；花萼钟状，萼齿披针形或锥形，短于萼筒；花冠红色或近紫色至浅粉红色，稀白色；旗瓣近提琴形，先端凹，翼瓣短于旗瓣，龙骨瓣内弯且最短。

**果：** 荚果宽长圆状，近菱形，长2.1～3.9cm，宽0.5～0.7cm，成熟时亮黑色；种子5～7粒，扁圆球形，表皮棕色有斑。

**物候：** 花期6月，果期7～8月。

叶和托叶　　　　花和叶　　　　果

[ 分布范围 ]

主要分布在川西北和川西南地区。产我国西北、西南地区。

[ 生态和生物学特性 ]

喜温暖湿润气候，稍有抗霜冻能力，生长势比较强，在田野、路旁均可生长，灌木林缘亦长势良好。

果和种子　　　　　整株

[ 饲用价值 ]

茎枝柔软，适口性较好，钙、磷比较丰富，可用于制作青饲料、青贮和调制干草。

豆科野豌豆属

236

## 217 歪头菜 *Vicia unijuga* A. Br.

俗名：偏头草、草豆

[识别特征]

生活型：多年生草本，高（15）40～100（180）cm。

根：根茎粗壮，近木质，须根发达，表皮黑褐色。

茎：数茎丛生，具棱，被柔毛，茎基部表皮红褐色或紫褐红色。

叶：小叶1对，卵状披针形或近菱形，长（1.5）3～7（11）cm，宽1.5～4（5）cm，先端渐尖，边缘具小齿，基部楔形，两面均疏被微柔毛。

花：总状花序具花8～20朵，花萼紫色，斜钟状或钟状，长约0.4cm，直径0.2～0.3cm，无毛或近无毛；花冠蓝紫色、紫红色或淡蓝色，长1～1.6cm；旗瓣倒提琴形，中部缢缩，翼瓣先端钝圆。

果：荚果扁，长圆形，长2～3.5cm，宽0.5～0.7cm，无毛，表皮棕黄色，近革质；种子3～7粒，扁圆球形，直径0.2～0.3cm，种皮黑褐色，革质。

物候：花期6～7月，果期8～9月。

[分布范围]

川西、川北、川西南等地区均有分布。产我国东北、华北、华东和西南地区。

[生态和生物学特性]

繁殖能力强，地下部分有粗壮的根茎，能进行无性繁殖；地上部分的枝条也能开花结实，可进行有性繁殖；种子有良好的自然更新能力。适宜半湿润气候，喜阴湿和微酸性土壤，是林缘草甸、草甸草原、草山草坡常见的豆科牧草。

[饲用价值]

营养丰富，适口性好，马、牛最喜食。耐牧，耐践踏，再生能力强。富含粗蛋白质和氨基酸，是优质牧草之一。

豆科野豌豆属

237

根　　　　　　　　叶

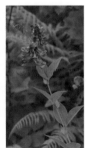

花和叶　　　　　　花序

整株和果　　　　　整株

## 218　饲用甜菜 *Beta vulgaris* var. *lutea* DC.

俗名：甜菜疙瘩

**[识别特征]**

**生活型：**二年生草本。

**根：**具粗大的块根，圆锥状至纺锤状。

**茎：**生长第二年抽花茎，高可达1米左右，具条棱及色条。

**叶：**基生叶矩圆形，具长叶柄，上面皱缩不平，略有光泽，下面有粗壮凸出的叶脉，全缘或略呈波状；叶柄粗壮，下面凸，上面平或具槽；茎生叶互生，较小，卵形或披针状矩圆形，先端渐尖，基部渐狭入短柄。

**花：**圆锥花序大型，花两性，通常2个或多个集合成腋生簇；花被片5，果期变硬，包被果实。

**果实：**果实为胞果，其下部陷在硬化的花被内，上部稍肉质。种子横生，双凸镜形，红褐色。

**物候：**花期5~6月，果期7月。

苋科甜菜属

238

块根　　　　　植株（1）　　　　植株（2）

果和种子

**[分布范围]**

　　在我国南北各地均有栽培，东北、华北和西北等地种植较多。

**[生态和生物学特性]**

　　为甜菜（*Beta vulgaris* L.）的变种，其根形、颜色随品种而异。最适宜生长温度为15~25℃。对水肥要求比较高，在黑土、沙土上种植，水肥充足时，可获得高产。

**[饲用价值]**

　　饲用甜菜是秋、冬、春三季很有价值的多汁饲料，它含有较高的糖分、矿物盐类和维生素等营养物质，其粗纤维含量低，易消化。在川西高原上种植较多。

## 219 藜 *Chenopodium album* L.

**俗名：**灰条菜、灰藿

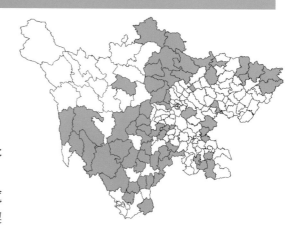

[ 识别特征 ]

**生活型：**一年生草本，高30～150cm。

**根：**主根粗壮，须根发达。

**茎：**茎直立，粗壮，具条棱及绿色或紫红色色条，多
分枝。

**叶：**叶片菱状卵形至宽披针形，长3～6cm，宽
2.5～5cm，先端急尖或微钝，基部楔形至宽楔
形，边缘具不整齐锯齿。

**花：**花两性，穗状圆锥形或圆锥状花序，
花被裂片5，宽卵形至椭圆形。

**果：**种子横生，双凸镜状，直径
1.2～1.5mm，黑色，有光泽，表面具
浅沟纹。

**物候：**花果期5～10月。

[ 分布范围 ]

四川分布广泛。产国内许多地区。

枝

根

[ 生态和生物学特性 ]

具有较强的再生性，适应性和抗逆性
也非常强；耐瘠薄、耐盐碱，对土壤要求
不严；喜光耐阴，抗寒能力较强。

[ 饲用价值 ]

质地鲜嫩柔软，无特殊气味，富含水
分。青鲜草马不喜食，但牛、羊、骆驼最
喜食。干草马喜食，牛、羊最喜食。另
外，也是优质的猪饲料。

花序

生境

藜科藜属

## 220　灰绿藜 *Chenopodium glaucum* L.

俗名：小灰菜、白灰菜

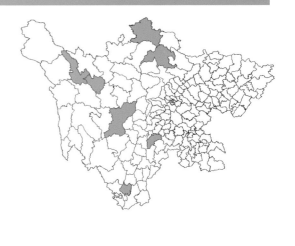

[识别特征]

**生活型：** 一年生草本，高20~40cm。

**根：** 根较发达。

**茎：** 茎平卧或外倾，具条棱及绿色或紫红色色条。

**叶：** 叶片矩圆状卵形至披针形，长2~4cm，宽6~20mm，肥厚，边缘具缺刻状牙齿，上面无粉，平滑，下面有粉而呈灰白色，有时稍带紫红色。

**花：** 花两性兼有雌性，通常数花聚成团伞花序，花被裂片3~4枚，浅绿色。

**果：** 胞果顶端露出于花被外，果皮膜质，黄白色；种子扁球形，直径0.75mm，暗褐色或红褐色，表面有细点纹。

**物候：** 花果期5~10月。

叶

花序

[分布范围]

　　四川主要分布在甘孜州和阿坝州。我国除台湾及华南地区外，各地均有分布。

[生态和生物学特性]

　　生态幅广，耐盐碱、耐水湿、耐炎热，适应性很强。种子萌发力和再生性强。

[饲用价值]

　　柔嫩多汁，富含水分，营养价值高，属中等饲用牧草。幼嫩时牛、羊采食，骆驼喜食，可生喂或发酵后喂。

生境

## 221 萹蓄 *Polygonum aviculare* L.

俗名：扁竹、竹叶草

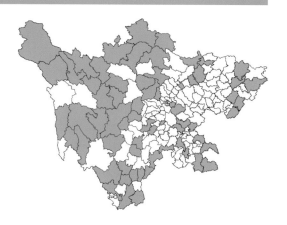

[识别特征]

**生活型：**一年生草本，高10~40cm。

**根：**直根系，侧根较发达。

**茎：**茎平卧、上升或直立，具纵棱。

**叶：**叶椭圆形、狭椭圆形或披针形，长1~4cm，宽3~12mm，顶端钝圆或急尖，基部楔形，边缘全缘，两面无毛。

**花：**花单生或数朵簇生于叶腋，遍布植株；花被5深裂，花被片椭圆形，长2~2.5mm，绿色，边缘白色或淡红色。

**果：**瘦果卵形，具3棱，长2.5~3mm，黑褐色，密被由小点组成的细条纹，无光泽。

**物候：**花期5~7月，果期6~8月。

[分布范围]

四川及全国其他地区分布广泛。

枝

[生态和生物学特性]

为一年生中生杂类草，生境多种多样，抗践踏能力极强，结实力强，具有较强的生态可塑性。

[饲用价值]

茎叶柔软，适口性良好，营养价值高，生育期长，各类家畜全年均可采食。

花

蓼科蓼属

**241**

生境

## 222　圆穗蓼 *Polygonum macrophyllum* D. Don

俗名：迷丽

**[识别特征]**

**生活型：**多年生草本，高8～30cm。

**根：**根状茎粗壮，弯曲，直径1～2cm。

**茎：**茎直立，不分枝，2～3条自根状茎发出。

**叶：**基生叶长圆形或披针形，长3～11cm，宽
1～3cm，顶端急尖，基部近心形，上面绿色，
下面灰绿色；茎生叶较小，狭披针形或线形。

**花：**总状花序呈短穗状，顶生，长1.5～2.5cm，直径1～1.5cm，花被5深裂，淡红色或白色。

**果：**瘦果卵形，具3棱，长2.5～3mm，黄褐色，有光泽。

**物候：**花期7～8月，果期9～10月。

**[分布范围]**

主要分布在川西北、川西南地区。主要
分布在我国西北、西南等地区。

**[生态和生物学特性]**

属典型的多年生高寒草甸物种，广泛分
布在青藏高原东缘及其邻近地区的高山、亚
高山草甸。

**[饲用价值]**

适口性好，蛋白质含量高，牛、马、绵
羊、山羊等家畜均喜食，是高海拔地区不可
多得的良好饲用牧草。

叶和叶鞘　　　　　根

生境　　　　花序（1）　　　　花序（2）

蓼科蓼属

242

## 223 狭叶圆穗蓼 *Polygonum macrophyllum* var. *stenophyllum* (Meisn.) A.J.Li

**俗名：** 玛乃（藏名）

与原变种的区别在于叶线形或线状披针形，宽0.2～0.5cm。产山西、甘肃、四川、云南及西藏等地。

耐寒能力极强，常分布在高山、亚高山草甸。营养丰富，粗蛋白质含量较高，适口性好，牛、马、绵羊、山羊均喜食，是抓膘催肥的优良牧草。

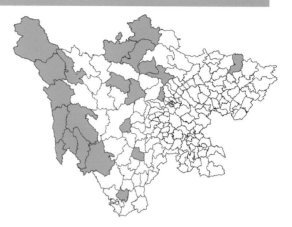

蓼科蓼属

243

整株　　　　　　　　花序　　　　　　　　茎生叶

生境

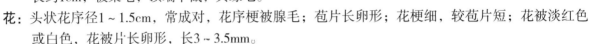

## 224 羽叶蓼 *Polygonum runcinatum* Buch.-Ham. ex D. Don

[识别特征]

**生活型**：多年生草本。

**根**：具粗壮根状茎。

**茎**：茎被毛或近无毛，节部被倒生平伏毛。

**叶**：叶羽裂，长4~8cm，宽2~4cm，顶生裂片三角状卵形，两面疏被糙伏毛，具缘毛；下部叶叶柄具窄翅，上部叶叶柄较短或近无柄，托叶鞘长约1cm，被柔毛，顶端平截，具缘毛。

**花**：头状花序径1~1.5cm，常成对，花序梗被腺毛；苞片长卵形；花梗细，较苞片短；花被淡红色或白色，花被片长卵形，长3~3.5mm。

**果**：瘦果卵形，长2~3mm，黑褐色，包于宿存花被内。

**物候**：花期4~8月，果期6~10月。

[分布范围]

主要分布在川西、川西南地区，为广布种。产我国西北、西南、华南等地区。

[生态和生物学特性]

生于海拔1200~3900m的山坡草地、山谷路旁。

[饲用价值]

茎叶柔软，适口性良好，牛、马、羊均喜食。

叶　　　　　　　　　　花序　　　　　　　　　　生境

## 225 西伯利亚蓼 *Polygonum sibiricum* Laxm.

俗名：剪刀股

**[识别特征]**

**生活型：** 多年生草本，高10～25cm。
**根：** 根状茎细长。
**茎：** 茎外倾或近直立，自基部分枝，无毛。
**叶：** 叶片长椭圆形或披针形，无毛，长5～13cm，宽
　　0.5～1.5cm，顶端急尖或钝，基部戟形或楔形，
　　边缘全缘。
**花：** 花序圆锥状，顶生，花排列稀疏；花被5深裂，黄绿色，花被片长圆形，长约3mm。
**果：** 瘦果卵形，具3棱，黑色，有光泽。
**物候：** 花果期6～9月。

**[分布范围]**

　　产川西、川西北地区。产我国东北、华北、西北、西南等地区。

**[生态和生物学特性]**

　　为耐盐中生或旱中生植物。喜生于盐渍化的低湿处、盐湿沙土地、河滩、湖边和沙漠中的盐湖边缘，是温带禾草–杂类草盐生草甸植物。

**[饲用价值]**

　　为中等饲用植物。嫩枝叶骆驼、绵羊、山羊乐食，牛、马不食。

花序

托叶鞘

整株

生境

叶

蓼科蓼属

245

## 226  珠芽蓼 *Polygonum viviparum* L.

**俗名：** 山谷子

[识别特征]

**生活型：** 多年生草本。

**根：** 根状茎粗壮，弯曲，黑褐色，直径1～2cm。

**茎：** 茎直立，高15～60cm，不分枝，通常2～4条自根状茎发出。

**叶：** 基生叶长圆形或卵状披针形，长3～10cm，宽0.5～3cm，顶端尖或渐尖，基部圆形、近心形或楔形，两面无毛，边缘脉端增厚；茎生叶较小，披针形。

**花：** 总状花序呈穗状，顶生，紧密，下部牛珠芽；花被5深裂，白色或淡红色，椭圆形，长2～3mm。

**果：** 瘦果卵形，具3棱，深褐色，有光泽，长约2mm。

**物候：** 花期5～7月，果期7～9月。

[分布范围]

　　主要分布在川西北、川西南地区。产我国西南、西北、华北、东北地区。

[生态和生物学特性]

　　是多年生中生草本，也是典型的高山草甸植物，耐寒性强；具有肥厚的块状根茎，抗霜雪能力强；对水分和土壤条件要求较严，不耐干旱与土壤板结，适生于潮湿、土层深厚且富含有机质的高山、亚高山草甸。

[饲用价值]

　　草质柔软，营养较丰富，富含蛋白质，是牲畜催肥抓膘的好饲料。青鲜时绵羊与山羊乐食，马、牛可食，骆驼不食。

茎生叶

花序

珠芽

整株

蓼科蓼属

246

## 227　尼泊尔酸模 *Rumex nepalensis* Spreng.

俗名：土大黄

[识别特征]

**生活型**：多年生草本。

**根**：根粗壮。

**茎**：茎直立，高50～100cm，具沟槽，无毛，上部分枝。

**叶**：基生叶长圆状卵形，长10～15cm，宽4～8cm，顶端急尖，基部心形，边缘全缘，两面无毛或下面沿叶脉具小突起；茎生叶卵状披针形。

**花**：花序圆锥状，花两性，花被片6，呈2轮，外轮花被片椭圆形，长约1.5mm，内轮花被片宽卵形，长5～6cm。

**果**：瘦果卵形，具3锐棱，顶端急尖，长约3mm，褐色，有光泽。

**物候**：花期4～5月，果期6～7月。

[分布范围]

四川分布广泛。产我国西南、西北、华中等地区。

[生态和生物学特性]

适应性强，根繁殖能力极强，喜凉爽湿润的气候，在排水良好的夹沙土和腐殖质土壤中生长良好。

[饲用价值]

适口性中等，营养价值一般，属中等牧草。

蓼科酸模属

247

叶

花序

花序和果

生境

## 228　花葶驴蹄草 *Caltha scaposa* Hook. f. et Thoms.

**俗名：** 花莛驴蹄草

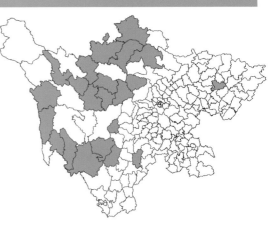

**毛茛科驴蹄草属**

**248**

[识别特征]

**生活型：** 多年生低矮草本，全株无毛。

**根：** 具多数肉质须根。

**茎：** 茎单一或数条，高3.5～18（24）cm，粗1～2mm，通常只在顶端生1朵花。

**叶：** 基生叶3～10片，有长柄，叶片心状卵形或三角状卵形，有时肾形，长1～3cm，宽1.2～2.8（4）cm，顶端圆形，基部深心形，边缘全缘或带波形；茎生叶存在时极小，具短柄或有时无柄，叶片长在1.2cm以下。

**花：** 花单独生于茎顶部，或2朵形成简单的单歧聚伞花序；萼片5～7枚，黄色，倒卵形、椭圆形或卵形，长1～1.5cm，宽0.7～1.4cm，顶端圆形。

**果：** 蓇葖果长1～1.6cm，宽2.5～3mm，具明显的横脉；种子黑色，肾状椭圆球形，稍扁，长1.2～1.5mm，光滑，有少数纵肋。

**物候：** 6～9月开花，7月开始结果。

叶

花

果

生境

[分布范围]

　　主要分布在川西地区。产我国西北、西南等地区。

[生态和生物学特性]

　　生于气候寒冷湿润的山谷沟旁、河边湿地、高山及亚高山草甸和沼泽地，适宜生长的土壤为沙壤土、草甸土或沼泽土。

[饲用价值]

　　植株矮小，枝叶柔嫩，粗蛋白质含量较高，粗纤维少，青绿期牛、马采食，羊偶尔采食，是高寒牧场中牦牛、马的重要牧草，但易发生病虫害。

## 229 蔓菁 *Brassica rapa* L.

俗名：芜菁、变萝卜、圆根

[识别特征]

**生活型：**二年生草本。

**根：**块根肉质，球形、扁圆形或长圆形，外皮白色、黄色或红色，根肉质，白色或黄色，无辣味。

**茎：**茎直立，有分枝，下部稍有毛，上部无毛。

**叶：**基生叶大头羽裂或为复叶，长20～34cm，顶裂片或小叶很大，边缘波状或浅裂，上面有少数散生刺毛，下面有白色尖锐刺毛。

**花：**总状花序顶生，花直径4～5mm，花瓣鲜黄色，倒披针形，长4～8mm，有短爪。

**果：**长角果线形，长3.5～8cm；种子球形，直径约1.8mm，浅黄棕色。

**物候：**花期3～4月，果期5～6月。

[分布范围]

四川和国内其它地区均有栽培。

[生态和生物学特性]

适应性强，喜冷凉湿润气候，耐寒但不耐旱，在肥沃疏松、土层深厚的砂质壤土中生长良好。当年就能形成母根，但不能开花，需将种根窖藏越冬，第二年栽培后才能开花结实。

[饲用价值]

产量高，适口性好，易消化，牛、羊、马喜食。根、茎、叶均可制成饲料，是高原藏区牲畜冬春补饲的重要饲料。茎叶可晒制成青干草作为青贮饲料，肉质根可入窖储藏备用。可作为一种优良多汁、高能量的饲料，使牲畜强壮，保障牲畜安全过冬，对藏区牧民具有重大意义。

解剖图　　　　　　　　　　根（1）

根（2）　　　　　　　　　　生境

十字花科芸薹属

249

## 230 蕨麻 *Potentilla anserina* L.

**俗名：** 鹅绒委陵菜、人参果

蔷薇科委陵菜属

[识别特征]

**生活型：** 多年生草本。

**根：** 根向下延长，具纺锤形或椭圆形块根。

**茎：** 茎匍匐，节处生根，常着地长出新植株。

**叶：** 基生叶为间断羽状复叶，有小叶6~11对，小叶通常椭圆形、倒卵椭圆形或长椭圆形，长1~2.5cm，宽0.5~1cm，顶端圆钝，基部楔形或阔楔形，边缘有多数尖锐锯齿或呈裂片状，上面绿色，下面密被紧贴银白色绢毛；茎生叶与基生叶相似，唯小叶对数较少。

**花：** 单花腋生；花直径1.5~2cm；萼片三角状卵形，顶端急尖或渐尖；花瓣黄色，倒卵形，顶端圆形，比萼片长1倍。

**果：** 瘦果椭圆形，宽约1mm，褐色，表面微被毛。

**物候：** 花果期6~8月。片长1倍。

[分布范围]

主要分布在川西地区。我国东北、西北、华北及西南地区均有分布。

[生态和生物学特性]

分布广，数量多，是广生态幅中生耐盐植物。对土壤的适应性较强，具有很强的耐涝性，喜光但不耐炎热、干旱。

[饲用价值]

质地柔软，干草具清香味，属柔软多汁、营养价值较高的牧草。

花　　　　　　　　解剖图　　　　　　　　生境

## 231 二裂委陵菜 *Potentilla bifurca* L.

俗名：二裂叶委陵菜

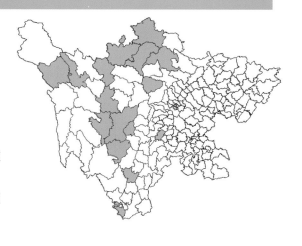

[识别特征]

**生活型：** 多年生草本或亚灌木。

**根：** 根圆柱形，纤细，木质。

**茎：** 花茎直立或上升，高5~20cm，密被疏柔毛或微硬毛。

**叶：** 羽状复叶，有小叶5~8对，小叶无柄，椭圆形或倒卵状椭圆形，长0.5~1.5cm，宽0.4~0.8cm，顶端常2裂，稀3裂，两面绿色，伏生疏柔毛。

**花：** 近伞房状聚伞花序，顶生，疏散，花径0.7~1cm，花瓣黄色。

**果：** 瘦果表面光滑。

**物候：** 花、果期5~9月。

[分布范围]

产川西、川西北、川西南等地区。产我国东北、华北、西北、西南等地区。

根

花

[生态和生物学特性]

生于海拔800~3600m道旁、沙地、河滩、山坡草地、黄土坡、半干旱荒漠草原及疏林。

[饲用价值]

草质好，各种牲畜均喜食，为良等牧草。

生境

蔷薇科委陵菜属

251

## 232　金露梅 *Potentilla fruticosa* L.

蔷薇科委陵菜属

[识别特征]

**生活型：** 灌木，高0.5～2m。

**茎：** 小枝红褐色，幼时被长柔毛。

**叶：** 羽状复叶，有小叶2对，稀3片片小叶；叶柄被绢毛或疏柔毛；小叶长圆形、倒卵状长圆形或卵状披针形，长0.7～2cm，宽0.4～1cm，全缘，顶端急尖或圆钝，基部楔形，两面绿色，疏被绢毛、柔毛或脱落至近无毛。

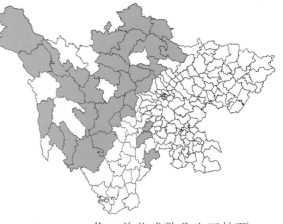

**花：** 单花或数朵生于枝顶，花瓣黄色，宽倒卵形，顶端圆钝，直径2.2～3cm。

**果：** 瘦果近卵形，褐棕色，长1.5mm，外被长柔毛。

**物候：** 花果期6～9月。

叶　　　　　　花

枝

[分布范围]

　　主要分布在川西北地区。产我国西南地区。

[生态和生物学特性]

　　繁殖能力强，对土壤要求不严，耐寒、耐干旱，多喜生于亚高山和高山草甸、灌丛草甸、针叶林近缘及高寒沼泽草甸。

[饲用价值]

　　枝叶柔软，营养价值较高，春季马、羊采食，牛也采食。

## 233 伏毛金露梅 *Potentilla fruticosa var. arbuscula*

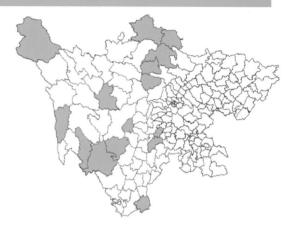

[识别特征]

　　与原变种的主要区别在于，小叶上面密被伏生白色柔毛，下面网脉较为明显突出，被疏柔毛或无毛，边缘常向下反卷。

蔷薇科委陵菜属

花和叶

花

253

生境

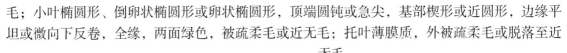

**234　白毛银露梅** *Potentilla glabra* var. *mandshurica* (Maxim.) Hand.-Mazz.

**俗名：**观音茶、华西银露梅、华西银腊梅

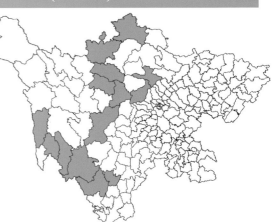

薔薇科委陵菜属

**[识别特征]**

**生活型：**灌木。

**茎：**高0.3～2m，稀达3m，树皮纵向剥落；小枝灰褐色或紫褐色，被稀疏柔毛。

**叶：**小叶上面或多或少伏生柔毛，下面密被白色绒毛或绢毛；羽状复叶，有小叶2对，稀3片小叶，上面一对小叶基部下延与轴汇合，叶柄被疏柔毛；小叶椭圆形、倒卵状椭圆形或卵状椭圆形，顶端圆钝或急尖，基部楔形或近圆形，边缘平坦或微向下反卷，全缘，两面绿色，被疏柔毛或近无毛；托叶薄膜质，外被疏柔毛或脱落至近无毛。

**花：**顶生单花或数朵，花梗细长，被疏柔毛；花直径1.5～2.5cm；萼片卵形，急尖或短渐尖，副萼片披针形、倒卵状披针形或卵形，比萼片短或近等长，外面被疏柔毛；花瓣白色，倒卵形，顶端圆钝；花柱近基生，棒状，基部较细，在柱头下缢缩，柱头扩大。

**果：**瘦果表面被毛。

**物候：**花果期5～9月。

枝

花和叶　　　　花

**[分布范围]**

产川西、川西北、川西南等地区。产我国西北、华北等地区。

**[生态和生物学特性]**

生于海拔2500～3500m的山地灌丛。

**[饲用价值]**

骆驼喜食，羊乐食，牛采食叶，属中等饲用植物。

## 235 西南委陵菜 *Potentilla lineata* Treviranus

**俗名：** 银毛委陵菜、管仲、地槟榔、锐齿西南委陵菜

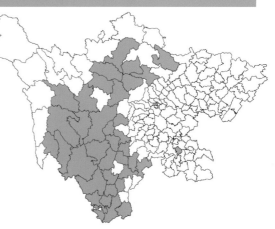

[ 识别特征 ]

**生活型：** 多年生草本，高10～60cm。

**根：** 根粗壮，圆柱形。

**茎：** 花茎直立或上升，密被开展长柔毛及短柔毛。

**叶：** 基生叶为间断羽状复叶，叶柄密被开展长柔毛及
短柔毛；小叶无柄或有时顶生小叶有柄，倒卵
状长圆形或倒卵状椭圆形，顶端圆钝，基部楔
形或宽楔形，边缘有多数尖锐锯齿，上面绿色或暗绿色，
伏生疏柔毛，下面密被白色绢毛及绒毛。

**花：** 伞房状聚伞花序顶生；萼片三角状卵圆形，顶端急尖，外
面绿色，被长柔毛，副萼片椭圆形，顶端急尖，全缘，稀
有齿，外面密生白色绢毛，与萼片近等长；花瓣黄色，顶
端圆钝，比萼片稍长；花柱近基生，两端渐狭，中间粗，
子房无毛。

**果：** 瘦果光滑。

**物候：** 花果期6～10月。

叶

[ 分布范围 ]

产川西到川西南的大部分地区，川北也有分布。产我国西
南、华南等地区。

[ 生态和生物学特性 ]

生于海拔1100～3600m的山坡草地、灌丛、林缘及林中。

生境

[ 饲用价值 ]

属良等牧草。

根

花序

花

蔷薇科委陵菜属

255

## 236 小叶金露梅 *Potentilla parvifolia* Fisch.

俗名：小叶金老梅

**[ 识别特征 ]**

**生活型**：灌木，高0.3 ~ 1.5m。

**茎**：分枝多，树皮纵向剥落；小枝灰色或灰褐色，幼时被灰白色柔毛或绢毛。

**叶**：叶为羽状复叶，有小叶2对，常混生3对；小叶披针形、带状披针形或倒卵状披针形，长0.7 ~ 1cm，宽2 ~ 4mm，顶端常渐尖，稀圆钝，基部楔形，边缘全缘，明显向下反卷，两面绿色，被绢毛，或下面粉白色，有时被疏柔毛。

**花**：顶生单花或数朵，花梗被灰白色柔毛或绢状柔毛；花直径1.2 ~ 2.2cm；萼片卵形，顶端急尖，外面被绢状柔毛或疏柔毛；花瓣黄色，宽倒卵形，顶端微凹或圆钝，比萼片长1 ~ 2倍。

**果**：瘦果表面被毛。

**物候**：花果期6 ~ 8月。

**[ 分布范围 ]**

川西北到川西南地区均有分布。产我国西北、西南等地区。

**[ 生态和生物学特性 ]**

为旱中生灌木，生于草原地带的山地与丘陵砾石质坡地，也见于荒漠区及山谷水边。生态幅较宽，温性山地到高寒草甸均有分布。

蔷薇科委陵菜属

256

枝

生境

**[ 饲用价值 ]**

春季山羊、牦牛采食嫩枝和嫩叶，夏季采食花，秋季绵羊采食、山羊乐食，冬季山羊采食。但秋季以后，纤维素含量增加，适口性降低，为中等饲用植物。

## 237 钉柱委陵菜 *Potentilla saundersiana* Royle

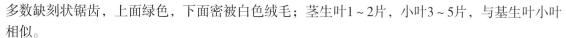

**[识别特征]**

**生活型：**多年生草本。

**根：**根粗壮，圆柱形。

**茎：**花茎直立或上升，高10~20cm，被白色绒毛及疏柔毛。

**叶：**基生叶具3~5片掌状复叶，被白色绒毛及疏柔毛，小叶长圆状倒卵形，长0.5~2cm，宽0.4~1cm，顶端圆钝或急尖，基部楔形，边缘有多数缺刻状锯齿，上面绿色，下面密被白色绒毛；茎生叶1~2片，小叶3~5片，与基生叶小叶相似。

**花：**聚伞花序顶生，有花多朵，外被白色绒毛；萼片三角状卵形或三角状披针形，外被白色绒毛及柔毛；花径1~1.4cm，花瓣黄色。

**果：**瘦果光滑。

**物候：**花果期6~8月。

**[分布范围]**

产川西及川西北等地区。产我国西南、西北等地区。

**[生态和生物学特性]**

适应范围广，抗寒能力较强，具有较高的生态可塑性，喜生于山坡草地。

**[饲用价值]**

植株矮小，但质地柔软，营养价值较高，适宜用于放牧，牛、羊、马喜食。

标本                花                生境

薔薇科委陵菜属

257

**238    矮地榆** *Sanguisorba filiformis* (Hook. f.) Hand.-Mazz.

俗名：虫莲

**[ 识别特征 ]**

**生活型：**多年生草本。

**根：**根圆柱形，表面棕褐色。

**茎：**茎高8～35cm，纤细，无毛。

**叶：**基生叶为羽状复叶，有小叶3～5对，小叶宽卵
形或近圆形，长0.4～1.5cm，顶端圆钝，稀近
截形，基部圆形至微心形，边缘有圆钝锯齿，
上面暗绿色，下面绿色，两面均无毛；茎生叶1～3片，与基生叶相似，唯向上小叶对数逐渐
减少。

**花：**花单性，雌雄同株，花序头状，近球形，直径3～7mm，周围为雄花，中央为雌花，萼片4枚，
白色。

**果：**果有4棱，成熟时萼片脱落。

**物候：**花果期6～9月。

**[ 分布范围 ]**

　　主要分布在川西北、川西南等地区。主要分
布在我国西南地区。

**[ 生态和生物学特性 ]**

　　生于中海拔的沟谷、河滩湿地。

整株　　　　　　　　果

**[ 饲用价值 ]**

　　家畜喜食干草，属良等牧草。

叶　　　　　　　　花　　　　　　　　　　　　　生境

蔷薇科地榆属

258

## 239 地榆 *Sanguisorba officinalis* L.

俗名：一串红、山枣子、黄爪香

[识别特征]

生活型：多年生草本。

根：根粗壮，多呈纺锤形，稀圆柱形，表面棕褐色或
　　紫褐色。

茎：茎直立，有棱，无毛或基部有稀疏腺毛。

叶：基生叶为羽状复叶，有小叶4～6对，小叶卵形或
　　长圆状卵形，长1～7cm，宽0.5～3cm，两面绿
　　色，无毛；茎生叶较少，长圆形至长圆状披针形。

花：穗状花序椭圆形、圆柱形或卵球形，直立，通常长1～3（4）cm，横径0.5～1cm，从花序顶端
　　向下开放，萼片4枚，紫红色，椭圆形至宽卵形，背面被疏柔毛。

果：果实包藏在宿存萼筒内，外面有斗棱。

物候：花果期7～10月。

[分布范围]

　　包括四川在内，
国内分布广泛。

[生态和生物学特性]

　　适应范围广，对
土壤要求不严，喜肥
沃、疏松、排水良好
的土壤，中国南北各
地均能栽培。

[饲用价值]

　　营养价值高，开
花前各种家畜均采
食，花期牛、马、羊
喜食花序，调制成
干草后各种牲畜均
可食，为中等饲用
植物。

花序

果

叶

根

生境

蔷薇科地榆属

259

## 240　牻牛儿苗 *Erodium stephanianum* Willd.

**俗名：太阳花**

[识别特征]

**生活型：**多年生草本，高通常15～50cm。

**根：**根为直根，较粗壮，少分枝。

**茎：**茎多数，仰卧或蔓生，具节，被柔毛。

**叶：**叶对生；基生叶和茎下部叶具长柄，柄被开展的
　　　长柔毛和倒向短柔毛；叶片轮廓卵形或三角状
　　　卵形，基部心形，长5～10cm，宽3～5cm，2回
　　　羽状深裂，小裂片卵状条形，全缘或具疏齿，表面被疏伏毛，背面被疏柔毛，沿脉被毛较密。

**花：**伞形花序腋生，明显长于叶，总花梗被开展长柔毛和倒向短柔毛，每梗具2～5朵花；苞片狭披
　　　针形，分离；萼片矩圆状卵形，长6～8mm，宽2～3mm，先端具长芒，被长糙毛，花瓣紫红
　　　色，倒卵形，等于或稍长于萼片，先端圆形或微凹；雄蕊稍长于萼片，花丝紫色，中部以下扩
　　　展，被柔毛；雌蕊被糙毛，花柱紫红色。

**果：**蒴果长约4cm，密被短糙毛；种子褐色，具斑点。

**物候：**花期6～8月，果期8～9月。

[分布范围]

　　主要分布在川西北地区。产我国东北、华
北、西北、西南等地区。

[生态和生物学特性]

　　生于海拔400～4000m的草原草甸、河漫
滩、农田等。

[饲用价值]

　　牛、羊喜食，属良等牧草。

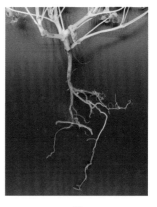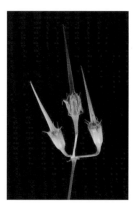

根　　　　　　　　　　　果

花序　　　　　　　　　　　生境

牻牛儿苗科牻牛儿苗属

## 241 尼泊尔老鹳草 *Geranium nepalense* Sweet

**俗名：**五叶草、少花老鹳草

[识别特征]

**生活型：**多年生草本。

**根：**根为直根，多分枝，纤维状。

**茎：**茎多数，高30～50cm，细弱，多分枝，仰卧，被倒生柔毛。

**叶：**叶对生或偶为互生，基生叶五角状肾形，茎部心形，掌状5深裂，裂片菱形或菱状卵形，长2～4cm，宽3～5cm，先端锐尖或钝圆，基部楔形；上部叶片较小，通常3裂。

**花：**总花梗腋生，每梗2朵花，少有1朵花；花瓣紫红色或淡紫红色，倒卵形。

**果：**蒴果长15～17mm，果瓣被长柔毛，喙被短柔毛。

**物候：**花期4～9月，果期5～10月。

[分布范围]

四川分布广泛。主要分布在我国西南地区。

[生态和生物学特性]

喜温暖湿润气候，耐寒、耐湿。喜阳光充足，适宜栽种在疏松肥沃且湿润的壤土中。

叶

托叶

[饲用价值]

适口性中等，家畜采食，为中等牧草。

花（1）

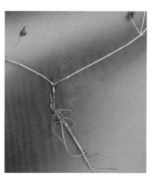
花（2）

根

生境

牻牛儿苗科老鹳草属

261

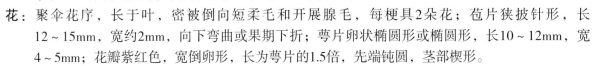

## 242  草地老鹳草 *Geranium pratense* L.

**俗名：**草甸老鹳草、草原老鹳草

左侧竖排：牻牛儿苗科老鹳草属

[识别特征]

**生活型：**多年生草本，高30～50cm。

**根：**根粗壮，斜生，具多数纺锤形块根。

**茎：**茎单一或数个丛生，直立，假二叉状分枝，被倒向弯曲的柔毛和开展的腺毛。

**叶：**叶基生和茎上对生；叶片肾圆形或上部叶五角状肾圆形，基部宽心形，长3～4cm，宽5～9cm，掌状7～9深裂近茎部；表面被疏伏毛，背面通常仅沿脉被短柔毛。

**花：**聚伞花序，长于叶，密被倒向短柔毛和开展腺毛，每梗具2朵花；苞片狭披针形，长12～15mm，宽约2mm，向下弯曲或果期下折；萼片卵状椭圆形或椭圆形，长10～12mm，宽4～5mm；花瓣紫红色，宽倒卵形，长为萼片的1.5倍，先端钝圆，茎部楔形。

**果：**蒴果长2.5～3cm，被短柔毛和腺毛。

**物候：**花期6～7月，果期7～9月。

[分布范围]

产川西、川西北等地区。产我国华北、西北、西南等地区。

[生态和生物学特性]

为中生多年生草本植物，耐寒性强，不耐旱；再生性强，适宜生长在湿润的环境中；根系发达，具有肥厚的肉质块根。

[饲用价值]

质地柔软，营养价值高。绵羊、山羊、马和牛喜食叶片及花序，马最喜食。调制的干草或枯草，各种家畜都喜食。

整株

果

花

生境

## 243 反瓣老鹳草 *Geranium refractum* Edgew. et Hook. f.

**俗名：** 黑蕊老鹳草、黑药老鹳草、紫萼老鹳草

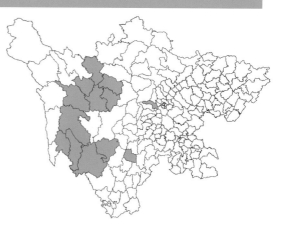

### [ 识别特征 ]

**生活型：** 多年生草本。

**根：** 根茎粗壮，斜生。

**茎：** 茎多数，直立，被倒向开展的糙毛和腺毛，高
  30~40cm。

**叶：** 叶对生，叶片五角状，长约4cm，宽约5cm，掌
  状5深裂近基部，裂片菱形或倒卵状菱形，表面
  被短伏毛，背面被疏柔毛。

**花：** 总花梗腋生和顶生，被紫红色开展腺毛；花瓣白色，倒长卵形，反折。

**物候：** 花期7~8月，果期8~9月。

### [ 分布范围 ]

川西、川西南地区均有分布。主要分布在
我国西南地区。

### [ 生态和生物学特性 ]

生于海拔3800~4500m的山地灌丛和
草甸。

枝　　　　　　　　　　叶

### [ 饲用价值 ]

营养价值较高，属良等牧草。

根　　　　　　　花　　　　　　　幼果　　　　　　生境

牻牛儿苗科老鹳草属

263

## 244 中国沙棘 *Hippophae rhamnoides* subsp. *sinensis* Rousi

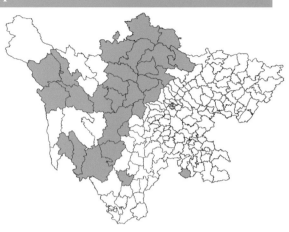

**[识别特征]**

**生活型**：落叶灌木或乔木，高1～5m，最高可达18m。

**茎**：棘刺较多，粗壮，顶生或侧生；嫩枝褐绿色，密被银白色带褐色鳞片或有时具白色星状柔毛，老枝灰黑色，粗糙。

**叶**：单叶通常近对生，纸质，狭披针形或矩圆状披针形，长30～80mm，宽4～10（13）mm，两端钝形或基部近圆形，基部最宽，上面绿色，初被白色盾形毛或星状柔毛，下面银白色或淡白色。

**花**：雌雄异株，先花后叶；花淡黄色，雄花先开，无花梗，花萼2裂，雄蕊4枚，雌花后开，单生于叶腋，具短梗，花萼筒囊状，2齿裂。

**果**：果实圆球形，直径4～6mm，橙黄色或橘红色；种子小，阔椭圆形至卵形，有时稍扁，长3～4.2mm，黑色或紫黑色，具光泽。

**物候**：花期4～5月，果期9～10月。

**[分布范围]**

产川西地区。主要产我国西北地区。

中国沙棘

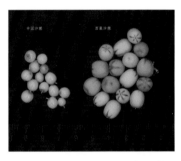

左为中国沙棘，右为西藏沙棘

雌花

雄花

**[生态和生物学特性]**

适应范围广，抗寒，极喜光，耐瘠薄，萌蘖性和再生性强，具有一定的耐旱性。在横断山区分布广泛，常生长在宽阔的河谷里并聚集成片，而且能长成高大的乔木。

**[饲用价值]**

沙棘叶营养丰富，再生能力强，有"铁杆牧草"之称。拉丁名"Hippophae rhamnoides"意为"使马闪闪发光的树"，即马吃了沙棘后会变得强壮，毛色发亮。羊乐食其嫩枝叶，其他牲畜也采食。马、山羊、绵羊等牲畜喜食其果实。

胡颓子科沙棘属

## 245 西藏沙棘 *Hippophae tibetana* Schlechtendal

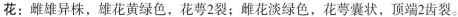

**[识别特征]**

**生活型**：小灌木，高（5）10~60（80）cm。

**根**：具根状茎，根系发达。

**茎**：老枝深灰色，厚，具规则间距的落叶痕，多叶的茎纤细，不分枝。

**叶**：叶多3轮生，线状长圆形，长1.2~2cm，宽0.25~0.4cm，密被鳞片；叶表浅灰色，背面带白色。

**花**：雌雄异株，雄花黄绿色，花萼2裂；雌花淡绿色，花萼囊状，顶端2齿裂。

**果**：果实黄褐色，球状倒椭圆形，圆柱状，长8~11mm，宽6~9mm，顶端具6条放射状黑色条纹；种子扁平，长4~5.6mm，宽1.9~2.8mm。

**物候**：果期5月。

**[分布范围]**

产川西及川西北地区。产我国西南、西北地区。

**[生态和生物学特性]**

生于海拔3300~5200m的高原草地河漫滩及岸边。喜光、耐寒、耐旱，根系发达，根际微生物丰富，具有防风固沙、保持水土的作用。

**[饲用价值]**

马、羊喜食嫩枝叶和果实，属中等饲用植物。另外，牧民也喜欢吃果实。

枝

果

生境

叶

胡颓子科沙棘属

265

## 246 肋果沙棘 *Hippophae neurocarpa* S. W. Liu et T. N. He

俗名：黑刺

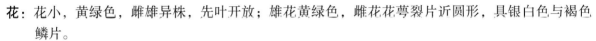

**[识别特征]**

**生活型：**落叶灌木或小乔木，高0.6～5m。

**茎：**幼枝黄褐色，密被银白色或淡褐色鳞片和星状柔毛，老枝变光滑，灰棕色，先端刺状，呈灰白色。

**叶：**叶互生，线形至线状披针形，长2～6（8）cm，宽1.5～5mm，顶端急尖，基部楔形或近圆形，上面幼时密被银白色鳞片，下面密被银白色鳞片和星状毛。

**花：**花小，黄绿色，雌雄异株，先叶开放；雄花黄绿色，雌花花萼裂片近圆形，具银白色与褐色鳞片。

**果：**果实圆柱形，弯曲，具5～7纵肋（通常6纵肋），直径3～4mm，成熟时褐色，肉质，密被银白色鳞片；种子圆柱形，长4～6mm，黄褐色。

**[分布范围]**

主要分布在川西北地区。产我国西南、西北地区。

**[生态和生物学特性]**

生于河谷、阶地、河漫滩等。

胡颓子科沙棘属

266

果　　　　　　　　　　　枝（1）　　　　　　　　　　枝（2）

## 247 理塘沙棘 *Hippophae litangensis* Y. S. Lian & Xue L. Chen ex Swenson & Bartish

[识别特征]

　　灌木或小乔木。幼枝被毛，侧刺不分枝。叶互生，线形，背面有毛，具白色鳞片，边缘外卷。果黄色至红色，圆柱形，具5~7条小脊，长6~8mm；种子直，纵向呈脊状。饲用价值同其他沙棘植物。分子证据显示，该物种是密毛肋果沙棘（*Hippophae neurocarpa* subsp. *stellatopilosa*）和云南沙棘（*Hippophae rhamnoides* subsp.*yunnanensis*）的杂交种。四川特有，产四川理塘、红原等地。生于山坡。

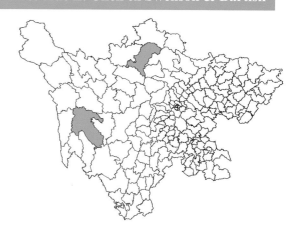

枝

果

叶

## 248 葛缕子 *Carum carvi* L.

**俗名：**藏茴香

**[识别特征]**

**生活型：**多年生草本，高30～70cm。

**根：**根圆柱形，长4～25cm，径5～10mm，表皮棕褐色。

**茎：**茎通常单生，稀2～8条。

**叶：**基生叶及茎下部叶的叶柄与叶片近等长，长圆状披针形，长5～10cm，宽2～3cm，2～3回羽状分裂，末回裂片线形或线状披针形；茎中上部叶与基生叶同形，较小。

**花：**小伞形花序有花5～15朵，花杂性，无萼齿，花瓣白色，或带淡红色；伞辐5～10枚，极不等长，长1～4cm。

**果：**果实长卵形，长4～5mm，宽约2mm，成熟后黄褐色，果棱明显。

**物候：**花果期5～8月。

叶　　　　　　　整株

根　　　　　　　花序

**[分布范围]**

　　主要分布在川西北地区。产我国东北、华北、西北、西南等地区。

**[生态和生物学特性]**

　　对生长环境、土壤要求不严，主要生长在海拔800～4000m的路旁、草原、山沟、河滩及山坡等处。

花、果和枝　　　　　　果

**[饲用价值]**

　　可食用，可药用，也可用于提取香料。目前尚无人工栽培的报道，但开发潜力大。

伞形科葛缕子属

268

## 249 矮泽芹 *Chamaesium paradoxum* Wolff

[识别特征]

生活型：二年生草本，高8～35cm。

根：主根圆锥形，长3～9cm。

茎：茎单生，直立，有分枝，中空。

叶：基生叶或茎下部的叶长圆形，长3～4.5cm，宽
1.5～3cm，1回羽状分裂，羽片4～6对，卵形或
卵状长圆形至卵状披针形；茎上部的叶有羽片
3～4对，卵状披针形至阔线形。

花：伞形花序有多数小花，排列紧密，花白色或淡黄色。

果：果实长圆形，长1.5～2.2mm，宽1～1.5mm。

物候：花果期7～9月。

[分布范围]

主要分布在川西北地区。产我国西北、西南等地区。

[生态和生物学特性]

生于海拔340～4800m的山坡湿草地。

[饲用价值]

属良等牧草。

叶　　　　　　　　整株　　　　　　　　花序　　　　　　　　生境

**250　聚合草 *Symphytum officinale* L.**

**俗名：**爱国草、友谊草

紫草科聚合草属

**［识别特征］**

**生活型：**多年生丛生型草本，高30～90cm。

**根：**根发达，主根粗壮，淡紫褐色。

**茎：**茎数条，直立或斜升，有分枝。

**叶：**基生叶通常50～80片，最多可达200片，具长柄，叶片带状披针形、卵状披针形至卵形，长30～60cm，宽10～20cm，稍肉质，先端渐尖；茎中部和上部叶较小，无柄，基部下延。

**花：**卷伞花序多数，花冠长14～15mm，淡紫色、紫红色至黄白色，裂片三角形，先端外卷。

**果：**小坚果歪卵形，长3～4mm，黑色，平滑，有光泽。

**物候：**花期5～10月。

花序　　　　　　　　生境

**［分布范围］**

原产高加索地区，1963年引进，现在国内广泛栽培。

**［生态和生物学特性］**

耐寒，喜温暖湿润的气候；生长迅速，再生性强；对土壤要求不严，抗逆性强。

**［饲用价值］**

适口性好，蛋白质含量高，含有丰富的维生素，是一种比较优良的牧草。以制作青饲料和青贮为主，调制成干草较难。

整株（1）　　　　　　整株（2）

270

## 251　夏枯草 *Prunella vulgaris* L.

俗名：灯笼草、铁色草、乃东、夕名

[识别特征]

**生活型**：多年生草本。

**根**：根茎匍匐，节上生须根。

**茎**：茎高20～30cm，上升，紫红色，被稀疏的糙毛或近无毛。

**叶**：茎叶卵状长圆形或卵圆形，大小不一，长1.5～6cm，宽0.7～2.5cm，先端钝，基部圆形、截形至宽楔形，边缘具不明显的波状齿或近全缘，草质，上面橄榄绿色，下面淡绿色。

**花**：轮伞花序密集，组成顶生的长2～4cm的穗状花序，花冠紫色、蓝紫色或红紫色，长约13mm。

**果**：小坚果黄褐色，长圆状卵珠形，长1.8mm，宽约0.9mm，微具沟纹。

**物候**：花期4～6月，果期7～10月。

整株　　　　　　叶　　　　　　花序

[分布范围]

四川分布广泛。产我国西南、西北、华南等地区。

[生态和生物学特性]

生于荒坡、草地、溪边及路旁等的湿润处。

[饲用价值]

冬春萌发早，为春季的良好牧草。

生境

唇形科夏枯草属

271

## 252　山莨菪 *Anisodus tanguticus* (Maxim.) Pascher

**俗名：**唐古特莨菪、黄花山莨菪

[ 识别特征 ]

**生活型：**多年生宿根草本，高40～80cm，有时达
　　　　1m。
**根：**根粗大，近肉质。
**茎：**茎无毛或被微柔毛。
**叶：**叶片纸质或近坚纸质，矩圆形至狭矩圆状卵形，
　　长8～11cm，宽2.5～4.5cm，顶端急尖或渐尖，
　　基部楔形或下延，全缘或具1～3对粗齿，具啮蚀状细齿，两面无毛。
**花：**花冠钟状或漏斗状钟形，紫色或暗紫色，长2.5～3.5cm。
**果：**果实球状或近卵状，直径约2cm。
**物候：**花期5～6月，果期7～8月。

[ 分布范围 ]

产川西三州。产我国西南、西北等地区。

[ 生态和生物学特性 ]

广布于山坡、谷地和路边，也喜生于河边、居民区周围的向阳肥沃土壤。适应性较强，对土壤要求不严。

[ 饲用价值 ]

营养价值高，干草犏牛、绵羊、山羊均喜食。清鲜时含生物碱，牲畜采食少。

果　　　　　　　　　　　枝　　　　　　　　　　　生境

## 253 短腺小米草 *Euphrasia regelii* Wettst.

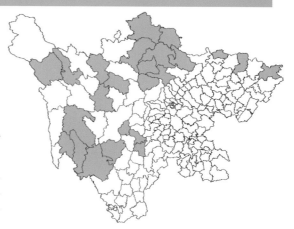

[识别特征]

**生活型：** 一年生草本。

**根：** 须根系，较发达。

**茎：** 茎直立，高3～35cm，不分枝或分枝，被白色柔毛。

**叶：** 叶和苞叶无柄，卵形至卵圆形，基部宽楔形，长5～15mm，宽3～13mm，每边有3～6枚锯齿，锯齿急尖或渐尖，有时为芒状，同时被刚毛和顶端为头状的短腺毛。

**花：** 花萼管状，长4～5mm，裂片披针状渐尖至钻状渐尖，长达3～5mm；花冠白色，上唇常带紫色，背面长5～10mm，外面多少被白色柔毛，背部最密，下唇比上唇长，裂片顶端明显凹缺，中裂片宽至3mm。

**果：** 蒴果长矩圆状，长4～9mm，宽2～3mm。

**物候：** 花期5～9月。

[分布范围]

　　川西北到川西南地区均有分布。产我国西北、西南等地区。

[生态和生物学特性]

　　生于亚高山及高山草地、湿草地和林中。

[饲用价值]

　　属中等牧草。

整株　　　　　　　　　　　生境　　　　　　　　　　　花

## 254　甘孜沙参 *Adenophora jasionifolia* Franch.

**俗名：** 小钟沙参、阿墩沙参

[识别特征]

**生活型：** 多年生草本，高达60cm。

**根：** 根较粗，径达1cm。

**茎：** 茎2支至多支发自一条根，稀单生，上升，不分
枝，无毛或疏生柔毛。

**叶：** 茎生叶多集中于茎下半部，卵圆形、椭圆形、披
针形或线状披针形，长2～8cm，通常无柄，两
面有短柔毛。

**花：** 花单朵顶生，或常常少数几朵组成假总状花序，有时花序下部具有只生单朵花的花序分枝；花
萼无毛，或有时裂片边缘疏生睫毛，筒部倒圆锥状，基部急尖，稀钝，裂片狭三角状钻形，常
灰色，长5～8（10）mm，宽约1.5mm，边缘有多对瘤状小齿；花冠漏斗状，蓝色或紫蓝色，
长15～22mm。

**果：** 蒴果椭圆状；种子黄棕色，椭圆状，有1条窄棱。

**物候：** 花期7～8月，果期9月。

[分布范围]

产川西北、川西南等地区。主要分布在我国西南地区。

[生态和生物学特性]

生于海拔3000～4700m的草地和林缘草丛。

| 叶 | 生境 | 花序 | 花 |

桔梗科沙参属

## 255 车前 *Plantago asiatica* L.

俗名：车轱辘菜

**[识别特征]**

**生活型：** 二年生或多年生草本。

**根：** 须根多数。

**茎：** 根茎短，稍粗。

**叶：** 叶基生，呈莲座状，平卧、斜展或直立；叶片薄纸质或纸质，宽卵形至宽椭圆形，长4～12cm，宽2.5～6.5cm，先端钝圆至急尖，基部宽楔形或近圆形，两面疏生短柔毛，脉5～7条。

**花：** 穗状花序细圆柱状，3～10个，直立或弓曲上升；花冠白色，无毛。

**果：** 蒴果纺锤状卵形、卵球形或圆锥状卵形，长3～4.5mm；种子5～6（12）粒，卵状椭圆形或椭圆形，长（1.2）1.5～2mm，具角，黑褐色至黑色。

**物候：** 花期4～8月，果期6～9月。

**[分布范围]**

四川各地多有分布。几乎遍布全国。

花序　　　　　　叶背

**[生态和生物学特性]**

属伴人植物，生于较湿润的田野、耕地以及荒废道路旁，多见于水湿地边。

**[饲用价值]**

出苗早、枯死晚，再生性、抗逆性强，适用于放牧猪或切碎生喂、发酵喂。

根　　　　　　整株

## 256 平车前 *Plantago depressa* **Willd.**

俗名：车前草、小车前

**[识别特征]**

**生活型：**一年生或二年生草本。

**根：**直根长，具多数侧根，多少肉质。

**茎：**根茎短。

**叶：**叶基生，呈莲座状，平卧、斜展或直立；叶片纸质，椭圆形、椭圆状披针形或卵状披针形，长3～12cm，宽1～3.5cm，先端急尖或微钝，边缘具浅波状钝齿、不规则锯齿或牙齿，疏生白色短柔毛。

**花：**穗状花序细圆柱状，上部密集，花冠白色，无毛。

**果：**蒴果卵状椭圆形至圆锥状卵形，长4～5mm；种子4～5粒，椭圆形，长1.2～1.8mm，黄褐色至黑色。

**物候：**花期5～7月，果期7～9月。

**[分布范围]**

四川及国内其他地区分布广泛。

**[生态和生物学特性]**

适应性强，耐寒、耐旱，对土壤要求不高，在温暖、潮湿、向阳、沙质的沃土中生长良好。

**[饲用价值]**

属中等饲用植物。马、牛、羊、骆驼乐食，幼期喜食。

车前科车前属

整株        花序        生境

## 257  细叶亚菊 *Ajania tenuifolia* (Jacq.) Tzvel.

俗名：细叶菊艾

[识别特征]

**生活型**：多年生草本。

**根**：根茎短，发出多数地下匍匐茎和地上茎。

**茎**：茎自基部分枝，分枝弧形斜升或斜升，被短柔毛。

**叶**：叶2回羽状分裂，半圆形、三角状卵形或扇形，长宽1~2cm，上面淡绿色，被稀疏的长柔毛，下面白色或灰白色，被稠密的顺向贴伏长柔毛。

**花**：头状花序少数在茎顶排列成直径2~3cm的伞房花序。雌花细管状，花冠长2mm，顶端2~3齿裂；两性花冠状，长3~4mm，全部花冠均有腺点。

**果**：瘦果近圆柱形，无冠毛。

**物候**：花果期6~10月。

菊科亚菊属

277

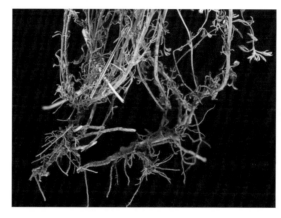

根系

花序

[分布范围]

产川西北地区。产我国西南、西北地区。

[生态和生物学特性]

适应范围广，但具有入侵性，可抑制垂穗披碱草的生长。

[饲用价值]

适口性差，牲畜采食少，饲用价值不高。

生境

## 258 乳白香青 *Anaphalis lactea* Maxim.

**俗名：**大矛香艾

[识别特征]

**生活型：**多年生灌木状草本。

**根：**根状茎粗壮。

**茎：**茎直立，高10～40cm，不分枝，草质，被白色
或灰白色棉毛，下部有较密的叶。

**叶：**莲座状叶披针状或匙状长圆形，长6～13cm，宽
0.5～2cm；中部及上部叶直立或依附于茎，长椭
圆形、线状披针形或线形，长2～10cm，宽0.8～1.3cm。

**花：**头状花序多数，在茎枝端密集成复伞房状，总苞片4～5层，外层浅褐色或深褐色，内层乳白
色。雌株头状花序有多层雌花，中央有2～3朵雄花；雄株头状花序全部为雄花。

**果：**瘦果圆柱形，长约1mm，近无毛。

**物候：**花果期7～9月。

[分布范围]

产川西及川西北地区。产我国西北、西南
等地区。

[生态和生物学特性]

生于海拔2000～3400m的亚高山及低山草
地和针叶林下。

花序（1）

[饲用价值]

水分含量高，但营养价值一般，牲畜采食较少，可用于青贮、舍饲。

花序（2）

整株

生境

菊科香青属

278

## 259 尼泊尔香青 *Anaphalis nepalensis* (Spreng.) Hand.-Mazz.

俗名：打火草、白莲、丧夫花

**[识别特征]**

**生活型：**多年生草本。

**根：**具根状茎，细或稍粗壮。

**茎：**茎直立或斜升，高5~45cm，或无茎，被白色密棉毛。

**叶：**下部叶匙形、倒披针形或长圆状披针形，长1~7cm，宽0.5~2cm，基部渐狭，顶端圆形或急尖；中部叶长圆形或倒披针形，常较狭，基部稍抱茎，不下延，顶端钝或尖，有细长尖头；全部叶两面或下面被白色棉毛且杂有具柄腺毛。

**花：**头状花序1个或少数，总苞片8~9层，花期呈放射状开展，外层卵圆状披针形，长3.5~5mm；内层披针形，长7~10mm，宽2.5~3mm，白色。

**果：**瘦果圆柱形，长1mm，被微毛。

**物候：**花期6~9月，果期8~10月。

**[分布范围]**

四川分布广泛。产我国西南、西北地区。

**[生态和生物学特性]**

生于海拔2400~4500m的高山及亚高山草地、林缘、沟边和岩石上。

**[饲用价值]**

牛、马、羊采食，为低等牧草。

基生叶

花序

茎生叶

生境

根

菊科香青属

279

## 260 蜀西香青 *Anaphalis souliei* Diels

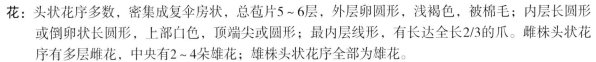

[ 识别特征 ]

**生活型**：多年生灌木状草本。

**根**：根状茎粗壮。

**茎**：茎直立，高5～30cm，纤细，草质，不分枝，被蛛丝状棉毛。

**叶**：莲座状叶披针形或倒卵状椭圆形，长2～9cm，宽0.3～1.3cm，茎上叶较小；全部叶两面被蛛丝状棉毛，并杂有腺毛，具离基三出脉。

**花**：头状花序多数，密集成复伞房状，总苞片5～6层，外层卵圆形，浅褐色，被棉毛；内层长圆形或倒卵状长圆形，上部白色，顶端尖或圆形；最内层线形，有长达全长2/3的爪。雌株头状花序有多层雌花，中央有2～4朵雄花；雄株头状花序全部为雄花。

**果**：瘦果长约1mm，有乳头状突起。

**物候**：花期6～8月，果期7～9月。

[ 分布范围 ]

四川特有，产川西地区。

[ 生态和生物学特性 ]

生于海拔3000～4200m的高山及亚高山山坡山脊、草地和林下。

[ 饲用价值 ]

牛、马、羊采食，为低等牧草。

花序

茎生叶

生境

## 261 牛蒡 *Arctium lappa* L.

**俗名：**大力子、恶实

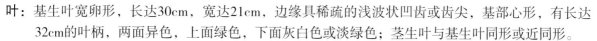

[识别特征]

**生活型：**二年生草本。

**根：**具粗大的肉质直根，长达15cm，径可达2cm，有
分枝支根。

**茎：**茎直立，高达2m，粗壮，基部直径达2cm，通常
带紫红色或淡紫红色，有多数高起的条棱，分
枝斜升，多数。

**叶：**基生叶宽卵形，长达30cm，宽达21cm，边缘具稀疏的浅波状凹齿或齿尖，基部心形，有长达
32cm的叶柄，两面异色，上面绿色，下面灰白色或淡绿色；茎生叶与基生叶同形或近同形。

**花：**头状花序多数或少数在茎枝顶端排列成疏松的伞房花序或圆锥状伞房花序；总苞卵形或卵球
形，直径1.5～2cm，总苞片多层，多数；小花紫红色，花冠长1.4cm。

**果：**瘦果倒长卵形或偏斜倒
长卵形，长5～7mm，宽
2～3mm，两侧压扁，浅
褐色，有多数细脉纹。

**物候：**花果期6～9月。

[分布范围]

四川各地多有分布。
我国东北到西南地区广泛
分布。

[生态和生物学特性]

生态幅宽，对气候、土
壤的适应性广。喜生于村庄
路旁、河边草地、山坡草
丛、灌木林下、田边荒地等
湿润肥沃的土壤中。

[饲用价值]

营养成分含量高，幼苗
期是猪、兔的好饲料；但在
青草期，因叶背有绒毛和植
株有特殊气味，家畜一般不
采食。若能设法除掉特殊
气味，则可大大提高饲用
价值。

茎 　　　　　　　　　叶 　　　　　　　　　花序

生境

菊科牛蒡属

281

## 262 东俄洛沙蒿 *Artemisia desertorum* var. *tongolensis* Pamp.

[识别特征]

**生活型：** 多年生草本，高10~15cm。

**根：** 主根明显，木质或半木质，侧根少数；根状茎稍粗短，半木质，直径4~10mm，有短的营养枝。

**茎：** 茎单生或少数，高30~70cm，具细纵棱；上部分枝，枝短或长，斜贴向茎端。

**叶：** 叶纸质，上面无毛，背面初时被薄绒毛，后无毛；基生叶长椭圆形，长3cm以上，2回羽状全裂，小裂片线形或线状披针形；中部叶长卵形或长圆形，1~2回羽状深裂；上部叶3~5深裂，基部有小型假托叶。

**花：** 头状花序小，直径1.5~2mm；总苞片3~4层，外层总苞片略小，卵形；中层总苞片长卵形；外、中层总苞片背面深绿色或带紫色；雌花4~8朵，花冠狭圆锥状或狭管状，檐部具2（3）裂齿，花柱长，伸出花冠外，先端2叉，叉端长锐尖；两性花5~10朵，不孕育，花冠管状。

**果：** 瘦果倒卵形或长圆形。

**物候：** 花果期8~10月。

菊科蒿属

282

叶

整株　　　花序　　　生境

[分布范围]

产川西地区。产我国西南、西北地区。

[生态和生物学特性]

喜光、不耐阴，多生于草原、草甸、森林草原、高山草原、荒坡、砾质坡地、干河谷、河岸边、林缘及路旁等，局部地区成片生长，为草原地区植物群落的主要伴生种。在干燥、疏松、中性偏碱性的土壤中生长最好。

[饲用价值]

茎秆柔软，四季均为山羊、绵羊、马、牛、驴所喜食。春季返青早、枯黄晚，青绿期长，是秋季羊抓膘的好饲草。

## 263　毛莲蒿 *Artemisia vestita* Wall. ex Bess.

俗名：万年蒿

[识别特征]

**生活型**：半灌木状或小灌木状草本。

**根**：根木质，稍粗，侧根多；根状茎粗短，木质，直径0.5~2cm，常有营养枝。

**茎**：茎直立，多数，丛生，稀单一，高50~120cm；茎枝紫红色或红褐色，被蛛丝状微柔毛。

**叶**：叶绿色或灰绿色，两面被灰白色密绒毛或上面毛略少，背面毛密；叶卵形、椭圆状卵形或近圆形，长（2）3.5~7.5cm，宽（1.5）2~4cm，2~3回羽状分裂，第一回全裂或深裂，第二回深裂。

**花**：头状花序多数，球形或半球形，直径2.5~3.5（4）mm；总苞片3~4层，内、外层近等长，外层总苞片背面被灰白色短柔毛，中层总苞片背面微有短柔毛，内层总苞片背面无毛；雌花花冠狭管状；两性花花冠管状。

**果**：瘦果长圆形或倒卵状椭圆形。

**物候**：花果期8~11月。

[分布范围]

　　主要分布在川西北地区。产我国西北、西南等地区。

[生态和生物学特性]

　　为适中温旱生半灌木，抗旱能力较强，种子繁殖能力很强，根蘖发达，具有一定的耐寒性。

[饲用价值]

　　适口性中等，羊、骆驼最喜食，其次是马，牛多不采食。早春和晚秋适口性较好，但开花前由于有特殊气味，适口性降低。

根

枝

花序

生境

菊科蒿属

**264 缘毛紫菀** *Aster souliei* Franch.

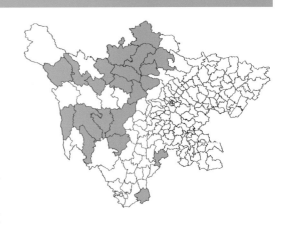

**[识别特征]**

**生活型：** 多年生草本。

**根：** 根状茎粗壮，木质。

**茎：** 茎单生或与莲座状叶丛生，直立，高5～45cm，纤细，不分枝，有细沟，被疏或密的长粗毛。

**叶：** 叶倒卵圆形、长圆状匙形或倒披针形，长2～7cm，稀11cm；叶两面被疏毛或近无毛，或上面近边缘而下面沿脉被疏毛，有白色长缘毛，中脉在下面凸起，有离基三出脉。

**花：** 头状花序在茎端单生，径3～4cm，稀达6cm；总苞半球形，径0.8～1.5cm，稀2cm；总苞片约3层，近等长或外层稍短，长7～10mm；舌状花蓝紫色；管状花黄色，有短毛；冠毛1层，紫褐色，长0.8～2mm，稍超过花冠管部，有不等糙毛。

**果：** 瘦果卵圆形，稍扁，基部稍狭，长2.5～3mm，宽1.5mm，被密粗毛。

**物候：** 花期5～7月，果期8月。

整株

根

叶和茎

**[分布范围]**

产川西南、川西北等地区。产我国西北、西南等地区。

**[生态和生物学特性]**

生于海拔2700～4000m的高山针叶林外缘、灌丛及山坡草地。

**[饲用价值]**

新鲜草和干草的适口性均不好，为低等饲用植物。

总苞

生境

菊科紫菀属

284

## 265 东俄洛紫菀 *Aster tongolensis* Franch.

俗名：低小东俄洛紫菀

[识别特征]

**生活型：**多年生草本。

**根：**根状茎细，平卧或斜升，常有细匍枝。

**茎：**茎直立或与莲座状叶丛生，高14～42cm，稍细，有细沟，被疏或密的长毛，通常不分枝，下部有较密的叶。

**叶：**基部的叶与莲座状叶的长圆状匙形或匙形，长4～12cm，宽0.5～1.8cm；中部及上部的叶小，长1～4cm，宽0.1～0.4cm，稍尖；全部的叶两面被长粗毛，中脉在下面凸起，侧脉及离基三出脉明显。

**花：**头状花序在茎（或枝）端单生，径3～5cm，稀达6.5cm；舌状花30～60朵，舌片蓝色或浅红色，长15～30mm，宽2～3mm；管部花黄色，长4～5mm。

**果：**瘦果长稍超过2mm，倒卵圆形，被短粗毛。

**物候：**花期6～8月，果期7～9月。

叶

花（1）　　　花（2）

花（3）

根

生境

[分布范围]

产川西北和川西南地区。产我国西北、西南等地区。

[生态和生物学特性]

生于海拔2800～4000m的高山及亚高山林下、水边和草地。

[饲用价值]

适口性不好，为低等牧草。

菊科紫菀属

285

## 266　节毛飞廉 *Carduus acanthoides* L.

菊科飞廉属

286

[识别特征]

**生活型**：二年生或多年生草本，高（10）20～100cm。

**根**：主根粗壮，侧根细。

**茎**：茎单生，有条棱和长分枝，全部茎枝被稀疏或下部稍稠密的多细胞长节毛。

**叶**：基部及下部茎叶长椭圆形或长倒披针形，具羽状浅裂、半裂或深裂，侧裂片6～12对，半椭圆形、偏斜半椭圆形或三角形，边缘有大小不等的钝三角形刺齿，齿顶及齿缘有黄白色针刺，齿顶针刺较长，或叶边缘有大锯齿，具不明显的羽状分裂；向上叶渐小，与基部及下部茎叶同形并等样分裂，头状花序下部叶宽线形或线形，有时不裂。

**花**：头状花序几无花序梗，3～5个集生或疏松排列于茎顶或枝端。总苞卵形或卵圆形。总苞片多层，覆瓦状排列，向内层渐长；全部苞片无毛或被稀疏蛛丝毛。小花红紫色，长1.7cm，檐部长9mm，5深裂，裂片线形，细管部长8mm。

**果**：瘦果长椭圆形，但中部收窄，长4mm，浅褐色，有多数横皱纹，基底着生面平，顶端截形，有蜡质果缘，果缘全缘，无齿裂。冠毛多层，白色，或稍带褐色，不等长，向内层渐长；冠毛刚毛锯齿状，长达1.5cm，顶端稍扁平扩大。

**物候**：花果期5～10月。

生境

[分布范围]

　　川北到川南的大部分地区均有分布。几乎遍布全国。

[生态和生物学特性]

　　属中生草本植物，常生于阴湿、半阴湿地区的路旁、田边、沟（滩）畔和林缘草地。

[饲用价值]

　　幼苗期山羊、绵羊、牛、马、驴均乐食，现蕾至开花期，牛、马、羊仅食花序，种子成熟后各类家畜均不食，属低等饲用植物。

花序　　　　　　　茎

## 267 刺儿菜 *Cirsium arvense* var. *integrifolium* C. Wimm. et Grabowski

俗名：大刺儿菜、小蓟

[识别特征]

**生活型**：多年生草本。

**根**：主根较粗。

**茎**：茎直立，高30~80（100~120）cm，基部直径
3~5mm，有时可达1cm。

**叶**：基生叶和中部茎叶椭圆形或椭圆状披针形，长
7~15cm，宽1.5~10cm，先端钝尖，基部楔
形，叶缘有细密的针刺，两面绿色，被薄绒毛；上部茎叶渐小。

**花**：头状花序单生于茎端或排列成伞房花序；小花紫红色或白色，雌花花冠长2.4cm，两性花花冠
长1.8cm。

**果**：瘦果淡黄色，椭圆形或偏斜椭圆形，压扁，长3mm，宽1.5mm，顶端斜截形。

**物候**：花果期5~9月。

[分布范围]

川内各地几乎均有分布。产我国西北、华北、东北等地区。

[生态和生物学特性]

属中生植物，普遍群生于撂荒地、耕地、路边、村庄附近，是一种常见的杂草。

[饲用价值]

幼嫩时羊、猪喜食，牛、马较少采食。可切碎生喂猪或做成青贮饲料。

菊科蓟属

287

叶　　　　　　　　　　生境　　　　　　　　　　花序

## 268 魁蓟 *Cirsium leo* Nakai et Kitag.

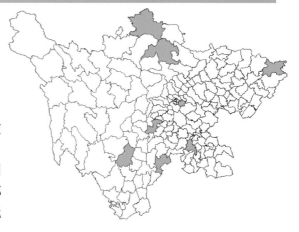

菊科蓟属

**[识别特征]**

**生活型：** 多年生草本。

**根：** 根直伸，粗壮，直径可达1.5cm。

**茎：** 茎直立，单生或少数簇生，全部茎枝有条棱，被长节毛。

**叶：** 基部和下部茎生叶长椭圆形或倒披针状长椭圆形，叶柄长达5cm或无柄，向上叶渐小，与基部和下部茎生叶同形或长披针形并等样分裂，无柄或基部半抱茎，叶两面绿色，被长节毛。

**花：** 头状花序排列成伞房花序；总苞钟状，径达4cm，总苞片8层，背面疏被蛛丝毛，内层硬膜质，披针形或线形；小花紫色或红色，檐部长1.4cm，细管部长1cm。

**果：** 瘦果灰黑色，偏斜椭圆形，冠毛污白色。

**物候：** 花果期5～9月。

**[分布范围]**

川内多地均有分布。产我国华北、西北、西南等地区。

**[生态和生物学特性]**

生于海拔700～3400m的山谷、山坡草地，林缘、河滩及石滩地，以及岩石裂缝中、溪旁、河旁、路边及田间。

**[饲用价值]**

营养期的茎叶鲜嫩质软，牛、羊、猪均喜食，成株叶与总苞的硬刺影响家畜采食，属低等牧草。

生境

288

叶

花序（1）

花序（2）

## 269 长叶火绒草 *Leontopodium junpeianum* Kitam.

**俗名：** 兔耳子草、狭叶长叶火绒草

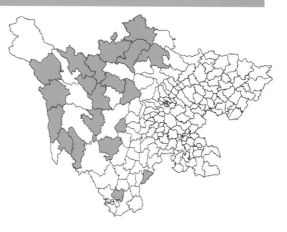

**[识别特征]**

**生活型：** 多年生草本。

**根：** 根状茎分枝短。

**茎：** 花茎直立或斜升，高2~45cm，不分枝，草质，被白色或银白色疏柔毛或密茸毛。

**叶：** 基部的叶和莲座状叶常狭长匙形，茎中部叶直立，且与部分基部的叶同为线形、宽线形或舌状线形，长2~13cm，宽1.5~9mm。

**花：** 头状花序径6~9mm，3~30个密集排列。小花雌雄异株，少有异形花。花冠长约4mm；雄花花冠管状漏斗形，有三角形深裂片；雌花花冠丝状管形，有披针形裂片。

**果：** 瘦果无毛或有乳头状突起、短粗毛。

**物候：** 花期7~8月。

地上部分　　　　　　　根

**[分布范围]**

主要分布在川西北地区。产我国西北、西南等地区。

**[生态和生物学特性]**

生于海经拔1500~4800m的高山和亚高山湿润草地、洼地、灌丛及岩石上，生态适应性广，耐寒，喜湿润，但植株变异大。

**[饲用价值]**

青鲜时各类家畜均采食，为低等牧草。

生境

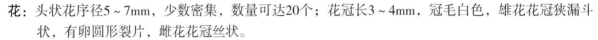

## 270　银叶火绒草 *Leontopodium souliei* Beauv.

**菊科火绒草属**

**290**

[识别特征]

**生活型**：多年生草本。

**根**：根状茎细，横走。

**茎**：茎从膝曲的基部直立，高6～25cm，纤细，不分枝，被白色蛛丝状长柔毛。

**叶**：茎部叶直立，狭线形或舌状线形，长1～4cm，宽1～3（稀4）mm；苞叶多数，两面被银白色长柔毛或白色茸毛。

**花**：头状花序径5～7mm，少数密集，数量可达20个；花冠长3～4mm，冠毛白色，雄花花冠狭漏斗状，有卵圆形裂片，雌花花冠丝状。

**果**：瘦果被短粗毛或无毛。

**物候**：花期7～8月，果期9月。

[分布范围]

　　川西北到川西南地区均有分布。主要分布在我国西北、西南等地区。

[生态和生物学特性]

　　生于海拔3100～4000m的高山及亚高山林地、灌丛、湿润草地和沼泽地。

[饲用价值]

　　牛、羊、马采食，为低等牧草。

生境

　茎生叶

　花序

　整株

　根

## 271 禾叶风毛菊 *Saussurea graminea* Dunn

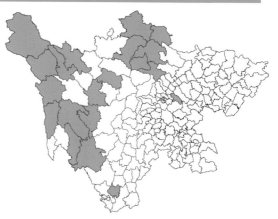

**[ 识别特征 ]**

**生活型：**多年生草本。

**根：**根状茎多分枝，颈部被褐色纤维状残鞘。

**茎：**茎直立，密被白色绢状柔毛。

**叶：**基生叶狭线形，长3～15cm，宽1～3mm，顶端渐尖，基部稍呈鞘状，边缘全缘，内卷，上面被稀疏绢状柔毛或近无毛，下面密被绒毛；茎生叶少数，较短。

**花：**头状花序单生于茎端，小花紫色，长1.6cm。

**果：**瘦果圆柱状，长3～4mm，无毛，顶端有小冠，冠毛2层，淡黄褐色。

**物候：**花果期7～8月。

**[ 分布范围 ]**

　　主要分布在川西北地区。产我国西北、西南等地区。

**[ 生态和生物学特性 ]**

　　生于海拔3000～5350m的高山草地、草甸、山坡沙砾草地和杜鹃灌丛。

**[ 饲用价值 ]**

　　适口性较好，青鲜时牛、羊、马乐食，干枯后仍为家畜所乐食，利用率较高，为中等饲用植物。

叶

花序

生境

菊科风毛菊属

291

**俗名：**雨过天晴、蛇眼草

**[识别特征]**

**生活型：**多年生草本。

**根：**根状茎纺锤状，颈部被褐色纤维状的叶残迹。

**茎：**茎直立，有棱，被长柔毛并杂以腺毛，高
10～35cm。

**叶：**全部的叶狭线形，长3～45cm，宽1～2mm，质
地较坚硬，上面无毛，下面被灰白色稀疏短柔
毛，边缘全缘，内卷，顶端急尖。

**花：**头状花序单生于茎端，小花紫色，长1.8cm。

**果：**瘦果长4～5mm，顶端有小冠，冠毛污白色。

**物候：**花果期7～8月。

**[分布范围]**

产川西及川西南地区。主要分布在我国西南地区。

**[生态和生物学特性]**

生于海拔2200～3800m的山坡草地、湿润草甸和林缘。

**[饲用价值]**

夏季可用于放牧，牛、马、羊喜食嫩叶，也可作为猪饲料。

菊科风毛菊属

整株

生境

花序

## 273　星状雪兔子 *Saussurea stella* Maxim.

俗名：星状风毛菊

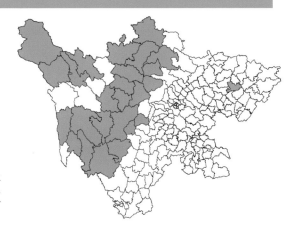

[ 识别特征 ]

生活型：一年生草本。
根：根倒圆锥状，深褐色。
茎：无茎。
叶：叶莲座状，星状排列，线状披针形，长3～19cm，宽3～10mm，全缘，两面同色，紫红色或近基部紫红色，或绿色，无毛。
花：头状花序无小花梗，多数，小花紫色，长1.7cm。
果：瘦果圆柱状，长5mm。
物候：花果期7～9月。

[ 分布范围 ]

主要分布在川西北地区。产我国西北、西南等地区。

[ 生态和生物学特性 ]

属湿中生植物，生于海拔2450～5400m的河滩草甸、阴湿山坡草地。

[ 饲用价值 ]

适口性较差，家畜乐食花序，并采食少量叶片，为低等牧草。

叶

生境

菊科风毛菊属

## 274　牛耳风毛菊 *Saussurea woodiana* Hemsl.

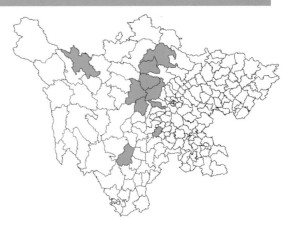

[识别特征]

**生活型：**多年生矮小草本。

**根：**根状茎被膜质叶柄残迹。

**茎：**茎直立，黑褐色，无毛，高4～8cm。

**叶：**基生叶莲座状，宽椭圆形、长圆形或倒披针形，长5.5～20cm，宽1.3～7cm，顶端钝或稍急尖，基部渐狭成短翼柄，上面绿色，下面白色或褐色，密被绒毛；茎生叶1～3枚，与基生叶同形。

**花：**头状花序单生于茎顶，总苞片5～6层，边缘紫色，外面被稠密的淡黄色长柔毛，外层卵状披针形或线状披针形，中层卵状披针形，内层线状披针形；小花紫色，长3.2cm。

**果：**瘦果圆柱状，无毛，长4mm。

**物候：**花果期7～8月。

[分布范围]

产川西地区。产我国西南、西北地区。

[生态和生物学特性]

生于海拔3000～4100m的山坡草地及山顶。

[饲用价值]

牛、羊、马均喜食，属中等牧草。

花序

生境

整株

## 275 全叶苦苣菜 *Sonchus transcaspicus* Nevski

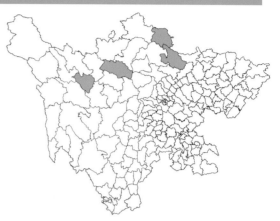

[ 识别特征 ]

**生活型**：多年生草本。

**根**：主根较粗，侧根稀疏，表皮淡黄色。

**茎**：茎直立，高20～80cm，有细条纹，具匍匐茎。

**叶**：叶片柔软，无毛，椭圆状披针形，长15～20cm，宽3～8cm，羽状深裂，顶端急尖或钝，基部渐狭，两面光滑无毛。

**花**：头状花序少数或多数在茎枝顶端排列成伞房花序。总苞钟状，长1～1.5cm，宽1.5～2cm；总苞片3～4层，外层披针形或三角形，中内层渐长，长披针形或长椭圆状披针形，全部总苞片顶端急尖或钝，外面光滑无毛。全部舌状小花多数，黄色或淡黄色。

**果**：瘦果椭圆形，暗褐色，长3.8mm，宽1.5mm，扁三棱形。

**物候**：花果期5～9月。

[ 分布范围 ]

产川西北地区。产我国东北、西北、西南等地区。

[ 生态和生物学特性 ]

生态幅相当宽，喜生于耕地、田边、路旁、堆肥场、居民点周围的隙地、果园、疏林下及各种弃耕地和撂荒地。喜水、嗜肥、耐寒，但不耐干旱。

[ 饲用价值 ]

茎叶柔嫩多汁，适口性好，稍有苦味，是一种良好的青绿饲料。

生境

菊科苦苣菜属

295

叶

花序

## 276 川甘蒲公英 *Taraxacum lugubre* Dahlst.

**菊科蒲公英属**

**296**

**[识别特征]**

**生活型：** 多年生草本。

**根：** 根垂直，颈部具褐色残存叶基。

**茎：** 茎短粗。

**叶：** 叶线状披针形，长10~25cm，宽12.5~3.5cm，具羽状深裂，侧裂片多数。

**花：** 头状花序直径35~55mm，舌状花黄色，边缘花舌片背面具紫色条纹，花柱和柱头暗绿色，干时黑色。

**果：** 瘦果倒卵状楔形，冠毛白色。

**[分布范围]**

产川西北等地区。产我国西南、西北地区。

**[生态和生物学特性]**

分布于海拔2800~4200m的高山草地。是药食两用的植物，高原上的人比较喜欢用来做菜或者晒干泡水喝。

**[饲用价值]**

适口性好，牛、羊、马采食，属中等牧草。

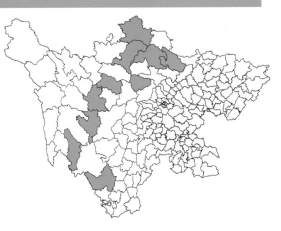

花序（1）

果

叶

生境

花序（2）

## 277 海韭菜 *Triglochin maritima* Linnaeus

俗名：活鲁（藏名）

[识别特征]

生活型：多年生草本，植株稍粗壮。
根：须根多，常有棕色叶鞘残留物。
茎：根茎短。
叶：叶全部基生，条形，长7~30cm，宽1~2mm，基部具鞘，顶端与叶舌相连。
花：顶生总状花序，花两性，被片6枚，绿色，2轮排列。

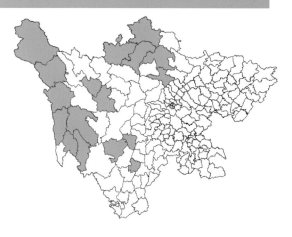

果：蒴果棱状椭圆形或卵形，长3~5mm，径约2mm。
物候：花果期6~10月

水麦冬（左）和海韭菜（右）　整株　花序

[分布范围]

川西北到川西南地区均有分布。产我国东北、华北、西北、西南等地区。

[生态和生物学特性]

海韭菜可进行种子繁殖，也可进行营养繁殖。喜潮湿环境，生于沼泽地、半沼泽地、湿润沙地、海边及盐滩等处。

[饲用价值]

粗蛋白和粗灰分含量均较高，适口性好，是饲用价值较高的野生饲用植物，绵羊和山羊喜食。牧民将海韭菜和水麦冬统称"活鲁"草，他们有一条放牧经验叫"赶活鲁草"，认为羊吃了这两种草，有抓膘和驱虫的功效。

根　生境

水麦冬科水麦冬属

297

## 278　水麦冬 *Triglochin palustris* Linnaeus

俗名：活鲁（藏名）

[识别特征]

**生活型**：多年生草本。
**根**：根状茎长，须根密而细。
**茎**：根茎短。
**叶**：叶均基生，半圆柱状，宽1.5～2mm；叶鞘宿存，分裂成纤维状；叶舌膜质。
**花**：花葶直立，高20～60cm；总状花序顶生，长10～30cm，有多数疏生的花；花梗长3～5mm；无苞片；花被片6枚，鳞片状，绿紫色，具狭膜质边缘。
**果**：蒴果近圆柱形，长6～8mm，宽约1.5mm。
**物候**：花果期6～10月。

[分布范围]

产川西北地区。产西北、东北地区。

[生态和生物学特性]

生于草甸草地、盐渍化沼泽地及沟渠岸边。

[饲用价值]

青嫩期牛、羊喜食，为优质牧草。

整株　　　　　　根　　　　　　花序（1）　　　　　　花序（2）

水麦冬科水麦冬属

## 279　西南鸢尾 *Iris bulleyana* Dykes

俗名：空茎鸢尾

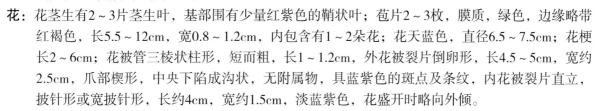

[识别特征]

**生活型**：多年生草本。

**根**：根状茎较粗壮，斜伸，包有红褐色的叶鞘及鞘状叶；须根绳索状，灰白色或棕褐色，有皱缩的横纹。

**茎**：花茎中空，光滑，高20~35cm，直径4~6mm。

**叶**：叶基生，条形，长15~45cm，宽0.5~1cm，顶端渐尖，基部鞘状，略带红色。

**花**：花茎生有2~3片茎生叶，基部围有少量红紫色的鞘状叶；苞片2~3枚，膜质，绿色，边缘略带红褐色，长5.5~12cm，宽0.8~1.2cm，内包含有1~2朵花；花天蓝色，直径6.5~7.5cm；花梗长2~6cm；花被管三棱状柱形，短而粗，长1~1.2cm，外花被裂片倒卵形，长4.5~5cm，宽约2.5cm，爪部楔形，中央下陷成沟状，无附属物，具蓝紫色的斑点及条纹，内花被裂片直立，披针形或宽披针形，长约4cm，宽约1.5cm，淡蓝紫色，花盛开时略向外倾。

**果**：蒴果三棱状柱形，长4~5.5cm，直径1.5~1.8cm。

**物候**：花期6~7月，果期8~10月。

[分布范围]

产川西、川西南等地区。主要分布在我国西南地区。

[生态和生物学特性]

生于海拔2300~3500m的山坡草地和溪流旁的湿地。

[饲用价值]

牛、羊采食，属中等饲用牧草。

整株　　　　　　　　根　　　　　　　　生境

鸢尾科鸢尾属

**299**

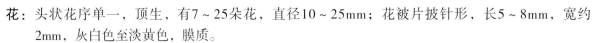

**280 葱状灯心草** *Juncus allioides* **Franch.**

**［识别特征］**

**生活型：**多年生草本，高10～55cm。

**根：**根状茎横走，具褐色细弱的须根。

**茎：**茎稀疏丛生，直立，圆柱形，有纵条纹，绿色，光滑。

**叶：**基生叶常1枚，长可达21cm；茎生叶1枚，稀2枚，长1～5cm；叶片皆圆柱形，稍压扁，直径1～1.5mm。

**花：**头状花序单一，顶生，有7～25朵花，直径10～25mm；花被片披针形，长5～8mm，宽约2mm，灰白色至淡黄色，膜质。

**果：**蒴果长卵形，长5～7mm，成熟时黄褐色；种子长圆形，长约1mm，成熟时黄褐色。

**物候：**花期6～8月，果期7～9月。

**［分布范围］**

川西和川西南地区均有分布。产我国西北、西南等地区。

**［生态和生物学特性］**

生于海拔1800～4700m的山坡、草地和林下潮湿处。

**［饲用价值］**

草质柔嫩，牲畜喜食，为中等牧草。

根

灯心草科灯心草属

300

生境

花序

## 281 雅灯心草 *Juncus concinnus* D. Don

[识别特征]

**生活型：**多年生草本，高16～43cm。

**根：**根状茎黄棕色，直径0.3～0.8mm，具褐色细弱的
须根。

**茎：**茎丛生，直立，圆柱形，表面有纵条纹。

**叶：**基生叶线形，茎生叶稍扁平或内卷成圆柱状。

**花：**花序常由2～5（7）个头状花序组成，排列成
聚伞状；头状花序半球形，直径8～10mm，有
（3）5～7朵花；苞片披针形至三角状卵形，长2～7mm，宽1～1.2mm，膜质，黄白色，顶端
锐尖，具1脉；花具短梗；花被片膜质，黄白色，外轮者披针形，长3～3.5mm，顶端锐尖，具
1脉，内轮者稍长，长圆形，长3.5～4mm，顶端稍钝。

**果：**蒴果三棱状卵形至椭圆形，黄色；种子卵形至长圆形，黄褐色。

**物候：**花期7～8月，果期8～9月。

[分布范围]

　　川西北到川西南地区均有分布。产我国西南地区。

[生态和生物学特性]

　　生于海拔1500～3900m的山坡林下、草地、沟边潮湿处。

[饲用价值]

　　属中等牧草。

灯心草科灯心草属

301

生境

花序（1）

花序（2）

## 282　蓝花韭 *Allium beesianum* W. W. Sm.

**俗名：**阿根廷韭菜

**[识别特征]**

**生活型：**多年生草本。

**根：**须根多，根系较发达。

**茎：**鳞茎数枚聚生，圆柱状，粗0.5~1cm，外皮褐色，破裂成纤维状。

**叶：**叶条形，宽3~8mm。

**花：**伞形花序半球状，少花，较疏散；花长，狭钟状，蓝色；花被片狭矩圆形至狭卵状矩圆形，先端钝圆，长11~14（17）mm，宽3~5.5mm，边缘全缘，外轮的常比内轮的稍短而宽。

**物候：**花果期8~10月。

**[分布范围]**

产川西南地区。产我国西南地区。

**[生态和生物学特性]**

一般生长在海拔3000~4000m的山坡和草地。

**[饲用价值]**

营养价值高，山羊、马和骆驼均喜食，是一种优质牧草。百合科的葱属植物具有特殊的饲用价值，绵羊采食后容易上膘且不易消瘦，因为其蛋白质含量高、纤维素含量低、水分含量高，绵羊采食后可以减小饮水量。

生境　　　　　　　　　　花序（1）　　　　　　　　　　花序（2）

百合科葱属

302

## 283 天蓝韭 *Allium cyaneum* Regel

俗名：野葱、蓝花葱

[识别特征]

**生活型：** 多年生草本。

**根：** 具根状茎。

**茎：** 鳞茎数枚聚生，圆柱状，细长，粗2~4（6）mm，外皮暗褐色，老时破裂成纤维状。

**叶：** 叶半圆柱状，上面具沟槽，宽1.5~2.5（4）mm。

**花：** 伞形花序近扫帚状，有时半球状，花天蓝色，花被片卵形或矩圆状卵形，花柱伸出花被外；花葶圆柱状，高10~30（45）cm，常在下部被叶鞘。

**物候：** 花果期8~10月。

[分布范围]

产川西地区。产我国西北、华中等地区。

[生态和生物学特性]

生于海拔1500~5000m的山坡、草地、林下和林缘。

[饲用价值]

牛、羊采食，为良等牧草。

花序

生境

百合科葱属

303

## 284 杯花韭 *Allium cyathophorum* Bur. et Franch.

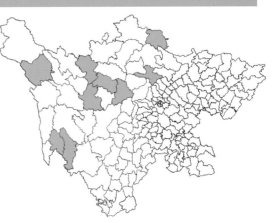

**[识别特征]**

**生活型：** 多年生草本。

**根：** 具较粗的根。

**茎：** 鳞茎单生或数枚聚生，圆柱状或近圆柱状，外皮灰褐色，常呈近平行的纤维状。

**叶：** 叶条形，背面呈龙骨状隆起，宽2～5mm。

**花：** 花葶圆柱状，常具2纵棱，高13～35cm，下部被叶鞘；伞形花序近扇状，多花，松散；花紫红色至深紫色；花被片椭圆状矩圆形，先端钝圆或微凹，长7～9mm，宽3～4mm，内轮的稍长。

**物候：** 花果期6～8月。

**[分布范围]**

主要分布在川西北地区。产我国西北、西南等地区。

**[生态和生物学特性]**

生于海拔3000～4600m的山坡和草地。

**[饲用价值]**

牛、羊采食，为良等牧草。

根　　　　　　　　　　花序（1）

百合科葱属

花序（2）　　　　　　　　　　　　生境

## 285 大花韭 *Allium macranthum* Baker

**[ 识别特征 ]**

**生活型**：多年生草本。

**根**：根粗壮。

**茎**：鳞茎圆柱状，外皮白色，膜质。

**叶**：叶条形，扁平，具明显的中脉。

**花**：花葶棱柱状，具2～3条纵棱或窄翅，高20～50
（60）cm，下部被叶鞘；伞形花序少花，松
散；小花梗近等长，比花被片长2～5倍，顶端
常俯垂，基部无小苞片；花钟状，开展，红紫色至紫色；花被片长8～12mm，先端平截或凹
缺，外轮的宽矩圆形，舟状，内轮的卵状矩圆形，比外轮的稍长而狭。

**物候**：花果期8～10月。

**[ 分布范围 ]**

产川西和川西南地区。产我国西南、西北地区。

**[ 生态和生物学特性 ]**

生于海拔2500～4200m的山坡、草地、草甸。

**[ 饲用价值 ]**

牛、羊、马乐食，为良等牧草。

百合科葱属

花　　　　　　　　花序　　　　　　　　根　　　　　　　　生境

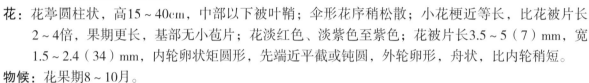

## 286 多叶韭 *Allium plurifoliatum* Rendle

[识别特征]

**生活型：** 多年生草本。

**根：** 须根多，根系较发达。

**茎：** 鳞茎常数枚簇生，基部增粗的圆柱状，粗
0.3～1cm；鳞茎外皮黑褐色至黄褐色，破
裂，老时常呈纤维状。

**叶：** 叶条形，扁平，与花葶近等长，宽2～6
（8）mm，先端长渐尖，边缘向下反卷，
下面的颜色比上面的淡。

**花：** 花葶圆柱状，高15～40cm，中部以下被叶鞘；伞形花序稍松散；小花梗近等长，比花被片长
2～4倍，果期更长，基部无小苞片；花淡红色、淡紫色至紫色；花被片长3.5～5（7）mm，宽
1.5～2.4（34）mm，内轮卵状矩圆形，先端近平截或钝圆，外轮卵形，舟状，比内轮稍短。

**物候：** 花果期8～10月。

[分布范围]

主要分布在川西北地区。产西北、华北等地区。

[生态和生物学特性]

生于海拔1600～3300m的山坡、沟谷、草地。

[饲用价值]

牛、羊、马乐食，为良等牧草。

生境

花序

花序

百合科
葱属

## 287　太白山葱 *Allium prattii* C. H. Wright ex Hemsl.

俗名：太白韭

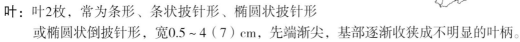
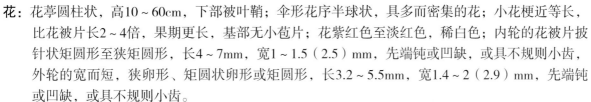

**[ 识别特征 ]**

**生活型：** 多年生草本。

**根：** 须根多，根系较发达。

**茎：** 鳞茎单生或2～3枚聚生，近圆柱状；鳞茎外皮灰褐色至黑褐色，破裂成纤维状，呈明显的网状。

**叶：** 叶2枚，常为条形、条状披针形、椭圆状披针形或椭圆状倒披针形，宽0.5～4（7）cm，先端渐尖，基部逐渐收狭成不明显的叶柄。

**花：** 花葶圆柱状，高10～60cm，下部被叶鞘；伞形花序半球状，具多而密集的花；小花梗近等长，比花被片长2～4倍，果期更长，基部无小苞片；花紫红色至淡红色，稀白色；内轮的花被片披针状矩圆形至狭矩圆形，长4～7mm，宽1～1.5（2.5）mm，先端钝或凹缺，或具不规则小齿，外轮的宽而短，狭卵形、矩圆状卵形或矩圆形，长3.2～5.5mm，宽1.4～2（2.9）mm，先端钝或凹缺，或具不规则小齿。

**物候：** 花果期6月底至9月。

**[ 分布范围 ]**

川西、川北、川南地区均有分布。产我国西南、西北等地区。

**[ 生态和生物学特性 ]**

生于山地阴坡、灌丛、林下。

**[ 饲用价值 ]**

牛、羊、马乐食，为良等牧草。

花序　　　　　茎和根　　　　　整株　　　　　生境

百合科葱属

307

## 288 青甘韭 *Allium przewalskianum* Regel

俗名：甘青韭

**[识别特征]**

**生活型**：多年生草本。

**根**：具根状茎。

**茎**：鳞茎数枚聚生，狭卵状圆柱形，外皮红色。

**叶**：叶半圆柱状至圆柱状，具4～5纵棱。

**花**：花葶圆柱状，高10～40cm，下部被叶鞘；总苞与伞形花序近等长或较短，单侧开裂，具常与裂片等长的喙，宿存；伞形花序球状或半球状，具多而稍密集的花；小花梗近等长，比花被片长2～3倍，基部无小苞片，稀具很少的小苞片；花淡红色至深紫红色；花被片长（3）4～6.5mm，宽1.5～2.7mm，先端微钝，内轮的矩圆形至矩圆状披针形，外轮的卵形或狭卵形，略短。

**物候**：花果期6～9月。

**[分布范围]**

产川西地区。产我国西南、西北等地区。

**[生态和生物学特性]**

性喜温暖，耐干旱、抗寒、耐瘠薄，再生性强，残留性好。

**[饲用价值]**

春秋适口性好，各类家畜均喜食，夏季牛、羊少食，是春季家畜的抓膘草，属优等牧草。

生境

整株

根

花序

百合科葱属

308

## 289　野黄韭 *Allium rude* J. M. Xu

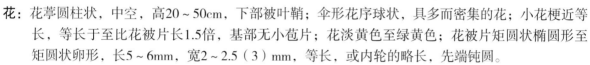

[识别特征]

**生活型：**多年生草本。

**根：**具短的直生根状茎。

**茎：**鳞茎单生，圆柱状至狭卵状圆柱形，粗0.5～1（1.5）cm；鳞茎外皮灰褐色至淡棕色，薄革质。

**叶：**叶条形，扁平，实心，光滑，稀边缘具细糙齿，比花葶短或近等长，宽0.3～0.5（0.8）cm。

**花：**花葶圆柱状，中空，高20～50cm，下部被叶鞘；伞形花序球状，具多而密集的花；小花梗近等长，等长于至比花被片长1.5倍，基部无小苞片；花淡黄色至绿黄色；花被片矩圆状椭圆形至矩圆状卵形，长5～6mm，宽2～2.5（3）mm，等长，或内轮的略长，先端钝圆。

**物候：**花果期7月底至9月。

[分布范围]

产川西至川西北地区。产我国西北、西南等地区。

[生态和生物学特性]

生于山地、草甸及湿润的林地。

[饲用价值]

牛、马、羊乐食，为良等牧草。

生境

花序

鳞茎和根

## 290 高山韭 *Allium sikkimense* Baker

百合科葱属

[识别特征]

**生活型：**多年生草本。

**根：**具根状茎。

**茎：**鳞茎数枚聚生，圆柱状，粗0.3～0.5cm；鳞茎外皮暗褐色，破裂成纤维状。

**叶：**叶狭条形，扁平，比花葶短，宽2～5mm。

**花：**花葶圆柱状，高15～40cm，有时矮至5cm，下部被叶鞘；伞形花序半球状，具多而密集的花；小花梗近等长，比花被片短或等长，基部无小苞片；花钟状，天蓝色；花被片卵形或卵状矩圆形，先端钝，长6～10mm，宽3～4.5mm，内轮的边缘常具1枚至数枚疏离的不规则小齿，且常比外轮的稍长而宽。

**物候：**花果期7～9月。

[分布范围]

产川西北至川西南地区。产我国西北、西南等地区。

[生态和生物学特性]

生于海拔2400～5000m的山坡、草地、林缘和灌丛。

[饲用价值]

营养价值高，为牛、羊、马所喜食，是秋季抓膘的牧草，牲畜采食后可提高抗病能力。

310

生境　　　　　　　花序　　　　　　　解剖图　　　　　　　生境

## 291 多星韭 *Allium wallichii* Kunth

俗名：山韭菜

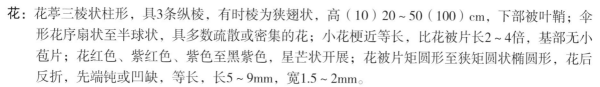

[识别特征]

**生活型：** 多年生草本。

**根：** 具稍粗的根。

**茎：** 鳞茎圆柱状，鳞茎外皮黄褐色，片状破裂或呈纤维状，有时近网状。

**叶：** 叶狭条形至宽条形，具明显的中脉，宽（10）20~50（100）cm。

**花：** 花葶三棱状柱形，具3条纵棱，有时棱为狭翅状，高（10）20~50（100）cm，下部被叶鞘；伞形花序扇状至半球状，具多数疏散或密集的花；小花梗近等长，比花被片长2~4倍，基部无小苞片；花红色、紫红色、紫色至黑紫色，星芒状开展；花被片矩圆形至狭矩圆状椭圆形，花后反折，先端钝或凹缺，等长，长5~9mm，宽1.5~2mm。

**物候：** 花果期7~9月。

[分布范围]

产川西南地区。产我国西南、华南等地区。

[生态和生物学特性]

生态幅广，但自然繁殖能力弱，生于海拔2300~4800m的湿润草坡、林缘、灌丛和沟边。在贵州韭菜坪景区有成片的多星韭自然生长，开花时很壮观。

[饲用价值]

营养价值高，适口性好，具有独特的香味，是一种优质牧草。

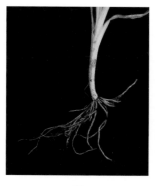

根　　　　　　　花序　　　　　　　　　　　　生境

## 292 西川韭 *Allium xichuanense* J. M. Xu

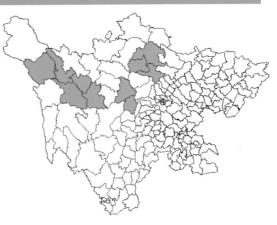

百合科葱属

[识别特征]

**生活型**：多年生草本。

**根**：具短的直生根状茎。

**茎**：鳞茎单生，卵状、狭卵状至狭卵状圆柱形，粗 0.8 ~ 1.2cm，鳞茎外皮淡棕色至棕色。

**叶**：叶半圆柱状，或因背面纵棱发达而呈三棱状半圆柱形，中空，宽1.5 ~ 4mm。

**花**：花葶圆柱状，中空，高（10）20 ~ 40cm，下部被叶鞘；伞形花序球状，具多而密集的花；小花梗近等长，等长于花被片至为其1.5倍，基部无小苞片；花淡黄色至绿黄色；花被片矩圆状椭圆形至矩圆状卵形，长5 ~ 6mm，宽2 ~ 2.5（3）mm，外轮的与内轮的等长或内轮的稍长，先端钝圆。

**物候**：花果期8 ~ 10月。

整株

[分布范围]

产川西地区。产我国西南地区。

[生态和生物学特性]

生于海拔3100 ~ 4300m的山坡和草地。

[饲用价值]

牛、羊、马乐食，为良等牧草。

花序

生境

# 02

## 毒害草

**1 醉马草** *Achnatherum inebrians* (Hance) Keng

俗名：醉马芨芨草

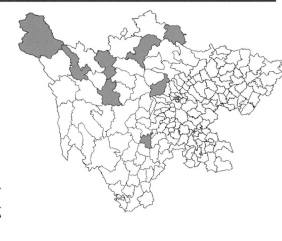

**[识别特征]**

**生活型**：多年生草本，高0.6~1.2m。

**根**：须根柔韧。

**茎**：秆少数丛生，平滑，具3~4节，节下贴生微毛，基部具鳞芽。

**叶**：叶鞘上部者短于节间，稍粗糙，鞘口被微毛，叶舌长约1mm，厚膜质，先端平截；叶片平展或边缘内卷，直立，长10~40cm，宽0.2~1cm。

**花**：圆锥花序穗状，长10~25cm，宽1~2.5cm；小穗灰绿色或基部带紫色，后褐铜色，长5~6mm；颖近等长，先端常破裂，微粗糙，具3脉；外稃长3.5~4mm；内稃具2脉，脉间被柔毛。

**果**：颖果圆柱形，长约3mm。

**物候**：花果期7~9月。

**[分布范围]**

主要分布在川西北地区。我国西北、西南等地区均有分布。

**[生态和生物学特性]**

为耐旱喜光植物，多生长在冬场阳坡。从中山带的草原化草甸到低山带的荒漠化草原均有分布，在低山带的阳坡与河谷地的沙壤土中生长得尤为茂密，盖度可达85%。

**[毒理特性]**

有毒，牲畜误食时，轻则致疾，重则死亡。有糊臭味，成年牲畜不会轻易采食，但未成年牲畜和外来牲畜容易误食。

中毒的牲畜一般会出现眼发直、流泪、口吐泡沫或全身痉挛、腹胀、气喘、血液循环减弱、血似黄水、身体苍白且失去水分等症状，这种牲畜的肉不能吃。

314

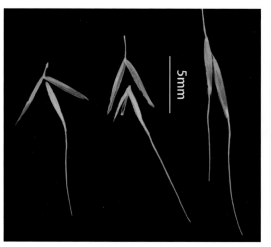

小穗解剖图

根

节

叶舌

花序

生境

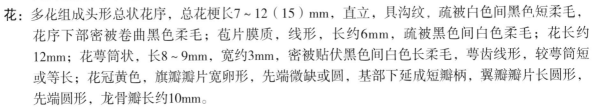

## 2 甘肃棘豆 *Oxytropis kansuensis* Bunge

俗名：疯马豆、施巴草、长梗棘豆

**[识别特征]**

**生活型**：多年生草本。

**根**：根粗大，近肉质。

**茎**：茎细弱，铺散或直立，高（8）10～20cm。

**叶**：羽状复叶长（4）5～10（13）cm，小叶17～23（29）片，卵状长圆形、披针形，长（5）7～13mm，宽3～6mm，先端急尖，基部圆形，两面疏被贴伏白色短柔毛。

**花**：多花组成头形总状花序，总花梗长7～12（15）mm，直立，具沟纹，疏被白色间黑色短柔毛，花序下部密被卷曲黑色柔毛；苞片膜质，线形，长约6mm，疏被黑色间白色柔毛；花长约12mm；花萼筒状，长8～9mm，宽约3mm，密被贴伏黑色间白色长柔毛，萼齿线形，较萼筒短或等长；花冠黄色，旗瓣瓣片宽卵形，先端微缺或圆，基部下延成短瓣柄，翼瓣瓣片长圆形，先端圆形，龙骨瓣长约10mm。

**果**：荚果纸质，长圆形或长圆状卵形，膨胀，长8～12mm，宽约4mm，密被贴伏黑色短柔毛；种子11～12颗，淡褐色，扁圆肾形，长约1mm。

**物候**：花期6～9月，果期8～10月。

整株

叶

**[分布范围]**

产川西、川西北地区。产我国西北、西南等地区。

**[生态和生物学特性]**

生于海拔2200～5300m的路旁、高山草甸、高山林下、高山草原、山坡草地、河边草原、沼泽地、高山灌丛、山坡林间砾石地及冰碛丘陵。

**[毒理特性]**

含有毒的生物碱，这会对山羊的脑、肝、肾、心和其他脏器产生不同程度的损害，并降低机体免疫力。

花序

生境

豆科棘豆属

316

# 3  宽苞棘豆 *Oxytropis latibracteata* **Jurtz.**

俗名：黄珊

## [识别特征]

**生活型**：多年生草本。

**根**：根棕褐色，径5~10mm，深长，侧根少。

**茎**：茎缩短，丛生，分枝多，高10~25cm。

**叶**：羽状复叶长10~15cm，小叶（13）15~23片，对生或有时互生，椭圆形、长卵形、披针形，长6~17mm，宽3~5mm，先端渐尖，基部圆形，两面密被贴伏绢毛。

**花**：5~9朵花组成头形或长总状花序，花冠紫色、蓝色、蓝紫色或淡蓝色。

**果**：荚果卵状长圆形，膨胀，长约15mm，宽约6mm。

**物候**：花果期7~8月。

## [分布范围]

分布于川西北地区。主要产我国西北地区。

## [生态和生物学特性]

生于海拔1700~4200m的山前洪积滩地、冲积扇前缘、河漫滩、干旱山坡、阴坡、山坡柏树林下、亚高山灌丛草甸和杂草草甸。

## [毒理特性]

全草有毒，牲畜采食后会出现慢性中毒。

根

叶

花序

生境

豆科棘豆属

**317**

豆科棘豆属

## 4　黄花棘豆 *Oxytropis ochrocephala* Bunge

俗名：马绊肠、团巴草

[识别特征]

生活型：多年生草本，高10～56cm。

根：根粗，圆柱状，淡褐色，深达50cm，侧根少。

茎：茎粗壮，直立，基部分枝多而开展，有棱及沟状纹，密被卷曲白色短柔毛和黄色长柔毛，绿色。

叶：羽状复叶长10～19cm，小叶17～29（31）片，草质，卵状披针形，长10～25（30）mm，宽3～9（10）mm，先端急尖，基部圆形，两面疏被贴伏的黄色和白色短柔毛。

花：多花组成密总状花序，花长11～17mm，花冠黄色，旗瓣瓣片宽倒卵形，翼瓣瓣片长圆形。

果：荚果革质，长圆形，膨胀，长12～15mm，宽4～5mm，密被黑色短柔毛。

物候：花期6～8月，果期7～9月。

[分布范围]

产川西地区。产我国西北、西南等地区。

[生态和生物学特性]

生态适应范围广，抗逆性强。

[毒理特性]

含有生物碱，盛花期至绿果期毒性最大，各类牲畜采食后均会中毒，以马最甚。

解剖照

叶

托叶

枝

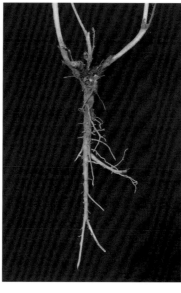

根

花序

生境

## 5  犬问荆 *Equisetum palustre* L.

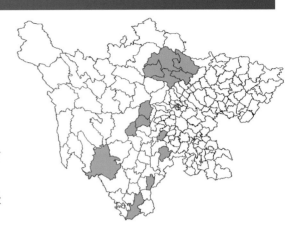

[识别特征]

**生活型：**多年生草本。

**根：**根茎直立或横走，黑棕色。

**茎：**枝高20~50（60）cm，中部直径1.5~2mm，节
间长2~4cm，绿色。

**花：**孢子囊穗椭圆形或圆柱状，长0.6~2.5cm，直径
4~6mm。

[分布范围]

四川及全国其他地区分布广泛。

[生态和生物学特性]

为多年生中生草本植物，多生长在沟边、河边、砂质地。在耕地和休闲地带分散或呈小群落分布，是田间杂草。

[毒理特性]

可饲用部分为茎，质地柔软，牛、马、羊均喜食。但含大量硅酸，摄入量不宜太大。此外还含木贼碱、问荆苷等物质，此物质可导致马、牛、羊出现精神沉郁、肌肉无力、呼吸困难等症状，甚至死亡。

无特效解毒疗法，首先应用维生素$B_1$肌肉注射，促进正常的糖代谢过程，增强神经系统传导机能，具有急救解毒作用。其次，依据病情及时强心、输液、补充电解质，防止脱水和酸中毒。

整株

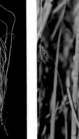

生殖枝

生境

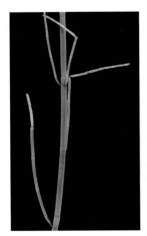

茎

鞘齿和分枝

花序

## 6 披散木贼 *Equisetum diffusum* D. Don

俗名：散生木贼

[识别特征]

**生活型：** 中小型植物，高10~30（70）cm。

**根：** 根茎横走、直立或斜升，黑棕色，节和根密生黄
棕色长毛或光滑无毛。

**茎：** 主枝有脊4~10条，脊的两侧隆起成棱并伸达鞘
齿下部，每棱各有一行小瘤伸达鞘齿，鞘筒狭
长，下部灰绿色，上部黑棕
色；鞘齿5~10枚，披针形，
先端尾状，革质，黑棕色，有
一深纵沟贯穿整个鞘背，宿
存。侧枝纤细，较硬，圆柱
状，有脊4~8条，脊的两侧有
棱及小瘤，鞘齿4~6个，三角
形，革质，灰绿色，宿存。

**花：** 孢子囊穗圆柱状，长1~9cm，
直径4~8mm，顶端钝，成熟
时柄伸长，柄长1~3cm。

木贼科木贼属

整株　　　　根　　　　茎

**321**

[分布范围]

产川北、川西、川南等地区。
产我国西南、西北等地区。

[生态和生物学特性]

生于灌木林、路旁。

[毒理特性]

同犬问荆。

花序　　　　　　　生境

## 7 丽江麻黄 *Ephedra likiangensis* Florin

麻黄科麻黄属

**322**

[识别特征]

**生活型：** 灌木，高50～150cm。

**茎：** 茎粗壮，直立；绿色小枝较粗，多直伸向上，稀稍平展，多呈轮生状，纵槽纹粗深明显。

**叶：** 叶2裂，稀3裂，下部1/2合生，裂片钝三角形或窄尖，稀较短钝。

**花：** 雄球花密生于节上，圆团状，苞片通常4～5对，基部合生，假花被倒卵状矩圆形，雄蕊5～8枚，花丝全部合生，微外露或不外露；雌球花常单个对生于节上，具短梗，苞片通常3对，下面2对的合生部分均不及1/2，最上面的1对则大部分合生，雌花1～2朵，珠被管短直。雌球花成熟时宽椭圆形或近圆形；苞片肉质，红色，最上面的1对常大部分合生，雌球花成熟过程中基部常抽出长梗，最上面的1对苞片包围种子。

**果：** 种子1～2粒，椭圆状卵圆形或披针状卵圆形。

**物候：** 花期5～6月，种子7～9月成熟。

[分布范围]

川西北到川西南地区均有分布。主要分布在我国西南地区。

[生态和生物学特性]

多生于海拔2400～4000m的高山及亚高山地带的石灰岩山地。

[毒理特性]

全草含麻黄生物碱，牲畜中毒后主要表现为兴奋不安、瞳孔散大、肌肉震颤、心跳加快等。严重者行走踉跄，并终因心力衰竭和呼吸衰竭而死亡。

叶                          果和种子

果和枝

枝

根

生境

## 8 矮麻黄 *Ephedra minuta* Florin

俗名：川麻黄、异株矮麻黄

### [识别特征]

**生活型**：矮小灌木。

**根**：根木质，较粗。

**茎**：木质茎极短，不显著，小枝直立向上或稍外展，深绿色，高5～22cm。

**叶**：叶2裂，长2～2.5mm，上部裂片三角形，先端锐尖，通常向外折曲。

**花**：雌雄同株，雄球花常生于枝条较上部分，具6～8枚雄蕊；雌球花多生于枝条近基部，矩圆状椭圆形。

**果**：雌球花成熟时肉质，红色，被白粉，矩圆形或矩圆状卵圆形，长8～12mm，径6～7mm；种子1～2粒，矩圆形，长6～10mm，黑紫色。

**物候**：5～7月授粉，8～9月种子成熟。

整株

果

### [分布范围]

产川北及川西北地区。主要分布在川西北地区。

### [生态和生物学特性]

生于海拔2000～4000m的高山地带。

### [毒理特性]

同丽江麻黄。

麻黄科麻黄属

**323**

生境

## 9　单子麻黄 *Ephedra monosperma* Gmel. ex Mey.

俗名：小麻黄

**[ 识别特征 ]**

**生活型：** 草本状矮小灌木，高5～15cm。

**根：** 根木质，较粗。

**茎：** 木质茎短小，长1～5cm，多分枝。

**叶：** 叶2片对生，膜质鞘状，长2～3mm，裂片短三角
形，先端钝或尖。

**花：** 雄球花生于小枝上下各部分，单生于枝顶或对生
于节上，多呈复穗状，长3～4mm，径2～4mm；雌球花单生或对生于节上，无梗。

**果：** 雌球花成熟时肉质，红色，卵圆形或矩圆状卵圆形，长6～9mm，径5～8mm；种子外露，多为
1粒，三角状卵圆形或矩圆状卵圆形，长约5mm，径约3mm，无光泽。

**物候：** 花期6月，种子8月成熟。

**[ 分布范围 ]**

主要分布在川西北地区。产我国西北、西南等地区。

**[ 生态和生物学特性 ]**

生于石质山地及荒漠草原、沙地。

**[ 毒理特性 ]**

同丽江麻黄。

麻黄科麻黄属

324

全株

生境

## 10　长叶酸模 *Rumex longifolius* DC.

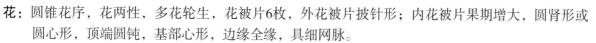

**[识别特征]**

**生活型:** 多年生草本。

**根:** 主根粗壮。

**茎:** 茎直立,高60~120cm,粗壮,分枝,具浅沟槽。

**叶:** 基生叶长圆状披针形或宽披针形,长20~35cm,宽5~10cm,顶端急尖,基部宽楔形或圆形,边缘微波状;茎生叶披针形,顶端尖,基部楔形。

**花:** 圆锥花序,花两性,多花轮生,花被片6枚,外花被片披针形;内花被片果期增大,圆肾形或圆心形,顶端圆钝,基部心形,边缘全缘,具细网脉。

**果:** 瘦果狭卵形,长2~3mm,具2锐棱,褐色,有光泽。

**物候:** 花期6~7月,果期7~8月。

**[分布范围]**

　　分布于川西和川西南地区。产东北、华北、西北等地区。

**[生态和生物学特性]**

　　生于海拔50~3000m的山谷水边、山坡林缘。

**[毒理特性]**

　　含黄酮类、蒽醌类等物质,主要危害牛、马、羊等牲畜。

叶

果

花序

生境

## 11 麦仙翁 *Agrostemma githago* Linn .

**俗名：**麦毒草、麦石竹、麦郎

**［识别特征］**

**生活型：**一年生草本，高60~90cm，全株密被白色长硬毛。

**根：**主根粗壮，侧根较发达。

**茎：**茎单生，直立，不分枝或上部分枝。

**叶：**叶片线形或线状披针形，长4~13cm，宽（2）5~10mm，基部微合生，抱茎，顶端渐尖，中脉明显。

**花：**花单生，直径约30mm，花梗极长；花萼长椭圆状卵形，长12~15mm；花瓣紫红色，比花萼短，爪狭楔形，白色，无毛，瓣片倒卵形，微凹缺。

**果：**蒴果卵形，长12~18mm；种子呈不规则的卵形或圆肾形，长2.5~3mm，黑色，具棘凸。

**物候：**花期6~8月，果期7~9月。

**［分布范围］**

松潘县有分布。产我国东北、西北等地区。

**［生态和生物学特性］**

生于麦田或路旁草地，为田间杂草。喜光，耐寒，耐干旱，耐贫瘠。

**［毒理特性］**

含麦仙翁素，这种毒素会刺激牲畜的肠黏膜，导致肠胃炎，还可能导致中枢神经系统和心脏出现功能性障碍。牲畜中毒时，会出现呼吸困难、腹痛、下痢、皮下组织出血等症状。

治疗：停喂含毒饲料，采用饥饿疗法。中毒较轻的，可进行催吐治疗；严重者，可注射安钠咖、樟脑等强心剂及葡萄糖注射液或盐水。

石竹科麦仙翁属

花序

花

## 12 瞿麦 *Dianthus superbus* L.

俗名：高山瞿麦

[识别特征]

生活型：多年生草本，高50～60cm。

根：具横走的根茎，质韧。

茎：茎丛生，直立，绿色，无毛，上部分枝。

叶：叶片线状披针形，长5～10cm，宽3～5mm，顶端锐尖，中脉明显。

花：花1～2朵生于枝端，有时顶下腋生；花萼圆筒形，长2.5～3cm，直径3～6mm，常染紫红色晕，萼齿披针形，长4～5mm；花瓣长4～5cm，爪长1.5～3cm，包于萼筒内，瓣片宽倒卵形，边缘缝裂至中部或中部以上，通常淡红色或带紫色，稀白色，喉部具丝毛状鳞片。

果：蒴果圆筒形，顶端4裂；种子扁卵圆形，长约2mm，黑色，有光泽。

物候：花期6～9月，果期8～10月。

[分布范围]

川西、川西南及川北地区均有分布。产我国东北、华北、西北、西南等地区。

[生态和生物学特性]

对土壤要求不严，喜光、耐寒、耐旱、忌涝。多生于高山草甸、林缘路边、湖边等。

[毒理特性]

含黄酮类化合物，有毒。

石竹科石竹属

327

节

花

生境

## 13 露蕊乌头 *Aconitum gymnandrum* Maxim.

**俗名：** 罗贴巴、泽兰

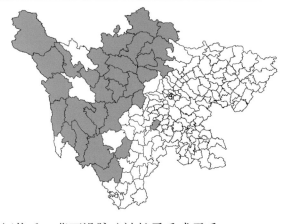

**[识别特征]**

**生活型：** 一年生草本。

**根：** 根一年生，近圆柱形，长5～14cm，粗1.5～4.5mm。

**茎：** 茎高（6）25～55（100）cm，被疏或密的短柔毛。

**叶：** 基生叶1～3（6）枚，叶片宽卵形或三角状卵形，长3.5～6.4cm，宽4～5cm，3全裂，表面疏被短伏毛，背面沿脉疏被长柔毛或无毛。

**花：** 总状花序有6～16朵花，萼片蓝紫色，少有白色，外面疏被柔毛。

**果：** 蓇葖果长0.8～1.2cm；种子倒卵球形，长约1.5mm，密生横狭翅。

**物候：** 6～8月开花。

毛茛科乌头属

328

| 叶 | 根 | 花序 | 整株 |
| 花 | 果 | 生境 |

**[分布范围]**

分布于川西、川西北地区。分布于我国西北、西南等地区。

**[生态和生物学特性]**

生于海拔1550～3800m的山地草坡、田边草地和河边砂质地。

**[毒理特性]**

含生物碱，全草有毒，其中块根毒性最大。可导致牲畜出现口腔灼热干燥、呕吐等症状，严重者数小时内即死亡。

中毒后，应立即脱离含有毒植物分布的草场。早期应即刻催吐、洗胃和导泻。洗胃液可用0.1%高锰酸钾或0.5%鞣酸溶液。可在洗胃后从胃管中注入导泻剂（硫酸钠或硫酸镁），也可用2%盐水高位结肠灌洗。静脉注射葡萄糖和葡萄糖盐水，以促进毒物的排泄。对心跳缓慢、心律失常者可皮下或肌肉注射阿托品，4～6小时可重复注射，必要时可将阿托品加入葡萄糖溶液中缓慢静注。经阿托品治疗后心律失常仍不能纠正者可用抗心律失常药物，血压下降者可给予升压药。如出现后肢麻痹、呼吸衰竭时可皮下注射盐酸士的宁。

## 14 铁棒锤 *Aconitum pendulum* Busch

**俗名：**雪上一支蒿、一枝箭、三转半

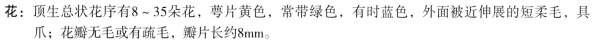

### [识别特征]

**生活型：**多年生草本。

**根：**块根倒圆锥形。

**茎：**茎高26~100cm，无毛，只上部疏被短柔毛，中部以上密生叶。

**叶：**叶片宽卵形，长3.4~5.5cm，宽4.5~5.5cm，小裂片线形，宽1~2.2mm，两面无毛。

**花：**顶生总状花序有8~35朵花，萼片黄色，常带绿色，有时蓝色，外面被近伸展的短柔毛，具爪；花瓣无毛或有疏毛，瓣片长约8mm。

**果：**蓇葖果长1.1~1.4cm；种子倒卵状三棱形，长约3mm，光滑，沿棱具不明显的狭翅。

**物候：**7~9月开花。

### [分布范围]

分布在川西、川西北地区。分布于我国西北、西南等地区。

### [生态和生物学特性]

生于海拔2800~4500m的山地草坡和林边。

### [毒理特性]

同露蕊乌头。

毛茛科乌头属

329

花序（1）　　　　　　　　花序（2）

**15 小花乌头** *Aconitum pseudobrunneum* **W. T. Wang**

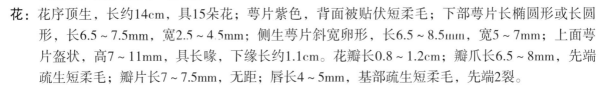

毛茛科乌头属

**[识别特征]**

**生活型：**多年生草本。

**根：**块根倒卵球形，长约1.2cm，直径约5mm。

**茎：**茎高约50cm，单一，无毛。

**叶：**叶10枚，在下部或近基部密集，叶片肾形圆形的或五边形，长5~7cm，宽3.2~3.5cm，纸质，两面无毛，基部心形，3深裂。

**花：**花序顶生，长约14cm，具15朵花；萼片紫色，背面被贴伏短柔毛；下部萼片长椭圆形或长圆形，长6.5~7.5mm，宽2.5~4.5mm；侧生萼片斜宽卵形，长6.5~8.5mm，宽5~7mm；上面萼片盔状，高7~11mm，具长喙，下缘长约1.1cm。花瓣长0.8~1.2cm；瓣爪长6.5~8mm，先端疏生短柔毛；瓣片长7~7.5mm，无距；唇长4~5mm，基部疏生短柔毛，先端2裂。

**物候：**花期8月。

**[分布范围]**

四川特有，产川西地区。

**[生态和生物学特性]**

生于海拔3900~4000m的溪边。

**[毒理特性]**

同露蕊乌头。

花序　　　　　　生境

花　　　　　　　　叶

330

## 16 螺瓣乌头 *Aconitum spiripetalum* Hand.-Mazz.

[识别特征]

生活型：多年生草本。

根：具二年生块根。

茎：茎高18～45（70）cm，被反曲而紧贴的短柔毛。

叶：基生叶7～9枚，叶片宽2.2～5.2（6.2）cm；茎生叶1～2枚，比基生叶小。

花：顶生总状花序有2～5朵花，萼片淡蓝色或暗紫色，外面疏被短柔毛，上萼片盔状船形，侧面轮廓近半圆形，长1.7～2.1cm，中部以上最宽（0.8～1.1cm），侧萼片长1.4～1.8cm；花瓣无毛，爪细，顶部向前螺旋状弯曲，瓣片极短，距短，近球形。

果：蓇葖果长约1.5cm；种子倒卵形，长约2.5mm，光滑，具3纵棱。

物候：8～9月开花。

叶

[分布范围]

　　四川特有，产川西康定市、道孚县、理县一带。

[生态和生物学特性]

　　生于海拔3600～4300m的山地草坡，常生于多石砾处。

[毒理特性]

　　同露蕊乌头。

枝

生境

## 17　草玉梅 *Anemone rivularis* Buch.-Ham.

**俗名：** 五倍叶、汉虎掌、白花舌头草、虎掌草

[识别特征]

**生活型：** 多年生草本，高（10）15～65cm。

**根：** 根状茎木质，垂直或稍斜，粗0.8～1.4cm。

**茎：** 茎基部具分枝，直立或倾斜，长或短，径8～15mm。

**叶：** 基生叶3～5枚，有长柄；叶片肾状五角形，长（1.6）2.5～7.5cm，宽（2）4.5～14cm，3全裂。

**花：** 聚伞花序长10～30cm，2～3回分枝；花直径（1.3）2～3cm；萼片5～10枚，白色，略带紫色或淡紫色，椭圆形，长6～15mm，宽3～10mm，背面被微柔毛，基出脉5～7条，脉网结5～10个，先端具浓密髯毛。

**果：** 瘦果狭卵球形，稍扁，长7～8mm。

**物候：** 5～8月开花。

[分布范围]

主要分布在川北至川西南地区，川东北也有分布。产我国西北、西南等地区。

[生态和生物学特性]

生长在海拔850～4900m的山坡草地和溪边湖畔。

[毒理特性]

全草有毒，但可作为土农药，在医学上一般可用于治疗咽喉痛、风湿痛、疟疾等。

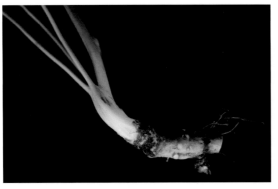

根　　　果

花序　　　整株

毛茛科银莲花属

## 18 大火草 *Anemone tomentosa* (Maxim.) Pei

**俗名：**大头翁、野棉花、火火草

[识别特征]

**生活型：**多年生草本，高40~150cm。

**根：**根状茎粗0.5~1.8cm。

**茎：**茎直立，被短粗硬毛。

**叶：**基生叶为三出复叶，小叶卵形至三角状卵形，
长9~16cm，宽7~12cm，顶端急尖，基部浅心
形、心形或圆形，3浅裂至3深裂，边缘有不规
则小裂片和锯齿，表面有糙伏毛，背面密被白色绒毛。

**花：**聚伞花序长26~38cm，具2~3回分枝，萼片5枚，淡粉红色或白色，倒卵形、宽倒卵形或宽椭
圆形，长1.5~2.2cm，宽1~2cm。

**果：**聚合果球形，直径约1cm；瘦果长约3mm，有细柄，密被绵毛。

**物候：**7~10月开花。

[分布范围]

　　主要分布于川西北地区。产西北、华中等地区。

[生态和生物学特性]

　　分布范围广，抗逆性强，耐干旱，畏水涝，对土壤要求不严，多生长在山地草坡和路边向
阳处。

[毒理特性]

　　全草有毒，根毒性最大，含白头翁素，可作为杀虫剂。

毛茛科银莲花属

333

叶　　　　　　　　　　花　　　　　　　　　　生境

## 19　甘川铁线莲 *Clematis akebioides* (Maxim.) Veitch

**[ 识别特征 ]**

**生活型**：多年生藤本。

**根**：根系为黄褐色肉质根。

**茎**：茎无毛，但有明显的棱。

**叶**：1回羽状复叶，有5~7片小叶，小叶基部常2~3
　　浅裂或深裂，宽椭圆形、椭圆形或长椭圆形，
　　长2~4cm，宽1.3~2cm，叶两面光滑无毛。

**花**：花单生或2~5朵簇生，萼片4~5枚，黄色，斜上展，椭圆形、长椭圆形或宽披针形，长1.8~2
　　（2.5）cm，宽0.7~1.1cm。

**果**：未成熟的瘦果倒卵形或椭圆形，被柔毛，长约3mm，宿存花柱被长柔毛。

**物候**：花期7~9月，果期9~10月。

**[ 分布范围 ]**

　　产川西地区。分布于我国西北、西南等地区。

**[ 生态和生物学特性 ]**

　　生于高原草地、灌丛或河边。耐寒、耐旱，较喜光照，但不耐暑热强光，喜生于深厚肥沃、排水良好的碱性壤土及轻沙质壤土。

**[ 毒理特性 ]**

　　含萜类化合物、生物碱等有毒成分，对牲畜有害。

果　　　　　　　　　　　　　　　　　　　生境

## 20 翠雀 *Delphinium grandiflorum* L.

俗名：鸡爪连、飞燕草、干鸟草

**[识别特征]**

**生活型**：多年生草本。

**根**：根系发达。

**茎**：茎高35～65cm，与叶柄均被反曲而贴伏的短柔毛。

**叶**：基生叶和茎下部的叶有长柄；叶片圆五角形，长2.2～6cm，宽4～8.5cm，3全裂。

**花**：总状花序有3～15朵花，密被短柔毛，萼片紫蓝色，椭圆形或宽椭圆形，长1.2～1.8cm，外面有短柔毛，距钻形，长1.7～2（2.3）cm，直或末端稍向下弯曲；花瓣蓝色，无毛，顶端圆形。

**果**：蓇葖果直，长1.4～1.9cm；种子倒卵状四面体形，长约2mm，沿棱有翅。

**物候**：5～10月开花。

**[分布范围]**

川西北、川西南地区均有分布。分布于我国东北、西南等地区。

**[生态和生物学特性]**

生于海拔500～2800m的山地草坡和丘陵砂地。

**[毒理特性]**

含生物碱，全草有毒，种子和根毒性最大。牲畜中毒后一般首先表现为流涎、呕吐、口渴、臌气、全身震颤，随后全身麻痹、反射消失、知觉消失、呼吸困难，最后窒息死亡。

牲畜中毒后，首先使病畜保持安静，已倒卧者应将其头部抬高，防止窒息死亡。然后进行对症治疗（如洗胃），洗胃后内服鞣酸或投服泻剂（颠茄制剂等）。有报道，发病家畜注射戊巴比妥钠有较好效果。

叶　　　花　　　生境

毛茛科翠雀属

335

## 21　展毛翠雀花 *Delphinium kamaonense* var. *glabrescens* (W. T. Wang) W. T. Wang

俗名：大花飞燕草

**［识别特征］**

**生活型**：多年生草本。

**根**：须根多，较粗。

**茎**：茎高约35cm，基部之上稍密被反曲和开展的白色柔毛，其他部分只有极稀疏的开展柔毛，通常分枝。

**叶**：基生叶和近基部的叶有稍长的柄；叶片圆五角形，宽5~6.5cm，3全裂近基部，中全裂片楔状菱形，3深裂，侧全裂片扇形，表面疏被短伏毛，背面沿脉有少数较长的柔毛；叶柄长8~12cm，疏被开展的柔毛；其他叶细裂，小裂片线形或狭线形，宽2~3mm。

**花**：花序通常复总状，有多数花；基部苞片叶状，其他苞片狭线形或钻形；花梗长1.5~5cm，顶部有较密的短柔毛或近无毛，其他部分近无毛；萼距比萼片长，萼距长1.8~2.5cm，萼片长0.9~1.8cm，深或淡蓝色，偶尔白色；花瓣无毛，顶端圆形；退化雄蕊蓝色，瓣片宽倒卵形，顶端微凹，腹面基部之上有黄色髯毛。

**果**：蓇葖果长约1cm；种子四面体形，长约2mm，沿棱有狭翅。

**物候**：6~8月开花。

**336**

叶

花（1）

花（2）

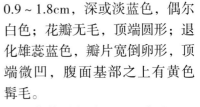

生境

**［分布范围］**

川西北到川西南地区均有分布。产我国西北、西南等地区。

**［生态和生物学特性］**

生于草地。

**［毒理特性］**

同翠雀。

## 22 毛茛 *Ranunculus japonicus* Thunb.

俗名：野芹菜

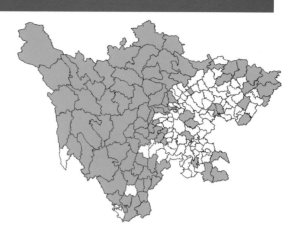

[识别特征]

**生活型：**多年生草本，高30～70cm。

**根：**须根多数簇生。

**茎：**茎直立，中空，有槽，具分枝，生开展或贴伏的柔毛。

**叶：**基生叶多数；叶片圆心形或五角形，长及宽均为3～10cm，3浅裂，边缘有粗齿或缺刻。

**花：**聚伞花序有多数花，疏散；花直径1.5～2.2cm；花梗长达8cm，贴生柔毛；萼片椭圆形，长4～6mm，生白柔毛；花瓣5枚，倒卵状圆形，长6～11mm，宽4～8mm，基部有长约0.5mm的爪，蜜槽鳞片长1～2mm。

**果：**聚合果近球形，直径6～8mm。

**物候：**花果期4～9月。

[分布范围]

几乎遍布四川。除西藏外，广泛分布于我国各地。

[生态和生物学特性]

生于海拔200～2500m的田沟旁和林缘路边的湿草地。

[毒理特性]

全草含毛茛甙，具有强烈的刺激性，可引起肠胃炎、便秘等。可用0.5%药用炭混悬液洗胃（或清水），然后给大量乳汁及黏性饮料保护胃黏膜；用4%碳酸氢钠液清洗口腔或擦洗皮肤，也可服用甘草、绿豆汤解毒。

整株

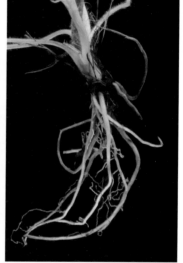
根

花

生境

毛茛科毛茛属

337

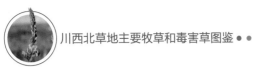

## 23 高原毛茛 *Ranunculus tanguticus* (Maxim.) Ovcz.

毛茛科毛茛属

[识别特征]

**生活型：**多年生草本。

**根：**须根基部稍增厚，呈纺锤形。

**茎：**茎直立或斜升，高10～30cm，多分枝，生白柔毛。

**叶：**基生叶多数，叶片圆肾形或倒卵形，长及宽1～4（6）cm，三出复叶，小叶具2～3回全裂或深、中裂，末回裂片披针形至线形，宽1～3mm，顶端稍尖，两面或下面贴生白柔毛；上部叶渐小，具3～5回全裂，裂片线形，宽约1mm，基部貝生柔毛的膜质宽鞘。

**花：**花较多，单生于茎顶和分枝顶端，直径8～12（18）mm；萼片椭圆形，长3～4（6）mm，生柔毛；花瓣5枚，倒卵圆形，长5～8mm，基部有窄长爪，蜜槽点状；花托圆柱形，长5～7mm，宽1.5～2.5mm，常生细毛。

**果：**聚合果长圆形，长6～8mm，约为宽的2倍；瘦果小而多，卵球形，较扁，长1.2～1.5mm，约为厚的2倍，无毛。

**物候：**花果期6～8月。

[分布范围]

产川西地区。产我国西北、西南等地区。

**338**

[生态和生物学特性]

生于海拔3000～4500m的山坡和沟边沼泽地。

[毒理特性]

同毛茛。

花

整株

## 24 高山唐松草 *Thalictrum alpinum* L.

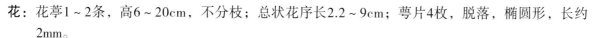

毛茛科唐松草属

[识别特征]

**生活型**：多年生草本，全株无毛。

**根**：根纤维状，根状茎细长。

**茎**：茎单生或少有分枝，直立。

**叶**：叶均基生，为2回羽状三出复叶；叶片长
1.5～4cm；小叶薄革质，有短柄或无柄，圆
菱形、菱状宽倒卵形或倒卵形，长和宽均为
3～5mm，基部圆形或宽楔形，3浅裂。

**花**：花葶1～2条，高6～20cm，不分枝；总状花序长2.2～9cm；萼片4枚，脱落，椭圆形，长约
2mm。

**果**：瘦果狭椭圆形，稍扁，长约3mm，有8条粗纵肋。

**物候**：花期6～8月。

[分布范围]

产川西、川西北等地区。我国西
南、西北地区均有分布。

叶　　　　　　　　　花序

339

[生态和生物学特性]

生于海拔4360～5300m的高山草
地、山谷阴湿处和沼泽地。

[毒理特性]

含毛茛碱、小檗碱、防己碱等成分，对牲畜有毒。

生境

## 25 毛茛状金莲花 *Trollius ranunculoides* Hemsl.

**俗名：**榜色曼巴、毛茛状鑫莲花

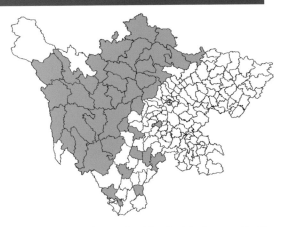

**[识别特征]**

**生活型：**多年生草本，高6~18（30）cm。

**根：**须根系，表皮红褐色。

**茎：**茎1~3条，不分枝。

**叶：**基生叶数枚，茎生叶1~3枚，较小；叶片圆五角形或五角形，长1~1.5（2.5）cm，宽1.4~2.8（4.2）cm，基部深心形，3全裂。

**花：**花单独顶生，直径2.2~3.2（4）cm；萼片黄色，倒卵形，长1~1.5cm，宽1~1.8cm，顶端圆形或近截形，脱落。

**果：**聚合果直径约1cm；种子椭圆球形，长约1mm，有光泽。

**物候：**5~7月开花，8月结果。

花

果

**[分布范围]**

分布在川西地区。分布于我国西北、西南等地区。

叶

整株

**[生态和生物学特性]**

生于海拔2900~4100m的山地草坡、水边草地和林中。喜光，喜生于含腐殖质较多的微酸性至中性砂壤土。

**[毒理特性]**

全草有毒。

毛茛科金莲花属

340

## 26 全缘叶绿绒蒿 *Meconopsis integrifolia* (Maxim.) Franch.

俗名：鹿耳菜、黄芙蓉

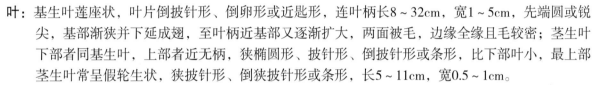

**[识别特征]**

**生活型：**一年生至多年生草本。

**根：**主根粗约1cm，向下渐狭，具侧根和纤维状细根。

**茎：**全体被锈色和金黄色平展或反曲、具多短分枝的长柔毛。茎粗壮，高达150cm，粗达2cm，不分枝，具纵条纹，幼时被毛，老时近无毛。

**叶：**基生叶莲座状，叶片倒披针形、倒卵形或近匙形，连叶柄长8～32cm，宽1～5cm，先端圆或锐尖，基部渐狭并下延成翅，至叶柄近基部又逐渐扩大，两面被毛，边缘全缘且毛较密；茎生叶下部者同基生叶，上部者近无柄，狭椭圆形、披针形、倒披针形或条形，比下部叶小，最上部茎生叶常呈假轮生状，狭披针形、倒狭披针形或条形，长5～11cm，宽0.5～1cm。

**花：**花通常4～5朵，稀达18朵；花梗长（3）6～37（52）cm，果期延长；花瓣6～8枚，近圆形至倒卵形，长3～7cm，宽3～5cm，黄色，稀白色，干时具褐色纵条纹。

**果：**蒴果宽椭圆状长圆形至椭圆形，长2～3cm，粗1～1.2cm，疏或密被金黄色或褐色的长硬毛；种子近肾形，长1～1.5mm，宽约0.5mm，种皮具明显的纵条纹及蜂窝状孔穴。

**物候：**花果期5～11月。

**[分布范围]**

产川西和川西北地区。产我国西北、西南等地区。

**[生态和生物学特性]**

生于海拔2700～5100m的草坡和林下。

**[毒理特性]**

全草有毒，含黄连碱、罂粟碱等成分，对中枢神经系统有严重的抑制作用，并会对肠黏膜产生刺激。

牲畜采食后，一般可自行康复，如病情较重可使用0.5%～1%的单宁酸或0.2%的高锰酸钾洗胃，并给予盐类泻剂、粘粘剂等，以加速康复。

生境

花序

花蕾

花

## 27  红花绿绒蒿 *Meconopsis punicea* Maxim.

罂粟科绿绒蒿属

**[识别特征]**

**生活型：**多年生草本，高30~75cm。

**根：**须根纤维状。

**茎：**茎短缩为莲座状。

**叶：**叶全部基生，叶片倒披针形或狭倒卵形，先端急尖，基部渐狭，下延入叶柄，边缘全缘，两面密被淡黄色或棕褐色，具多个短分枝的刚毛，

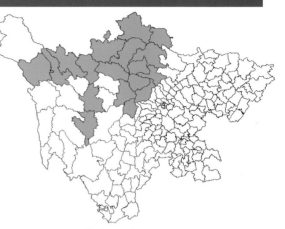

明显具数条纵脉；叶柄长6~34cm，基部略扩大成鞘，种子密具乳突。

**花：**花葶1~6条，从莲座状叶丛中生出，通常具肋，被棕黄色具分枝且反折的刚毛。花单生于基生花葶上，下垂；花芽卵形；萼片卵形，外面密被淡黄色或棕褐色具分枝的刚毛；花瓣4枚，有时6枚，椭圆形，先端急尖或圆，深红色：花丝条形，扁平，粉红色，花药长圆形，黄色；子房宽长圆形或卵形，密被淡黄色具分枝的刚毛，花柱极短，柱头4~6圆裂。

**果：**蒴果椭圆状长圆形，无毛或密被淡黄色具分枝的刚毛，4~6瓣自顶端微裂。

**物候：**花果期6~9月。

**[分布范围]**

产川西北地区。产我国西北、西南等地区。

**[生态和生物学特性]**

生于海拔2800~4300m的山坡草地。

**[毒理特性]**

同全缘叶绿绒蒿。

生境

花序（1）　　　花序（2）　　　花序（3）

## 28　窄叶鲜卑花 *Sibiraea angustata* (Rehd.) Hand.-Mazz.

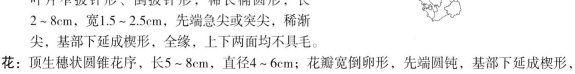

**[识别特征]**

**生活型**：灌木。

**茎**：小枝圆柱形，微有棱角，幼时微被短柔毛，暗紫色，老时光滑无毛，黑紫色，高达2~2.5m。

**叶**：叶在当年生枝条上互生，在老枝上通常丛生，叶片窄披针形、倒披针形，稀长椭圆形，长2~8cm，宽1.5~2.5cm，先端急尖或突尖，稀渐尖，基部下延成楔形，全缘，上下两面均不具毛。

**花**：顶生穗状圆锥花序，长5~8cm，直径4~6cm；花瓣宽倒卵形，先端圆钝，基部下延成楔形，白色。

**果**：蓇葖果直立，长约4mm，具宿存直立萼片，果梗长3~5mm，具柔毛。

**物候**：花期6月，果期8~9月。

**[分布范围]**

川西、川西南、川西北地区均有分布。产我国西北、西南等地区。

**[生态和生物学特性]**

生于海拔3000~4000m的山坡灌木丛和山谷砂石滩。喜光，耐寒、耐干旱、耐瘠薄。对土壤要求不严，在湿润的环境中生长良好。

**[毒理特性]**

含萜类、黄酮类化合物等成分，牲畜食叶和嫩枝会掉膘。

蔷薇科鲜卑花属

343

枝（1）　　　　枝（2）　　　　生境

## 29 菥蓂 *Thlaspi arvense* L.

俗名：遏蓝菜

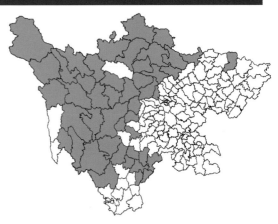

**[ 识别特征 ]**

**生活型：**一年生草本，高9～60cm。

**根：**主根较粗，须根发达。

**茎：**茎直立，不分枝或分枝，具棱。

**叶：**基生叶倒卵状长圆形，长3～5cm，宽1～1.5cm，顶端圆钝或急尖，基部抱茎，两侧箭形，边缘具疏齿。

**花：**总状花序顶生；花白色，直径约2mm；萼片直立，卵形，长约2mm，顶端圆钝；花瓣长圆状倒卵形，长2～4mm，顶端圆钝或微凹。

**果：**短角果倒卵形或近圆形，长13～16mm，宽9～13mm，扁平，边缘有翅；种子倒卵形，长约1.5mm，稍扁平，黄褐色，有同心环状条纹。

**物候：**花期3～4月，果期5～6月。

**[ 分布范围 ]**

川内分布广泛。几乎遍布全国。

**[ 生态和生物学特性 ]**

适应范围广，喜潮湿温热气候，生活力极强，生长发育快。耐瘠薄，对土壤要求不严。

**[ 毒理特性 ]**

有毒物质存在于种子之中，故幼嫩植株无毒，也对牲畜无害。常为农田杂草，在荒漠草场，青绿时，牛、羊采食，马不食。种子含有芥子苷配糖体，在潮湿情况下，可产生具有刺激性的芥子油硫氢丙烯酯。牛对该草的毒性最敏感，马、羊则不易中毒。中毒后牲畜会出现精神委顿，有时会出现不安、腹痛、食欲废绝等症状，严重时可致死。

344

叶

果

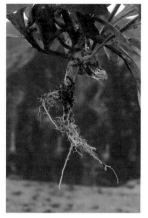

根

花序

茎

生境

整株

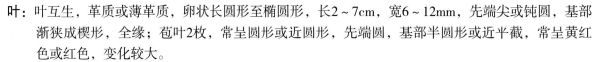

## 30 圆苞大戟 *Euphorbia griffithii* Hook. f.

**俗名:** 丝果大戟、紫星大戟、红毛大戟、兰叶大戟、
雪山大戟

大戟科大戟属

**[识别特征]**

**生活型:** 多年生草本。

**根:** 具根状茎，常横走，末端具不规则块根，长
7～12cm，直径3～5cm。

**茎:** 茎直立，单一或数枚形成一束，上部多分枝，高
20～70cm，直径3～7mm，常无毛。

**叶:** 叶互生，革质或薄革质，卵状长圆形至椭圆形，长2～7cm，宽6～12mm，先端尖或钝圆，基部
渐狭成楔形，全缘；苞叶2枚，常呈圆形或近圆形，先端圆，基部半圆形或近半截，常呈黄红
色或红色，变化较大。

**花:** 花序单生，雄花多数，明显伸出总苞之外；雌花1枚，
子房柄伸出总苞边缘2～3mm。

**果:** 蒴果球状，长与直径均为4mm，光滑无毛；种子卵球
状，长2.5～3mm，直径约2mm，深灰色或灰褐色。

**物候:** 花果期6～9月。

**[分布范围]**

分布于川西及川西南地区。产我国西南地区。

**[生态和生物学特性]**

生于海拔2500～4900m的林内、林缘、灌丛及草丛等。

**[毒理特性]**

全草有毒，含大戟苷等有毒物质，对家畜的胃肠道具有
强烈的刺激作用。

枝

生境

根

花序

## 31 泽漆 *Euphorbia helioscopia* L.

**俗名：**五凤草、五灯草、五朵云

**[识别特征]**

**生活型：**一年生草本。

**根：**根纤细，长7~10cm，直径3~5mm，下部
　　分枝。

**茎：**茎直立，单一或自基部多分枝，分枝斜展向上，
　　高10~30（50）cm，光滑无毛。

**叶：**叶互生，倒卵形或匙形，长1~3.5cm，宽
　　5~15mm，先端具牙齿。

**花：**花序单生，总苞钟状，高约2.5mm，直径约2mm，光滑无毛。雄花数枚，明显伸出总苞外；雌
　　花1枚，子房柄略伸出总苞边缘。

**果：**蒴果三棱状阔圆形，光滑，无毛；种子卵状，长约2mm，直径约1.5mm，暗褐色。

**物候：**花果期4~10月。

**[分布范围]**

　　四川分布广泛。广泛分布于我国西南、
西北、华北、华中等地区。

**[生态和生物学特性]**

　　生于山沟、路旁、荒野和山坡，分布范
围广。

**[毒理特性]**

　　同圆苞大戟。

根　　　　　　　　　　整株

花序　　　　　　　　　　乳汁

大戟科大戟属

**347**

## 32 甘青大戟 *Euphorbia micractina* Boiss.

俗名：疣果大戟

**[ 识别特征 ]**

**生活型**：多年生草本。

**根**：根圆柱状，长10～12cm。

**茎**：茎自基部分枝3～4个，每个分枝向上不再分枝，
高20～50cm。

**叶**：叶互生，长椭圆形至卵状长椭圆形，长
1～3cm，宽5～7mm，先端钝，中部以下略宽或
渐狭，变异较大，基部楔形或近楔形，两面无毛，全缘。

**花**：花序单生于2歧分枝顶端，基部近无柄；总苞杯状，高约2mm，直径约1.5mm，边缘4裂，裂片
三角形或近舌状三角形；雄花多枚，伸出总苞；雌花1枚，明显伸出总苞之外。

**果**：蒴果球状，长与直径均约3.5mm，果脊被稀疏的刺状或瘤状突起；种子卵状，长约2mm，宽约
1.5mm，灰褐色，腹面具淡白色条纹。

**物候**：花果期6～7月。

**[ 分布范围 ]**

川西北到川西南地区均有分布。产我国西
北等地区。

**[ 生态和生物学特性 ]**

生于海拔900～2700m的山坡、草地、疏林
边缘等。

**[ 毒理特性 ]**

同圆苞大戟。

根

花序

生境

大戟科大戟属

## 33 狼毒 *Stellera chamaejasme* L.

俗名：断肠草、馒头花、狗蹄子花

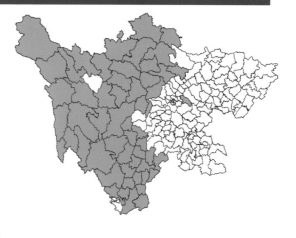

### [识别特征]

**生活型**：多年生草本，高20~50cm。

**根**：根茎木质，粗壮，圆柱形，表面棕色，内面淡黄色。

**茎**：茎直立，丛生，绿色，有时带紫色。

**叶**：叶散生，稀对生或近轮生，薄纸质，披针形或长圆状披针形，长12~28mm，宽3~10mm，先端渐尖或急尖；叶柄短，长约1.1mm，基部具关节。

**花**：花白色、黄色至带紫色，具芳香，多花的头状花序顶生，圆球形。

**果**：果实圆锥形，长5mm，直径约2mm；种皮膜质，淡紫色。

**物候**：花期4~6月，果期7~9月。

### [分布范围]

　　川西三州分布广泛。产我国东北、西北、华北、西南等地区。

花序

### [生态和生物学特性]

　　是草地退化的指示物种，对禾本科、豆科和毛茛科的物种具有一定的化感作用，可抑制这些物种其种子的萌发与植株的生长。

生境

### [毒理特性]

　　含萜类、黄酮类化合物等成分，可引起中毒牲畜腹部剧痛、腹泻、里急后重等。

整株

　　牲畜误食狼毒后，一般作以下处理：洗胃，服通用解毒剂。保护胃黏膜，皮肤接触处要进行清洗；解毒及对症治疗：用吗啡或阿托品、黄连素等治疗胃痛。

　　狼毒一般用作杀虫剂、造纸等，从狼毒植株内提取出的抗污剂，可用于海洋防污、抵抗艾滋病病毒、参与抗炎活性、诱导肺癌细胞死亡等。

## 34 唐古特瑞香 *Daphne tangutica* Maxim.

**俗名：** 洋枇杷、冬夏青

[ **识别特征** ]

**生活型：** 常绿灌木。

**茎：** 不规则，多分枝，枝肉质，较粗壮，幼枝灰黄
色，老枝淡灰色或灰黄色，微具光泽。

**叶：** 叶互生，革质或亚革质，披针形至长圆状披针形
或倒披针形，长2~8cm，宽0.5~1.7cm，上面深
绿色，下面
淡绿色，干后茶褐色。

**花：** 花外面紫色或紫红色，内面白色，头状花序生于小枝
顶端。

**果：** 果实卵形或近球形，无毛，长6~8mm，直径
6~7mm，幼时绿色，成熟时红色，干后紫黑色；种子
卵形。

**物候：** 花期4~5月，果期5~7月。

[ **分布范围** ]

产四川多地。产我国西南、西北等地区。

[ **生态和生物学特性** ]

生于海拔1000~3800m的润湿林中。分蘖能力较强，
对环境条件要求比较高，喜生于湿润且腐殖质含量高的林
下、灌丛半阴坡及湿润沟谷地带。

[ **毒理特性** ]

含黄酮类、萜类、香豆素类化合物等成分，绵羊和山
羊误食后会出现兴奋不安、吐沫流涎、腹痛、呕吐、心
律不齐等症状。牲畜误食后，可用0.01%的高锰酸钾液洗
胃，静脉注射葡萄糖、安纳咖等进行保心补液和解毒。对
于慢性患畜，可用滑石粉加白矾，兑水灌服。

花

枝

瑞香科瑞香属

350

## 35　千里香杜鹃 *Rhododendron thymifolium* Maxim.

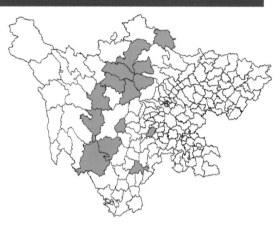

**[ 识别特征 ]**

**生活型：**常绿小灌木。

**茎：**高0.3 ~ 1.3m，分枝多而细瘦，疏展或呈帚状。枝条纤细，灰棕色，无毛，密被暗色鳞片。

**叶：**叶常聚生于枝顶，近革质，椭圆形、长圆形、窄倒卵形至卵状披针形，长（3）5~12（18）mm，宽（1.8）2~5（7）mm，顶端钝或急尖，通常有短突尖，基部窄楔形，上面灰绿色，密被银白色或淡黄色鳞片，下面黄绿色。

**花：**花单生于枝顶或偶成双，花冠宽漏斗状，长6~12mm，鲜紫蓝色至深紫色。

**果：**蒴果卵圆形，长2~3（4.5）mm，被鳞片。

**物候：**花期5~7月，果期9~10月。

**[ 分布范围 ]**

　　川西、川西北和川西南地区均有分布。产我国西北、西南等地区。

**[ 生态和生物学特性 ]**

　　生于海拔2400~4800m的湿润阴坡及半阴坡、林缘和高山灌丛。

**[ 毒理特性 ]**

　　含挥发性油、萜类化合物等，对牲畜有毒。

花

花序

叶

生境

## 36 粗茎秦艽 *Gentiana crassicaulis* Duthie ex Burk.

俗名：粗茎龙胆

**[ 识别特征 ]**

**生活型：**多年生草本。

**根：**须根多条，扭结或黏结成一个粗根。

**茎：**枝少数丛生，粗壮，斜升，黄绿色或带紫红色，近圆形，高30~40cm。

**叶：**莲座丛叶卵状椭圆形或狭椭圆形，长12~20cm，宽4~6.5cm，先端钝或急尖，基部渐尖；茎生叶卵状椭圆形至卵状披针形，长6~16cm，宽3~5cm，先端钝至急尖，基部钝。

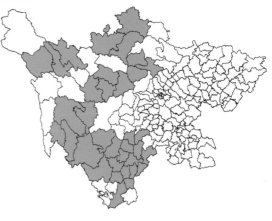

**花：**花多数，无花梗，花冠筒部黄白色，冠檐蓝紫色或深蓝色，内面有斑点，壶形，长2~2.2cm。

**果：**蒴果内藏，椭圆形，长18~20mm；种子红褐色，有光泽，矩圆形，长1.2~1.5mm，表面具细网纹。

**物候：**花果期6~10月。

花序

**[ 分布范围 ]**

产川西三州。产我国西南、西北等地区。

**[ 生态和生物学特性 ]**

对生境要求不严，喜冷凉湿润的气候，喜光、耐寒、忌积水。对土壤要求不严，以疏松、肥沃和土层深厚的腐殖土和砂质壤土为宜。

生境

**[ 毒理特性 ]**

含生物碱，牲畜误食后，会因肾上腺素上升而过度兴奋。

## 37 川西秦艽 *Gentiana dendrologi* Marq.

**[识别特征]**

**生活型**：多年生草本。

**根**：须根数条，扭结或黏结成一条圆柱形的根。

**茎**：枝少数丛生，直立，黄绿色或带紫红色，近圆形。全株光滑无毛，基部被枯存的纤维状叶鞘包裹。

**叶**：莲座丛叶披针形或线状椭圆形，长10~25cm，宽1.5~3cm，先端渐尖，基部渐狭；茎生叶4~5对，与基生叶相似但略小，长3~10cm，宽0.6~1.5（2）cm。

**花**：花多数，无花梗，花冠黄白色，筒形，长2.5~3cm。

**果**：蒴果内藏，椭圆状披针形，长18~20mm；种子红褐色，有光泽，矩圆形或椭圆形，长1.4~1.6mm，表面具细网纹。

**物候**：花果期7~8月。

**[分布范围]**

为四川特有种，仅产川西地区。

**[生态和生物学特性]**

生于海拔3000~4500m的山坡草地。

**[毒理特性]**

含有黄酮类、萜类化合物，牲畜误食后易中毒。

根

整株

花序

生境

龙胆科龙胆属

353

## 38　曼陀罗 *Datura stramonium* L.

俗名：野麻子、洋金花、万桃花、狗核桃、枫茄花

**[ 识别特征 ]**

**生活型**：草本或半灌木状。

**根**：直根系，主根较粗，侧根较发达。

**茎**：茎粗壮，圆柱状，淡绿色或带紫色，下部木质化，高0.5 ~ 1.5m。

**叶**：叶广卵形，顶端渐尖，基部不对称楔形，边缘有不规则波状浅裂，长8 ~ 17cm，宽4 ~ 12cm。

**花**：花单生于枝叉间或叶腋，花冠漏斗状，下半部带绿色，上部白色或淡紫色。

**果**：蒴果直立生，卵状，长3 ~ 4.5cm，直径2 ~ 4cm；种子卵圆形，长约4mm，黑色。

**物候**：花期6 ~ 10月，果期7 ~ 11月。

茄科曼陀罗属

354

花

果

生境

**[ 分布范围 ]**

川内分布广泛。我国各地均有分布。

**[ 生态和生物学特性 ]**

对生境要求不严，具有一定的入侵性。多生于林缘、灌丛、路旁、田边及住宅附近的壤土或沙壤土中，在气候温和湿润、阳光充足、排水良好的条件下生长良好。

**[ 毒理特性 ]**

含有毒生物碱，种子毒性最大，嫩叶次之，干叶最小。可引起牛和马中毒，幼畜耐受性差，绵羊和兔耐受性强。中毒牲畜初期会表现出饮食和视力障碍、心悸、呼吸加快症状，后期会表现视物不清、体温下降、腹痛、腹泻、反应迟钝、呼吸浅表，最后多死亡于呼吸麻痹。毛果芸香碱、氯化氨甲酰胆碱对治疗牲畜曼陀罗中毒有特效。

## 39 天仙子 *Hyoscyamus niger* L.

俗名：马铃草、牙痛草、牙痛子、米罐子

[识别特征]

**生活型**：二年生草本。

**根**：根较粗壮，肉质，后变纤维质，直径2~3cm。

**茎**：一年生的茎极短，第二年春茎伸长而分枝，下部渐木质化。

**叶**：基生叶卵状披针形或长矩圆形，长可达30cm，宽达10cm，顶端锐尖，边缘有粗牙齿或羽状浅裂；茎生叶卵形或三角状卵形。

**花**：总状花序，通常偏向一侧，花冠钟状，黄色，脉纹紫堇色。

**果**：蒴果长卵圆形，长约1.5cm，直径约1.2cm；种子近圆盘形，直径约1mm，淡黄棕色。

**物候**：夏季开花结果。

[分布范围]

主要分布于川西北地区。分布于我国华北、西北及西南地区，华东有栽培种或逸为野生种。

花

果

[生态和生物学特性]

常生于山坡、路旁、住宅区及河岸沙地。

[毒理特性]

含莨菪碱等生物碱，可导致牲畜口腔干燥、吞咽困难、心跳过速等，严重者会出现狂躁、反应迟钝、昏睡等，最后因呼吸衰竭而死。

花序

生境

## 40　马尿泡 *Przewalskia tangutica* Maximo.

俗名：唐古特马尿泡

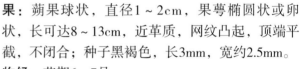

### [识别特征]

**生活型**：多年生草本。

**根**：根粗壮，肉质；根茎短缩，有多数休眠芽。

**茎**：茎高4~30cm，常少部分埋于地下。

**叶**：叶生于茎下部者鳞片状，常埋于地下，生于茎顶端者密集生，铲形、长椭圆状卵形至长椭圆状倒卵形，通常连叶柄长10~15cm，宽3~4cm；顶端圆钝，基部渐狭，边缘全缘或微波状，有短缘毛。

**花**：总花梗腋生，长2~3mm，有1~3朵花；花梗长约5mm，被短腺毛；花萼筒状钟形，长约14mm，径约5mm；花冠檐部黄色，筒部紫色，筒状漏斗形，长约25mm。

**果**：蒴果球状，直径1~2cm，果萼椭圆状或卵状，长可达8~13cm，近革质，网纹凸起，顶端平截，不闭合；种子黑褐色，长3mm，宽约2.5mm。

**物候**：花期6~7月。

生境

### [分布范围]

主要产川西北地区。我国西北、西南地区均有分布。

### [生态和生物学特性]

多生于海拔3200~5000m的高山砂砾地及干旱草原。

### [毒理特性]

含莨菪碱、东莨菪碱、山莨菪碱等物质，对牲畜有毒。

## 41 具冠马先蒿 *Pedicularis cristatella* Pennell et Li

[识别特征]

**生活型:** 一年生草本。

**根:** 主根垂直向下,长达7cm。

**茎:** 茎单条或多条,直立或侧茎弯曲上升,中上部常有分枝,有黄色毛线4条。

**叶:** 叶长圆状披针形或窄披针形,长2~3cm,宽0.7~1.5cm,羽状全裂,裂片6~12对,披针形,羽状浅裂,小裂片端有锯齿,两面被毛。

**花:** 花序长穗状,长可达20cm,共3~7轮;苞片下部者叶状,具绿色长尖头;萼薄膜质,白色,具10条绿色高凸之脉,前方稍稍开裂,齿的下面附近处及主脉旁有密网结,齿5枚,略相等,均为狭三角状披针形且较长,全缘,内有密网结;花冠红紫色,盔色较深,管长8~9mm,在子房周围膨大,上部细,直而不弯,下唇大,长11mm,宽达13mm,侧裂倒三角状卵形,中裂广卵形且较短。

**果:** 蒴果长约1.4cm,扁卵圆形,略歪斜。

**物候:** 花期7月。

[分布范围]

　　主要分布在川西北地区。产我国西南、西北地区。

[生态和生物学特性]

　　牛干海拔1900~2950m的谷中草地及岩壁,也生于河岸柳梢林中。

[毒理特性]

　　主要危害绵羊和山羊、牛,马属动物有一定的耐受性。绵羊和山羊在中毒初期会表现出精神沉郁、食欲下降症状,但体温、呼吸均正常,中后期则会表现出腹泻、腹胀、消化系统紊乱症状,严重时会出现神经系统紊乱及呕吐,有时也会出现粪便带血。牛中毒后除表现出精神沉郁、食欲下降、呕吐、腹泻等症状外,还会表现出可视黏膜苍白、呼吸变慢等贫血症状。

　　尚无特效解毒疗法,只能采取一般解毒疗法和对症治疗。

花序(1)　　　　花序(2)

叶　　　　花序(3)

**42 管状长花马先蒿 *Pedicularis longiflora* var. *tubiformis* (Klotz) Tsoong**

玄参科马先蒿属

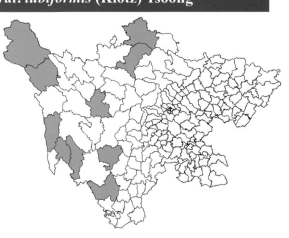

**［识别特征］**

**生活型：**低矮草本，全株少毛。

**根：**根束生，几不增粗，下端渐细成须状。

**茎：**茎多短，很少伸长。

**叶：**叶基出与茎出，常成密丛，在茎叶中较短，有时疏被长缘毛，叶片羽状浅裂至深裂，披针形至狭长圆形，两面无毛，背面网脉明显且细，常有疏散的白色肤屑状物，裂片5~9对，有重锯齿。

整株

花

**花：**花均腋生，有短梗；萼管状，长11~15mm，无毛，或仅有极微小的缘毛；花冠黄色，管外面有毛，盔直立部分稍向后仰；下唇近喉处有两个棕红色的斑点。

**果：**蒴果披针形，长达22mm，宽达6mm；种子狭卵圆形，有明显的黑色种阜，具纵条纹，长约2mm。

**物候：**花期7~9月。

**［分布范围］**

产川西、川西北地区。产我国西北、西南等地区。

**［生态和生物学特性］**

生于海拔2700~5300m的高山草甸及溪流旁等。

**［毒理特性］**

同具冠马先蒿。

**358**

生境

## 43  半扭卷马先蒿 *Pedicularis semitorta* Maxim.

[识别特征]

**生活型：** 一年生草本，高可达60cm。

**根：** 根圆锥形且细，简单或分枝，长达5cm，近端处
生有丛须状侧根。

**茎：** 茎单条或有时从根茎发出3~5条，圆形，中空，
多条纹。

**叶：** 叶片卵状长圆形至线状长圆形，大小差异大，羽
状全裂，轴有狭翅及齿，裂片每边8~15对，羽状深裂，裂片不规则，有锯齿。

**花：** 花序穗状，长可达20cm以上；苞片几均短于花，下部者叶状，迅即变小而为亚掌状，3裂；萼
长9~10mm，开裂至1/2以上，狭卵状圆筒形，脉5粗5细，均无毛，齿5枚，线形且偏聚于后
方；花冠黄色，管伸直，仅略长于萼，长10~11mm。

**果：** 蒴果尖卵形，扁平，长17mm，宽6mm；种子长3mm，宽0.8mm，有黑色种阜，两端尖，有纵
条纹。

**物候：** 花期7~10月。

[分布范围]

产川西到川北地区。主要分布于西北地区。

[生态和生物学特性]

生于海拔2500~3900m的高山草地。

[毒理特性]

同具冠马先蒿。

生境

花

花序（1）

花序（2）

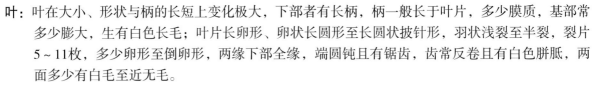

**44　四川马先蒿** *Pedicularis szetschuanica* Maxim.

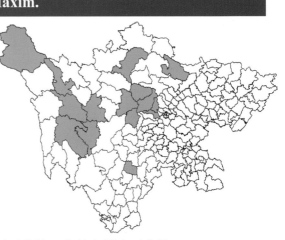

**[识别特征]**

**生活型：** 一年生草本，高10～30cm。

**根：** 根单条，垂直而向下渐细，老时木质化，生有少许斜伸的须状侧根，长达3cm，或有时因从中部以上分为数条较粗的支根而长达5cm。

**茎：** 茎基有时有宿存膜质鳞片，有棱沟，生有4条毛线，毛在茎节附近及花序中较密，单条或自根茎分出2～8条，侧生者多少弯曲上升，正常情况下不分枝，尤其上部决不分枝。

**叶：** 叶在大小、形状与柄的长短上变化极大，下部者有长柄，柄一般长于叶片，多少膜质，基部常多少膨大，生有白色长毛；叶片长卵形、卵状长圆形至长圆状披针形，羽状浅裂至半裂，裂片5～11枚，多少卵形至倒卵形，两缘下部全缘，端圆钝且有锯齿，齿常反卷且有白色胼胝，两面多少有白毛至近无毛。

**花：** 花序穗状，密；苞片下部者叶状，三角状披针形至三角状卵形，基部宽楔形而骤狭，有膜质无色之宽柄；萼膜质，无色或有时有红色斑点，主次脉明显，10条，近萼齿处有少数横脉作网结，齿5枚，绿色，或常有紫红色晕，后方1枚三角形，最小，前侧方者披针形，后侧方者较宽，多少三角状卵形至卵状披针形，缘多少有不明显的锯齿；花冠紫红色，基部圆形，侧裂斜圆卵形，中裂圆卵形，边缘无啮痕状细齿；花丝两对，均无毛；柱头多少伸出。

**物候：** 花期7月。

**[分布范围]**

　　主要分布于川西北地区。产我国西北、西南等地区。

**[生态和生物学特性]**

　　生于海拔3380～4450m的高山草地、云杉林、水流旁及溪流岩石上。

**[毒理特性]**

　　同具冠马先蒿。

花序（1）

花序（2）

花序（3）

生境

## 45  扭旋马先蒿 *Pedicularis torta* Maxim.

[识别特征]

**生活型：** 多年生草本，高20～40cm，高者可达70cm。

**根：** 根垂直向下，长约6cm，直径2～2.5mm，近肉
质，无侧根，须根纤维状，多数，散生。

**茎：** 茎直立，疏被短柔毛或近无毛。

**叶：** 叶互生或假对生，茂密，基生叶多数，叶片膜
质，长圆状披针形至线状长圆形，渐上渐小。

**花：** 总状花序顶生，伸长，长可达1cm，多花，顶端稠密；花冠具黄色的花管及下唇，紫色或紫红
色的盔，长16～20m。

**果：** 蒴果卵形，扁平，长12～16mm，宽4～6mm，顶端渐尖。

**物候：** 花期6～8月，果期8～9月。

[分布范围]

产川西北、川北等地区。产西北、华中等地区。

[生态和生物学特性]

生于草坡、灌丛边缘、亚高山草甸。

[毒理特性]

同具冠马先蒿。

玄参科马先蒿属

**361**

花序（1）　　　　　　花序（2）

## 46 舟叶橐吾 *Ligularia cymbulifera* (W. W. Smith) Hand.-Mazz.

**俗名：**舡叶橐吾、船舱橐吾

**［识别特征］**

**生活型：**多年生草本。

**根：**根肉质，多数。

**茎：**高50～120cm，具多数明显的纵棱，被白色蛛丝
状柔毛和有节短柔毛。

**叶：**丛生叶和茎下部的叶具柄，叶片椭圆形或卵状长
圆形，稀倒卵形，长15～60cm，宽达45cm，先
端圆形，边缘有细锯齿；茎中部叶无柄，舟形，鞘状抱茎，长达20cm，两面被蛛丝状柔毛。

**花：**复伞房状花序具多数分枝，长达40cm，被白色蛛丝状柔毛和有节短柔毛。头状花序多数，舌状
花黄色，舌片线形，长10～14mm，宽1.5～2mm；管状花深黄色，多数，长6～7mm。

**果：**瘦果狭长圆形，长约5mm，黑灰色，光滑。

**物候：**花果期7～9月。

**［分布范围］**

产川西和川西南地区。主要分布于西南地区。

**［生态和生物学特性］**

生于海拔3000～4800m的荒地、林缘、草坡、高山灌丛、高山草甸和河边。

**［毒理特性］**

含生物碱，有毒。毒理特性同橐吾属其他物种。

花序

生境

叶

**菊科橐吾属**

362

## 47 掌叶橐吾 *Ligularia przewalskii* (Maxim.) Diels

[识别特征]

**生活型：**多年生草本。

**根：**根肉质，细而多。

**茎：**茎直立，高30～130cm，细瘦，光滑。

**叶：**丛生叶与茎下部的叶具柄，长达50cm，光滑，
掌状4～7裂，长4.5～10cm，宽8～18cm；茎中
上部叶少而小，掌状分裂，常有膨大的鞘。

**花：**总状花序长达48cm，舌状花2～3条，黄色，舌片线状长圆形，长达17mm，宽2～3mm；管状花
常3朵，长10～12mm。

**果：**瘦果长圆形，长约5mm，先端狭缩，具短喙。

**物候：**花果期6～10月。

[分布范围]

四川多地都有分布。产我国西北、西南等地区。

[生态和生物学特性]

喜暖怕凉，生于海拔1100～3700m的河滩、山麓、林缘、林下及灌丛。

[毒理特性]

根叶含有毒的白色乳液。

叶                花序                生境

## 48　东俄洛橐吾 *Ligularia tongolensis* (Franch.) Hand.-Mazz.

菊科橐吾属

**364**

[识别特征]

**生活型**：多年生草本，高20～100cm。

**根**：根肉质，多数。

**茎**：茎直立，被蛛丝状柔毛，基部径约5mm，被枯叶柄纤维包围。

**叶**：丛生叶与茎下部的叶具柄，被有节短柔毛，基部鞘状，叶片卵状心形或卵状长圆形，先端钝，边缘具细齿，基部浅心形，稀近平截，两面被有节短柔毛，叶脉羽状；茎中上部的叶与茎下部的叶同形，向上渐小，有短柄，鞘膨大，被有节短柔毛。

**花**：伞房状花序开展，长达20cm，稀头状花序单生；花序梗长1～7cm，被蛛丝状柔毛和有节短柔毛；头状花序1～20个，辐射状，总苞钟形，总苞片7～8枚，2层，长圆形或披针形，先端急尖，背部光滑，内层边缘褐色宽膜质。舌状花5～6朵，黄色，舌片长圆形，管部长约3mm；管状花多数，伸出总苞外，管部长约3mm，冠毛淡褐色，与花冠等长。

**果**：瘦果圆柱形，长约5mm，光滑。

**物候**：花果期7～8月。

生境　　　　　　花

花序　　　　　　解剖图

[分布范围]

　　产川西北、川西南等地区。主要分布于西南地区。

[生态和生物学特性]

　　生于海拔2140～4000m的山谷湿地、林缘、林下、灌丛及高山草甸。

[毒理特性]

　　同舟叶橐吾。

## 49 黄帚橐吾 *Ligularia virgaurea* (Maxim.) Mattf.

俗名：日侯（青海藏名）、嘎和（四川藏名）

**[识别特征]**

**生活型：**多年生灰绿色草本，高15～80cm。

**根：**根肉质，多数，簇生。

**茎：**茎直立，光滑。

**叶：**丛生叶和茎基部的叶具柄，卵形、椭圆形或长圆状披针形，长3～15cm，宽1.3～11cm，先端钝或急尖，全缘至有齿；茎生叶小，无柄，卵形、卵状披针形至线形。

**花：**舌状花5～14朵，黄色，舌片线形，长8～22mm，宽1.5～2.5mm，先端急尖；管状花多数，长7～8mm。

**果：**瘦果长圆形，长约5mm，光滑。

**物候：**花果期7～9月。

**[分布范围]**

产川西三州。产我国西北、西南等地区。

**[生态和生物学特性]**

喜冷凉湿润气候，耐寒、耐阴、耐旱，种子萌发性较强，但开花率低。

**[毒理特性]**

适口性较好，营养价值一般，具有一定的饲用价值。但含有毒生物碱，牲畜食用后会出现食欲废绝、尿液浑浊、震颤、精神不济、对外界反应不敏感和胃肠道臌气等症状。

生境（1）　　　　　　生境（2）　　　　　　花序

菊科橐吾属

365

## 50 藜芦 *Veratrum nigrum* L.

**俗名：**老旱葱、路藜、山葱

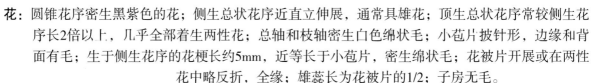

**百合科藜芦属**

### [识别特征]

**生活型：**多年生草本，高达1m。

**茎：**茎常粗壮，基部的鞘枯死后残留为有网眼的黑色纤维网。

**叶：**叶椭圆形、宽卵状椭圆形或卵状披针形，通常长22～25cm，宽约10cm，薄革质，基部无柄或生于茎上部的具短柄，两面无毛。

**花：**圆锥花序密生黑紫色的花；侧生总状花序近直立伸展，通常具雄花；顶生总状花序常较侧生花序长2倍以上，几乎全部着生两性花；总轴和枝轴密生白色绵状毛；小苞片披针形，边缘和背面有毛；生于侧生花序的花梗长约5mm，近等长于小苞片，密生绵状毛；花被片开展或在两性花中略反折，全缘；雄蕊长为花被片的1/2；子房无毛。

**果：**蒴果长1.5～2cm，宽1～1.3cm。

**物候：**花果期7～9月。

### [分布范围]

主要产川西北地区。产东北、华北、西南等地区。

### [生态和生物学特性]

生于海拔1200～3300m的山坡林下和草丛。

366

花序（1）

花序（2）

生境

### [毒理特性]

全株含有藜芦碱等毒素，特别是茎部毒性最强。家畜误食少量后即会中毒，中毒后首先会呕吐，随即开始出现腹痛、腹泻、瞳孔放大、麻痹、虚脱，严重者死亡。对中毒的家畜，首先用1%的鞣酸洗胃，并立即灌服酸奶和鞣酸以保护胃黏膜。最后静注或口服水合氯醛。

# 参考文献

蔡联炳，智力，1999. 以礼草属的分类研究. 植物分类学报，37（5）：451—467.

陈冀胜，郑硕，1987. 中国有毒植物. 北京：科学出版社.

李寿，2010. 青藏高原草地退化与草地有毒有害植物. 草业与畜牧，（8）：30—34.

中国国家林业局和农业部. 农业农村部. 国家重点保护野生植物名录. 2021.

中国科学院中国植物志编辑委员会，1959-2004. 中国植物志（1 ~ 80 卷）. 北京：科学出版社.

中国数字植物标本馆（https://www.cvh.ac.cn/）

中国饲用植物志编辑委员会，1987-1997. 中国饲用植物志（1 ~ 6 卷）. 北京：农业出版社.

周寿荣，1982. 川西北草地的改良与利用. 成都：四川民族出版社.

# 中文名索引

# 拉丁学名索引

# V